1000MW超超临界火电机组系列培训教材

CHUHUI FENCE

除灰分册

长沙理工大学　华能秦煤瑞金发电有限责任公司　组编

中国电力出版社
CHINA ELECTRIC POWER PRESS

内 容 提 要

为确保1000MW火电机组的安全、稳定和经济运行，提高运行、检修和技术管理人员的技术素质和管理水平，适应员工岗位培训工作的需要，华能秦煤瑞金发电有限责任公司和长沙理工大学组织编写了《1000MW超超临界火电机组系列培训教材》。

本书是《1000MW超超临界火电机组系列培训教材》中的《除灰分册》。全书共七章，详细介绍了近二十年来国内外先进的火电厂锅炉除灰与除渣技术，内容包括锅炉除灰渣系统的总体介绍、电除尘器、袋式除尘器、气力输灰系统、灰库与干灰分选系统、干式除渣系统以及压缩空气系统等。

本套教材适用于1000MW及其他大型火电机组的岗位培训和继续教育，供从事1000MW及其他大型火电机组设计、安装、调试、运行、检修等工作的工程技术人员和管理人员阅读，也可供高等院校相关专业师生参考。

图书在版编目（CIP）数据

1000MW超超临界火电机组系列培训教材．除灰分册/长沙理工大学，华能秦煤瑞金发电有限责任公司组编．—北京：中国电力出版社，2023.7（2024.1重印）

ISBN 978-7-5198-7449-0

Ⅰ.①1… Ⅱ.①长…②华… Ⅲ.①火电厂-发电机组-超临界机组-除灰系统-技术培训-教材 Ⅳ.①TM621.3

中国国家版本馆CIP数据核字（2023）第054350号

出版发行：中国电力出版社
地　　址：北京市东城区北京站西街19号（邮政编码100005）
网　　址：http://www.cepp.sgcc.com.cn
责任编辑：赵鸣志
责任校对：黄　蓓　王海南
装帧设计：赵丽媛
责任印制：吴　迪

印　　刷：北京雁林吉兆印刷有限公司
版　　次：2023年7月第一版
印　　次：2024年1月北京第二次印刷
开　　本：787毫米×1092毫米　16开本
印　　张：13
字　　数：272千字
印　　数：1001—2000册
定　　价：70.00元

《1000MW 超超临界火电机组系列培训教材》

编写委员会

主　　任	洪源渤
副 主 任	李海滨　何　胜

委　　员　郭志健　吕海涛　宋　慷　陈　相　孙兆国　石伟栋
　　　　　钟　勇　张建忠　刘亚坤　林卓驰　范贵平　邱国梁
　　　　　夏文武　赵　斌　黄　伟　王运民　魏继龙　李　鸿

编写工作组

组　　长	陈小辉
副 组 长	罗建民　朱剑峰

成　　员　胡建军　胡向臻　范存鑫　汪益华　陈建华

除灰分册编审人员

主　　编	李　立

参编人员　辛　凤　宣艳妮　李新卓　单　威　邵丽华　钟昌彦
　　　　　付敏洁　郭　霖　宋安豪　邓顺怀

审核人员　鄢晓忠　黄　伟

序

电力行业是国民经济的支柱行业。2006 年，首台单机百万千瓦机组投产发电，标志着中国火力发电正式步入百万千瓦级时代。目前，中国的火力发电技术已经达到世界先进水平，在低碳、节能、环保方面取得了举世瞩目的成就。

习近平总书记在党的二十大报告中指出："深入实施人才强国战略，培养造就大批德才兼备的高素质人才，是国家和民族长远发展大计。"随着科技的进一步发展和电力体制改革的深入推进，大容量、高参数的火力发电机组因其较低的能耗和污染物排放成为行业发展的主流，火电企业迎来了转型发展升级的新时代，既需要高层次的管理和研究人才，更需要专业素质过硬的技能人才。因此，编写一套专业对口、针对性强的火力发电专业技术培训丛书，将有助于火力发电机组生产人员学践结合，有效提升专业技术技能水平，这也是我们编写出版《1000MW 超超临界火电机组系列培训教材》的初衷。

华能秦煤瑞金发电有限责任公司（以下简称瑞金电厂）通过科学论证、缜密规划、辛苦建设，于 2021 年 12 月成功投运了 2 台 1000MW 超超临界高效二次再热燃煤机组，各项性能指标在同类型机组中处于先进行列，成为我国 1000MW 级燃煤机组"清洁、安全、高效、智慧"生产的标杆。尤其重要的是，瑞金电厂发挥"敢为人先、追求卓越"的精神，实现了首台（套）全国产 DCS/DEH/SIS 一体化技术应用的历史性突破，为机组装上了"中国大脑"；并集成应用了 BEST 双机回热带小发电机系统、智慧电厂示范、HT700T 高温新材料、锅炉管内壁渗铝涂层技术、烟气脱硫及废水一体化协同治理、全国产 SIS 系统等"十大创新"技术。瑞金电厂不断探索电力企业教育培训的科学管理模式与人才评价有效方法，形成了以员工职业生涯规划为引领的科学完备的培训体系，培养出了一支高素质、高水平的生产技能人才队伍，为机组的稳定运行提供了保障。

为更好地总结电厂运行与人才培养的经验，瑞金电厂和长沙理工大学通力合作，编写了《1000MW 超超临界火电机组系列培训教材》。本套培训教材的编撰立足电厂实际，注重科学性、针对性和实用性，历时两年，经过反复修改和不断完善，力求在内容上理论联系实际，在表述上做到通俗易懂。本套培训教材包括《锅炉分册》《汽轮机分册》《电气设备分册》《热工控制分册》《电厂化学分册》《燃料分册》《脱硫分册》和《除灰分册》等 8 个分册，以机组设备及系统的组成为基础，着重于提高生产人员对机组设备及系统的运行、维护、故障处理的技术水平，从而达到提高实际操作能力的目的。

我们希望本套培训教材的出版，能有效促进 1000MW 超超临界火力发电机组生产人员技术技能水平的提高，为火电企业生产技能人才队伍的建设提供帮助；更希望其能够作为一个契机和交流的载体，为推动低碳、节能、环保的 1000MW 超超临界火力发电机组在中国更好更快地发展增添一份力量。

2023 年 4 月

前言

当前，加快转变经济发展方式已成为影响我国经济社会领域各个层面的一场深刻变革。在火力发电行业，大容量、高参数、高度自动化的大型火电机组不断增加，1000MW超超临界燃煤机组因其较低的能耗和超低的污染物排放，成为行业发展的主流。为确保1000MW超超临界燃煤机组的安全、可靠、经济及环保运行，机组生产人员的岗位技术技能培训显得十分重要。

2021 年 12 月，国家能源局首台（套）示范项目——华能秦煤瑞金发电有限责任公司二期扩建工程全国产 DCS/DEH/SIS 一体化智慧火电机组成功投运，实现了我国发电领域"卡脖子"核心技术自主可控的重大突破。为将实践和理论相结合并进一步升华，更好地服务于火电企业生产技术人员培训，华能秦煤瑞金发电有限责任公司和长沙理工大学合作编写了《1000MW 超超临界火电机组系列培训教材》。本系列培训教材包括《锅炉分册》《汽轮机分册》《电气设备分册》《热工控制分册》《化学分册》《燃料分册》《脱硫分册》《除灰分册》等 8 册，今后还将根据火力发电技术的发展，不断充实完善。

本系列培训教材适用于 1000MW 及其他大型火力发电机组的生产人员和技术管理人员的岗位培训和继续教育，可供从事 1000MW 及其他大型火力发电机组设计、安装、调试、运行、检修等工作的工程技术人员和管理人员阅读，也可供高等院校相关专业师生参考。

《除灰分册》共七章，详细介绍了近二十年来国内外先进的火电厂锅炉除灰与除渣技术，内容包括锅炉除灰渣系统的总体介绍，电除尘器，袋式除尘器，气力输灰系统，灰库与干灰分选系统，干式除渣系统以及压缩空气系统等。

本书由长沙理工大学李立主编，鄢晓忠、黄伟审核。

本书在编写过程中参阅了同类型电厂、设备制造厂、设计院、安装单位等的技术资料、说明书、图纸，在此一并表示感谢。

由于编者水平所限和编写时间紧迫，疏漏之处在所难免，敬请读者批评指正。

编　者
2023 年 4 月

目录

第一章 概　　述

锅炉燃煤中一般含有 20%～30% 的灰分，劣质煤的灰分更高达 40% 以上，灰分是燃煤中的不可燃成分。在锅炉运行时，大约有 90% 的灰分被燃烧过程中产生的烟气带出锅炉炉膛，这部分灰分称为飞灰；同时，剩余大约 10% 的灰分落入炉膛下部的冷灰斗中，这部分灰分称为炉渣。飞灰与炉渣统称为灰渣。为了保证锅炉正常运行和防止环境污染，飞灰与炉渣必须予以妥善处理。因此，燃煤电厂锅炉无一例外地都设置了相应的除灰系统和除渣系统，两者统称为锅炉灰渣系统。

除灰系统是收集锅炉飞灰并将其输送至灰库储存的系统，它由除尘系统和输灰系统两部分组成；而除渣系统是收集、冷却锅炉高温炉渣并将其输送至渣仓储存的系统。除灰系统和除渣系统在锅炉机组各部位收集飞灰和炉渣的大致比例如图 1-1 所示。

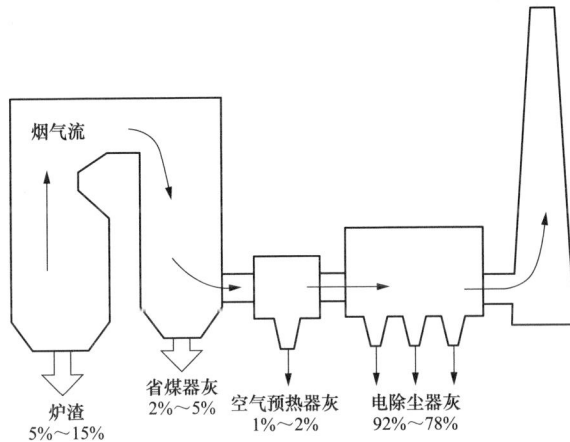

图 1-1　燃煤锅炉灰渣分布概况

第一节　除　尘　系　统

除尘系统的作用是捕集锅炉烟气中的飞灰至灰斗，其核心设备是除尘器。除尘器的种类有很多，如常规干式静电除尘器、低低温静电除尘器、带旋转极板的静电除尘器、湿式电除尘器、袋式除尘器和电袋复合式除尘器等。

一、常规干式静电除尘器

静电除尘器（electrostatic precipitator，ESP）的原理是在高压电场的作用下将气体电离，使尘粒荷电，在电场力作用下实现粉尘的捕集。烟气中含有粉尘颗粒的气体，在接有高压直流电源的阴极线（又称电晕极）和接地的阳极板之间所形成的高压电场通过时，由于阴极发生电晕放电，气体被电离。此时，带负电的气体离子在电场力的作用下向阳极运动，在运动中与粉尘颗粒相碰，则使尘粒荷以负电。荷电后的尘粒在电场力的作用下也向阳极运动，到达阳极后放出所带的电子，尘粒则沉积于阳极板上，得到净化的气体排出除尘器外。常规干式静电除尘器如图 1-2 所示。

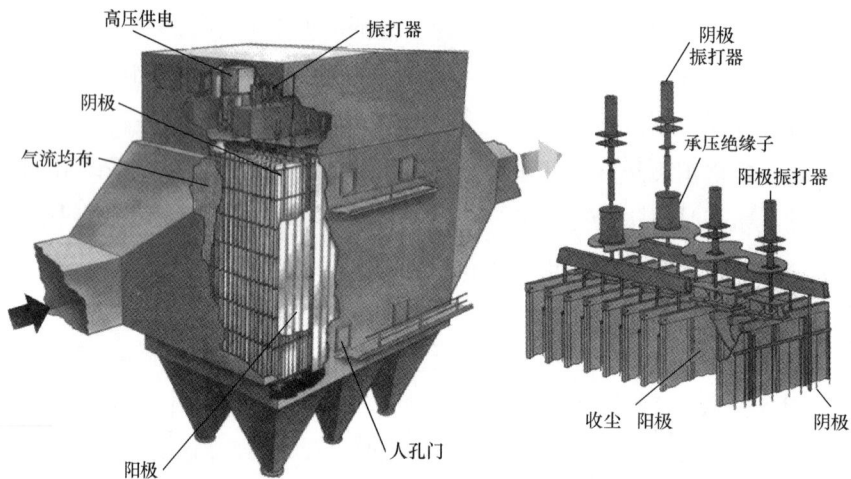

图 1-2　常规干式静电除尘器

静电除尘器具有以下优点：

（1）除尘效率高，一般可达到 99.8% 及以上，能够捕集 $0.01\mu m$ 以上的细粒粉尘，在设计中可以通过不同的结构和设计参数来满足所要求的除尘效率。

（2）阻力损失小，一般可控制在 300Pa 以下。

（3）允许操作温度高，一般的静电除尘器最高允许操作温度为 250℃，有些类型还可达到 350～400℃或更高。

（4）处理气体流量大。

（5）主要部件使用寿命长。

（6）从整机寿命 30 年分析，电除尘器的经济性最好。

（7）对烟气温度及烟气成分不像袋式除尘器那样敏感。

静电除尘器的缺点如下：

（1）设备比较复杂，要求设备调试、运行和安装及维护管理水平高。

（2）对粉尘比电阻有一定要求，对于高比电阻的粉尘收尘效率低，所以除尘效率受煤、灰成分的影响。

（3）对粉尘颗粒有一定的选择性，对粒径较小的粉尘因二次扬尘的原因除尘效率不高。

（4）静电除尘器占地面积较大。

二、低低温静电除尘器

通过低温省煤器将电除尘器入口烟气温度降至酸露点温度以下，最低温度满足湿法脱硫系统工艺温度要求的电除尘器。低温省煤器与低低温静电除尘器，如图1-3所示。

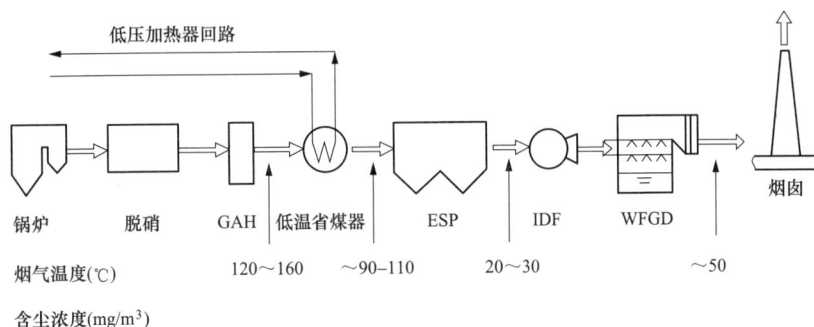

图 1-3　低温省煤器与低低温静电除尘器

低低温静电除尘器的原理及结构与常规静电除尘器相同。低低温除尘器进口的烟气温度应低于空气预热器出口处烟气成分条件下的烟气酸露点温度5~10℃。为了避免腐蚀，通常要求低低温电除尘器的灰硫比大于50，我国大部分煤种的灰硫比高于50。

为了避免除尘器灰斗中的积灰因温度降低而造成流动困难，灰斗设置保温层和加热措施。加热方式应可靠、加热均匀，且加热高度宜达到灰斗全高度。同时，与灰接触的灰斗板材宜采用 ND 钢或者内衬不锈钢。低低温电除尘器的绝缘子设有防止结露的措施，绝缘子室采用良好的保温措施和电加热，并采用热风吹扫措施。

由于低低温静电除尘器除尘效率极高，因此通过末电场的烟尘颗粒粒径小、质量轻，为抑制二次扬尘影响除尘效果，往往采取如下特殊措施：

（1）适当增加电除尘器的流通面积，降低烟气流速，设置合适的电场数量，调整振打制度来控制二次扬尘。

（2）当场地受限时，采用旋转电极式电除尘技术或分电场离线振打技术。

（3）用一些辅助手段，如出口封头内设置收尘板式出口气流分布板，对部分来不及捕集或二次飞扬的粉尘进行再次捕集。

三、旋转电极式电除尘器

旋转电极式电除尘器是一种高效电除尘设备，其收尘机理与常规电除尘器相同，由前级常规电场和后级旋转电极电场组成。旋转电极电场中阳极部分采用回转的阳极板。附着于回转阳极板上的烟尘在尚未达到形成反电晕的厚度时，就被布置在非收尘区的旋转清刷彻底清除，不会产生反电晕现象且无二次扬尘。因此，旋转电极式电除尘器能提高电除尘器的除尘效率，降低排放浓度。旋转电极式电除尘器如图 1-4 所示。

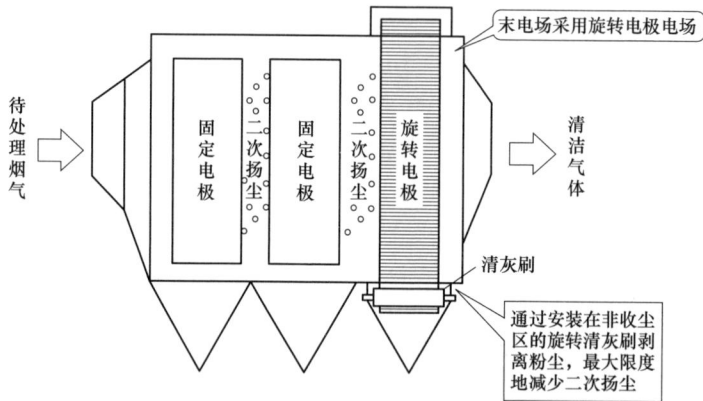

图 1-4　旋转电极式电除尘器

（1）旋转电极式电除尘器具有以下优点：

1）保持阳极板清洁，避免反电晕，可解决高比电阻粉尘收尘难的问题。

2）最大限度地减少二次扬尘，显著降低电除尘器出口烟尘浓度。

3）减少煤、灰成分对电除尘性能影响的敏感性，增加电除尘器对不同煤种的适应性，特别是高比电阻粉尘、黏性粉尘，应用范围比常规电除尘器更广。

4）可使电除尘器小型化，减小占地面积。

5）特别适合于老机组电除尘器改造，在很多场合只需将末电场改成旋转电极电场，不需另占场地，改造工作量较小。不像采用常规电除尘技术进行加高、纵向或横向增容改造那样复杂；也不像采用袋式或电袋复合式除尘器改造那样需更换引风机等相关设备。

6）与袋式除尘器相比，阻力损失小，维护费用低，对烟气温度和烟气性质不敏感，有较好的性价比。

7）在保证相同性能的前提下，与常规电除尘器相比，一次投资略高，运行费用和维护成本略高。从整个生命周期看，旋转电极式电除尘器具有较好的经济性。

（2）旋转电极式电除尘器的缺点如下：

1）旋转部件的设备可用率低。

2）对安装技术要求较高。

四、湿式静电除尘器

湿式静电除尘器的主要工作原理与干式除尘器基本相同，即烟气中的粉尘颗粒吸附负离子而带电，通过电场力的作用，被吸附到集尘极上。与干式电除尘器通过振打将极板上的灰振落至灰斗不同，湿式静电除尘器将水喷至极板上把粉尘冲刷到灰斗中随水排出。同时喷到烟道中的水雾既能捕获微小烟尘又能降电阻率，利于微尘向极板移动。

随着我国环保要求的日益严格，燃煤烟气多污染物治理的目标不仅要求脱除传统污染物 SO_2、NO_x 及粉尘，而且也要求脱除 PM2.5 超细粉尘和其他强酸性气体（SO_3、HCl 及 HF）、重金属。湿式电除尘器对 PM2.5 超细粉尘和酸雾等污染物有很强的捕集能力。

湿式静电除尘按与脱硫吸收塔的相对关系来分，可分为外置式和内置式两大类型。其中，外置式又可分为水平烟气流向和垂直烟气流向两种，内置式为垂直烟气流向与湿法脱硫塔整体设计。

1. 外置式水平烟气流向湿式静电除尘器

该型式是目前火电厂中湿式静电除尘配置的主流形式，其结构如图 1-5 所示。

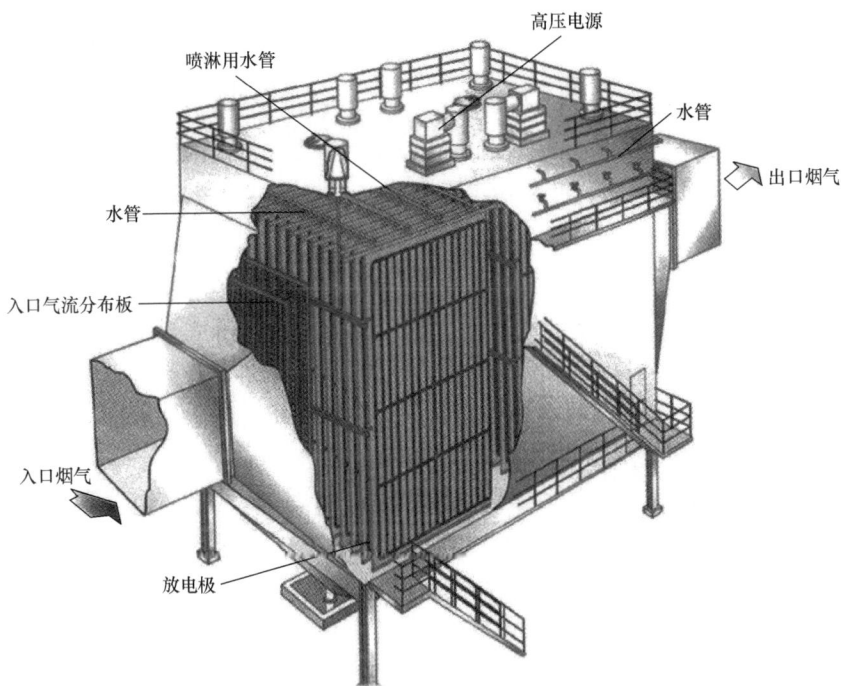

图 1-5　外置式水平烟气流向湿式静电除尘器

2. 外置式垂直烟气流向湿式静电除尘器

该型式目前应用较多的是导电玻璃钢湿式静电除尘，最早用于化工行业清除二氧化硫气溶胶，目前逐渐用于火电行业。

该湿式静电除尘的极板形式采用六面体管式蜂窝方案，阳极管材质通常采用耐酸碱腐蚀性优良的导电玻璃钢。正常运行时不需要进行连续的水喷淋以在阳极管上形成均匀的水膜，仅在短期内对极管进行喷淋以达到清灰作用。正常运行时不需要补充水，同时外排水量极小，不需要化学加碱中和。烟气流向为自上而下的顺流布置或自下而上的错流布置方案。

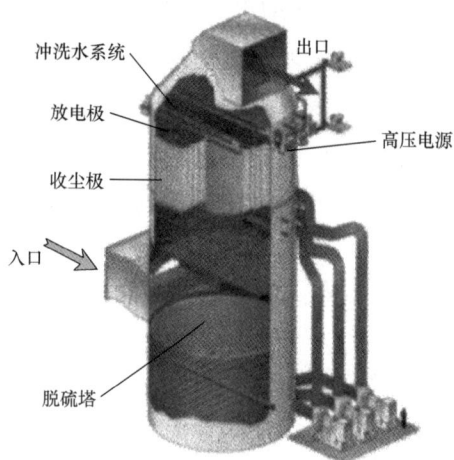

图 1-6　垂直烟气流向与湿法
脱硫塔整体式设计示意图

3. 内置式垂直烟气流向湿式静电除尘器

该布置方法利用湿法脱硫吸收塔的顶部空间，布置筒式的收尘管结构，与湿法脱硫塔形成整体式设计。由于布置位置受限，仅能采用下进上出的垂直进风结构。垂直烟气流向与湿法脱硫塔整体式设计示意图如图 1-6 所示。

该湿式静电除尘器的极板材料可采用导电玻璃钢或 2205 不锈钢。湿式静电除尘器本体无外部支撑结构和连接烟道，因此也无相应的除尘器进出口的烟道的阻力损失。吸收塔过渡至内置式湿式电除尘器时，流通断面变小，导流要求低，压损较低，流场较均匀。运行时采用定期冲洗，冲洗水量较外置式约少 50%，清洗废水流到下方吸收塔底部的石灰石浆液池中并在其中中和，因此，无酸碱处理系统相关设备和管路。

4. 外置式和内置式湿式静电除尘器比较

从设备性能来看，塔外金属板式的湿式静电除尘器采用水清灰，可以保证极板的洁净，有利于保障除尘效率和出口排放，除尘效率一般可以达到 75% 以上。导电玻璃钢形式的湿式静电除尘器属于无水型，用于清除烟气中的颗粒物。其长期运行是否会产生结垢而影响除尘效率，还有待进一步观察和论证。脱硫塔顶金属板式湿式静电除尘器的烟气采用下进上出的形式，一方面烟气流向与水膜冲突，可能影响除尘效果；另一方面，由于废水直接进入脱硫浆池，为保证脱硫系统的水平衡，冲洗水的量不宜过大，这在一定程度上也影响了它的除尘效率。塔外布置方式占地较大，塔顶布置方式占地最小，因此，塔外布置多用于新建或扩建机组，塔顶方式多用于改造项目。

塔外布置方式由于独立于脱硫塔，可以采用增设旁路烟道的方式，实现不停炉或短时停炉的检修或维护方案：塔顶方案检修维护时会与脱硫系统产生干涉，且由于高位布置，前期施工和检修维护均存在一定的困难。

从水系统的配置来看，塔外金属板式湿式静电除尘器需设置一套水处理系统。冲洗水一部分经加碱沉淀后循环使用，另一部分废水经处理后返回脱硫系统。导电玻璃钢型式和塔顶金属板式的湿式静电除尘器则无单独的水处理系统，前者属于无水型，后者直接排入吸收塔浆池中。

5. 湿式静电除尘器的冲洗水系统

湿式静电除尘器的冲洗水系统主要包括循环水箱、循环水泵、废水箱、废水泵、碱液箱、加碱泵、滤网和原水供应管道等，典型流程如图 1-7 所示。湿式静电除尘的冲洗水包括循环水和原水补水，从阳极流下的水在灰斗收集进入废水箱内沉淀下来，上层澄清水作为循环水回用，由循环泵打入湿式电除尘里进行喷淋，沉淀在底部的废水经处理后作为脱硫工艺水或排放到废水处理厂。循环水中还有加碱的一些设施，以中和冲洗水中溶解的烟气中的 SO_3，避免与水接触的部件产生严重的酸腐蚀。

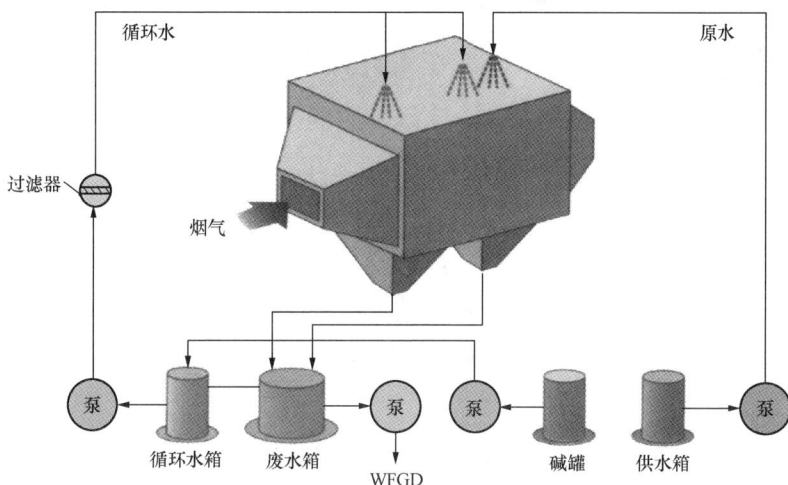

图 1-7　湿式静电除尘器的冲洗水系统典型流程

6. 湿式静电除尘器的优缺点

（1）湿式静电除尘器的优点如下：

1）湿式静电除尘器冲洗水对烟气有洗涤作用，可除去烟气中部分 SO_3 微液滴。

2）湿式静电除尘器布置在湿法脱硫后，脱硫后的饱和烟气中携带部分水滴，在通过高压电场时也可捕获并被水冲洗走，这样可降低烟气中总的携带水量，减小石膏雨形成的概率。

3）湿式静电除尘器可有效地除去颗粒。

（2）湿式静电除尘器的主要缺点如下：

1）设备系统比较复杂，要求设备调试、运行和安装及维护管理水平高。

2）一次投资较大，外置式湿式电除尘器占地面积较大。

3）湿式静电除尘器因阳极板和芒刺线、喷嘴等接触烟气的部件大量采用耐蚀不锈钢材料，设备投资费用高于普通静电除尘器。同时运行过程中除了除尘器本体消耗的电量外，辅助的循环水泵等还将消耗部分电量，冲洗水中添加的 NaOH 溶液也将提高运行成本，喷嘴更换和泵的维护也增加了额外费用。

五、袋式除尘器

袋式除尘器用过滤方式来除去烟气中的粉尘。袋式除尘器内部挂有多条滤袋，滤袋的材料多用合成纤维制作，允许气体透过但粉尘被阻挡在滤袋表面。工作时，随着过滤的进行，滤袋表面的粉尘逐渐变厚，除尘器的阻力随之增加，一般采用往滤袋干净侧喷吹压缩空气的方法，来清除堆积在滤袋表面的粉尘。袋式除尘器结构及原理如图1-8所示。

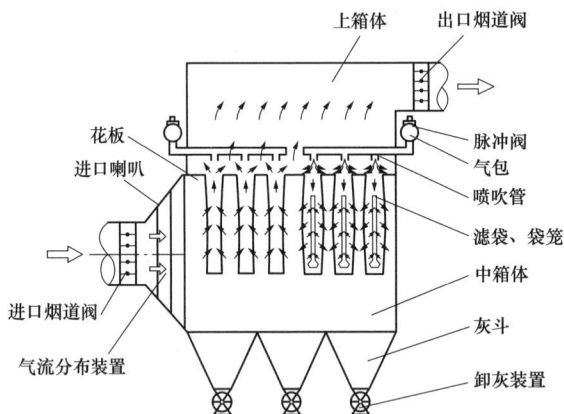

图1-8 袋式除尘器结构及原理

（1）布袋除尘器具有以下优点：

1）除尘效率高，特别是对微细粉尘也有较高的效率。即使入口粉尘达到$1000g/m^3$（标准状态）以上，经袋式除尘器过滤后的烟气含尘浓度一般都低于$30mg/m^3$（标准状态），有的甚至在$10mg/m^3$（标准状态）以下。

2）适应性强，可以捕集不同性质的粉尘。如对于高比电阻粉尘，采用袋式除尘器就比电除尘器优越。此外，入口含尘浓度在相当大的范围内变化时，采用袋式除尘器效果好。

3）使用灵活，处理风量可大可小，可从每小时几立方米到几百万立方米。

（2）布袋除尘器的主要缺点如下：

1）应用范围主要受滤料的耐温、耐腐蚀性等性能的局限，设备阻力较高。破袋与高阻力是制约袋式除尘器应用的两大因素。

2）不适宜脱除黏结性强及吸湿性强的粉尘，特别是烟气温度不能低于露点温度，否则会产生结露，致使滤袋堵塞。

六、电袋复合式除尘器

电袋复合式除尘器有机结合了电除尘器和袋式除尘器的除尘特点，如图1-9所示。

烟气中70％以上的粉尘量由前级电场预收，再由后级袋式除尘捕集烟气中残余的细微粉尘。其中，前级电场的预除尘作用和荷电作用为提高电袋复合式除尘器的性能起到了重要作用。预除尘降低了滤袋的粉尘负荷量，即降低了除尘器的阻力上升率；同种电荷的荷电使粉饼层变得疏松，在相同的粉尘负荷下，带有同种电荷的粉饼层阻力更小。这两者的

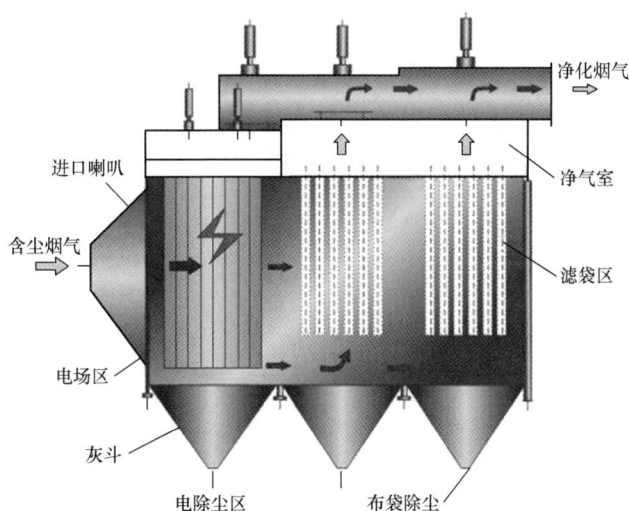

图 1-9 电袋复合式除尘器

共同作用使得滤袋的清灰周期变长，从而可以节省清灰能耗，延长滤袋使用寿命。

电袋复合式除尘器的效率不受煤种、飞灰特性影响，排放浓度可实现在 $30mg/m^3$（标准状态），甚至 $10mg/m^3$（标准状态）以下，且长期稳定。电袋复合式除尘器的运行阻力比袋式除尘器低 $200\sim300Pa$，可以减少引风机的功率消耗。同时由于进入袋式除尘器的粉尘浓度较低，减少了粉尘的磨损作用，也延长了滤袋的清灰周期，可以延长滤袋的使用寿命。

第二节 输 灰 系 统

输灰系统是除尘系统的后续系统，其作用是把除尘系统灰斗中的灰输送至灰库。输灰系统由飞灰输送和灰库存储两部分组成，其中飞灰输送已经广泛采用气力输灰方式。

气力输灰无需用水，不改变灰的特性，为飞灰的综合利用提供了有利条件。干灰在生产水泥、砖、瓦等方面都有广泛的用途。

目前，飞灰气力输送技术发展较快，气力输灰系统在我国火力发电厂的应用非常广泛，除我国自行开发的各种型式的仓式气力输送系统外，还有从国外引进的负压气力输灰系统、低正压气力输灰系统、正压浓相气力输灰系统、双套管正压气力输灰系统等。

一、输灰系统工艺流程

正压浓相气力输灰系统是目前国际上先进的气力输送技术之一，它采用气固两相流的气力输送原理，利用压缩空气的动压输送物料。与常规的稀相仓泵输送技术相比较，它的主要特点是：输送空气压力低、输送速度小、输送距离长、灰气比高、输送管道的直径小、输送管道不需要采用耐磨材料、维护工作量小等。正压浓相气力输灰系统是一种安全、可靠、高效、节能的气力输送系统。

目前，2×1000MW超超临界机组锅炉输灰系统广泛采用的是厂内正压浓相气力输灰收集集中、厂外汽车运输方案。输灰系统工艺流程如图1-10所示。

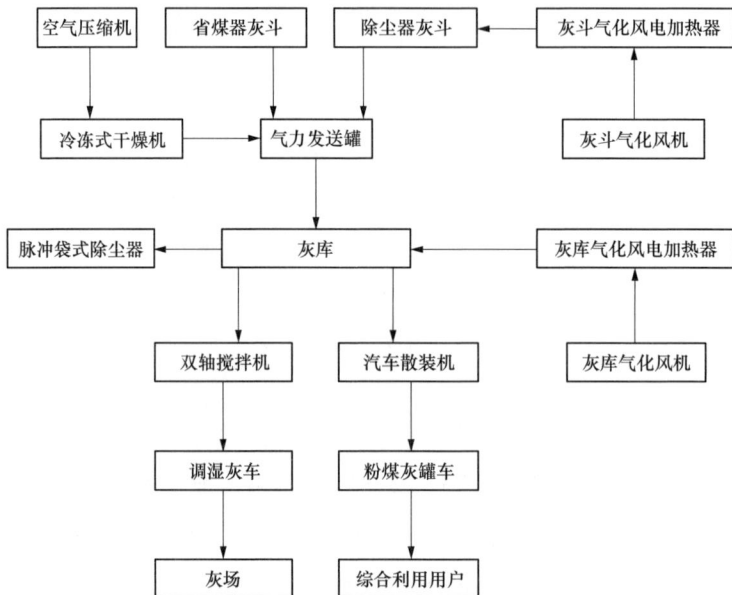

图 1-10　输灰系统工艺流程

二、典型 1000MW 机组输灰系统

某工程 2×1000MW 超超临界机组的锅炉输灰系统如图 1-11 所示。每台锅炉各设一套正压浓相气力输灰系统。

为保证系统运行的稳定可靠，系统采用目前国内最先进的多泵制运行方式，最大限度地减少系统中耐磨出料阀门的数量，降低系统的检修工作量。考虑到系统的简化，每一个灰斗配一个输送压力容器直接进入气力输送系统，取消任何中间环节，使系统简捷、可靠。采用粗细分除系统。输灰系统采用程控运行，两套飞灰处理系统各自独立，互不影响。可以同时运行，也可以单独运行。

输灰系统通过输送管道连接成一个整体，并配套有气化部分和气源部分。

在电除尘器每个灰斗下和省煤器两个灰斗下各安装一台气力发送罐，每个发送罐的入口均装有一个手动隔离阀门和一个气动阀门。为使灰斗卸灰流畅，在每个灰斗的出口设有两块气化板。灰斗气化风机将空气送入电加热器加热，加热后的空气吹进气化板，使灰斗的灰处于悬浮流态化状态，便于流动。

飞灰输送到灰库存储，浮灰经布置在灰库顶的袋式收尘器分离，落入灰库存储，清洁的气体排空。为了便于输送泵的检修维护，在每个灰斗出口设一个手动闸板门。

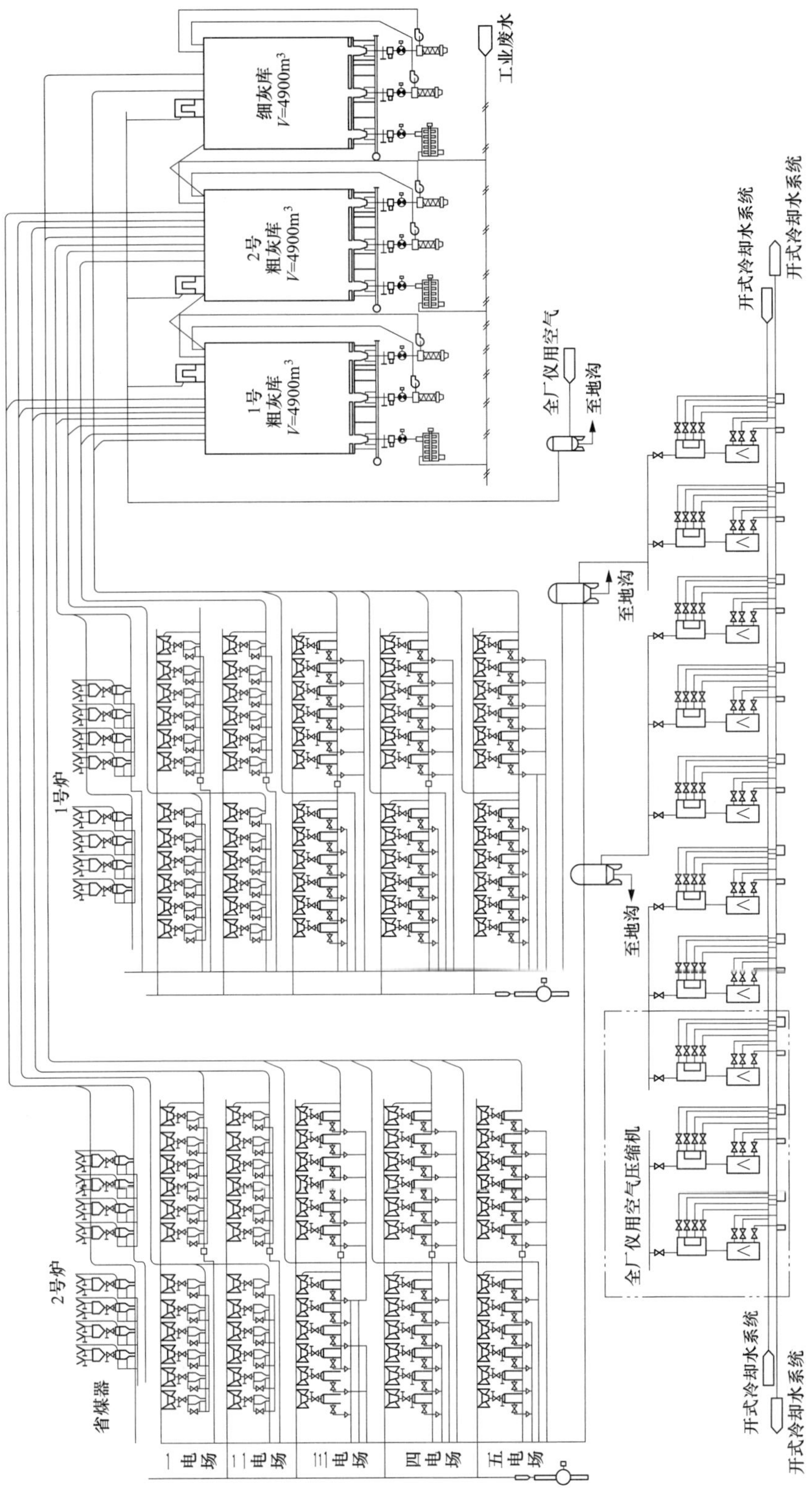

图 1-11 某工程 2×1000MW 超超临界组机输灰系统

　　锅炉省煤器和电除尘器一、二电场的粗灰通过粗灰管道可以分别进入两座粗灰库中的任意一座。正常运行时，1号炉粗灰进入1号粗灰库，2号炉粗灰进入2号粗灰库。当其中一个灰库故障时，可将故障灰库对应的粗灰管道切换到运行灰库。2台炉三、四、五电场的细灰通过各自的细灰管道进入细灰库，在细灰库故障情况下，1号炉的细灰管可以切到1号粗灰库，2号炉的细灰管可以切到2号粗灰库。

　　气力输灰系统的出力按锅炉B-MCR工况下燃用校核煤种时锅炉排灰量的120%进行设计。

　　气力输灰系统设有7台空气压缩机（6台运行，1台备用）作为气力输送动力气源，控制用气取自全厂仪用空气系统。为保证空气品质及系统安全运行，在空气压缩机出口配置有冷冻式干燥机、储气罐等装置。

　　每炉设一座粗灰库、两炉共用一座细灰库。每座灰库直径为16m，有效储灰容积为4900m³。两座粗灰库总容积可供两台锅炉在B-MCR工况下燃用校核煤种时所排粗灰存储约24h(设计煤种约33.5h)。

　　每座灰库顶部设有脉冲袋式除尘器，保证灰库外排乏气的含尘浓度小于100mg/m³，使乏气排放符合国家有关标准。灰库顶部还设有真空压力释放阀，用于灰库在大量卸灰时或温度急剧变化时平衡灰库内外压力，从而保证灰库的安全运行。

　　为防止灰库下灰不畅，设有灰库气化风机和空气加热器，透过灰库底部陶瓷气化板均匀地吹入热空气，使灰库底部形成流化态层，增强了库底灰的流动性。库顶脉冲袋式除尘器和灰管切换阀门用气从全厂仪用空气系统中引取。

　　每座灰库下部均设干灰排放口和调湿灰排放口。干灰口下设有汽车散装机，将干灰装入罐装汽车外运供综合利用。调湿灰排放口下设有双轴加湿搅拌机，将综合利用剩余的干灰调湿成含水率25%的湿灰装车运至灰场。

　　气力输灰系统的监控在集中控制室辅助车间控制网络系统操作员站完成，在除灰除尘综合楼设有就地控制室，里面布置除灰控制系统控制机柜及供调试、运行初期、巡检、事故处理用的操作员站等。正常运行时，就地控制室不设值班人员；2台炉及公用系统共设置一套气力输灰控制系统，采用双机热备的可编程序控制器（PLC）控制。对距离较远的气化风机房内控制对象采用远程I/O配置方案；控制系统对整个气力输灰系统（包括电除尘所有电场、省煤器灰斗、输灰干管及支管、吹堵管路、仪用压缩空气管路、螺杆式空气压缩机及空气净化设备、干灰输送器、灰斗和灰库气化风机及相关设备、灰库及布袋除尘器、排气风机、电动给料机、干灰调湿装置、干灰散装机等）进行集中监视、管理和自动顺序控制；在控制室内以LCD和键盘作为对整个气力输灰系统进行集中监视、控制的手段，不设常规仪表盘。

　　该工程输灰系统主要技术数据和设备分别见表1-1和表1-2。

表 1-1　　　　　某 2×1000MW 超超临界机组的输灰系统主要设计数据

序号	项目	单位	1号炉	2号炉
1	锅炉排灰量	t/h	175.58	175.58
2	系统出力	t/h	211	211
3	输送气灰比	kg/kg	20	18
4	输送几何距离	m	700	800
5	提升高度	m	37	37
6	计算输送风量	m³/min	164	182
7	计算输送风压	MPa	0.3	0.3
8	仪用风量	m³/min	2	2
9	仪用风压	MPa	0.4～0.6	0.4～0.6

表 1-2　　　　　某 2×1000MW 超超临界机组的输灰系统主要设备

序号	设备名称	型号规范	数量	运行方式
1	气力输送系统	系统出力 $Q=211$t/h，包括气力发送罐组 68 套、系统配套阀门、表计及灰管道等	2 套	连续运行
2	输送空气压缩机	$Q=60$m³/min，$P=0.75$MPa，$N=300$kW，10 000V，水冷	7 台	6 台运行
3	冷冻式干燥机	$Q=65$m³/min，$P=0.8$MPa，水冷	7 台	6 台运行
4	储气罐	$V=40$m³，$P=0.8$MPa，配自动排水阀	2 台	连续运行
5	灰斗气化风机	$Q=5.22$m³/min，$P=68.6$kPa，$N=15$kW，组合式，空冷	2 台	2 台运行
6	灰斗气化风电加热器	$N=15$kW，$t_{出}=176$℃，配带电控柜	2 台	2 台运行
7	灰库气化风机	$Q=30$m³/min，$P=98$kPa，$N=55$kW，空冷	3 台	3 台运行
8	灰库气化风加热器	$N=80$kW，$t_{出}=150$℃，配带电控柜	3 台	3 台运行
9	脉冲袋式除尘器	过滤面积 260m²	3 台	连续运行
10	压力真空释放阀	标准透气值压力 770Pa，真空 220Pa	3 台	连续运行
11	汽车散装机	出力 200t/h，配给料机、气动阀门、手动阀门 9kW	6 台	间断运行
12	双轴搅拌机	出力 200t/h，配给料机、气动阀门、手动阀门 50.5kW	3 台	间断运行
13	库底气化斜槽	QHB型，$B=200$mm	600m	
14	气化板	F114	18 块	
15	储气罐	$V=4$m³，$P=0.8$MPa，配自动排水阀	1 台	连续运行
16	电动单梁桥式起重机	起重量 5t，起升高 8m，跨度 16.5m，地面操作	1 台	定期运行
17	电动葫芦	起重量 1t，起升高 10m	1 台	定期运行
18	电动柱式悬臂起重机	起重量 1t，起升高 42m，吊钩旋转半径 2.5m	1 台	定期运行
19	调湿灰车	载重量 17t	20 辆	

第三节　除　渣　系　统

目前国内 600MW 及以上燃煤发电机组的锅炉炉渣处理系统（锅炉除渣系统），一般有两种方案：采用刮板捞渣机的湿式除渣系统和采用钢带冷渣机的干式除渣系统。

湿式刮板捞渣机方案是一个非常成熟的系统，也是近几年来国内大部分600MW及以上机组所广泛采用的锅炉炉渣处理系统。干式钢带冷渣机方案在大容量、大渣量机组的应用上受到一定限制，但由于其系统简单、占地面积小、运行费用低、干渣综合利用价值高等特点，加之近几年国内配套生产能力增强而使造价下降，其应用有逐步递增的势头。另外，也有部分机组采用水封渣斗配水力喷射器方案，但由于其系统复杂、设备繁多、运行费用高等因素，目前正在逐渐被淘汰，仅少数600MW机组的电厂采用了该系统。

一、湿式除渣系统

湿式除渣系统通常采用渣井＋刮板捞渣机＋堆渣场的布置方案，渣水系统采用维持水位自平衡的渣水系统。

每台锅炉底部设渣井1座，配备液压挤压式关断门（可对锅炉结焦大渣块进行粗碎），每台炉设一台刮板捞渣机。锅炉炉膛排渣经渣井进入刮板捞渣机上槽体，经水冷却和碎化后由带加长斜升脱水段的刮板捞渣机捞出后直接排入布置于炉侧的堆渣场，由铲车装到自卸汽车送至综合利用。当综合利用受阻，装车运至干灰碾压灰场堆存。

每台炉设置堆渣场1座，位于捞渣机头部下方，为便于捞渣机头部检修，堆渣场上方设有电动葫芦，堆渣场周围及锅炉房零米设置有排水沟，用于将堆渣析水、地面冲洗水及溢流水汇流至附近的渣水池，然后由渣水循环泵送回至刮板捞渣机。

除渣系统的渣水采用自平衡系统，水位控制方式运行，捞渣机内的水位能够基本保持稳定。即正常工况下，捞渣机链条、刮板的冲洗水和轴封水补充进入捞渣机水槽内，刮板捞渣机内渣水通过溢流进入渣水池，再由渣水循环泵升压送回至刮板捞渣机重复利用，并使之达到冷却平衡。当捞渣机内水温过高时，工况失衡或事故状态下刮板捞渣机需大量补水时，则打开温控补水阀补水从而调节水温。

由于除渣系统的耗水主要是湿渣含水和蒸发损失两部分，其耗水量小于进入除渣系统的水量，加上渣水池还要接受来自除氧煤仓间冲洗水，所以渣水池内的水位随着运行不断上涨，需要定时将多余的渣水通过溢流水泵升压送到煤泥沉淀池处理后回用。

刮板捞渣机渣井下口设液压关断门，捞渣机安装于钢轨上，装有自驱动电机，锅炉小修、大修时可将捞渣机移出进行相应的检查、检修工作。

湿式除渣系统中刮板捞渣机及渣水泵均为连续运行，就地、集中控制，主要运行工况可在控制室中监视。溢流水泵根据渣水池液位高低可自动启停。

二、干式除渣系统

干式除渣系统主要由渣井、钢带冷渣机和渣仓等设备组成。

锅炉高温炉渣（800～1000℃）通过干式渣井、关断门落入风冷钢带冷渣机上，由风冷钢带冷渣机向外输送。由风冷钢带冷渣机入风口进入的冷却空气，与热渣输送方向逆反流动，在风冷钢带冷渣机内部进行充分的热交换，同时，热渣中的可燃物进行二次燃烧并冷却。热渣被冷却后，温度控制在150℃以内，进入后续的炉渣输送系统。冷却空气吸收炉渣大部分热量、锅炉喉部辐射热量和炉渣中未完全燃烧可燃物再燃烧产生的热量等三部分热量后温度达到250~400℃，把锅炉排渣热量重新带回炉膛，减少锅炉的热量损失。

每台锅炉底部设渣井1座，配备液压挤压式关断门（可对锅炉结焦大渣块进行粗碎），下设一台风冷钢带冷渣机，锅炉炉膛排渣连续进入冷却后由冷渣机加长斜升段送入双辊碎渣机进行破碎后送至渣仓存放。

每台锅炉设置1座渣仓，渣仓顶部配置有布袋除尘器，对渣仓内由于进渣置换的空气进行过滤后排入大气。渣仓底部设置有两个排放口，分别接汽车散装机和双轴搅拌机装车后运往综合利用或储灰场存放。

三、除渣方案选择

湿式除渣方案需要消耗部分冷却水资源，其用水均为电厂复用水，刮板捞渣机溢流水重复利用，有利于电厂废水零排放要求。当除渣系统采用渣水自平衡系统，其耗水量仅为冷渣时的蒸发水量和湿渣的含水量，大大简化渣水后处理系统，减少占地面积；刮板捞渣机除渣系统对锅炉燃煤煤种变化适应性强，是国内大部分600MW及以上机组所采用的锅炉炉渣处理系统，是较成熟的系统。

干式除渣系统无冷却水资源的消耗，无需渣水后处理系统，且布置方便，占地面积小，与湿式除渣系统比较，干除渣系统使锅炉除渣系统更加简单。但干式除渣系统实际运行中存在对锅炉排烟温度和锅炉效率的不利影响，需要优化炉底进风自动控制技术，优化锅炉燃烧组织、配风系统设计，对锅炉燃烧配风进行优化或将多余的冷渣风量排掉，减少炉底进风对锅炉热效率的不利影响。同时，如果燃煤灰熔点较低，锅炉燃用的煤种有较严重结渣趋向时，采用干式除渣系统的适应性可能不好。

第四节　瑞金电厂二期锅炉灰渣系统

华能瑞金电厂二期的锅炉灰渣系统设计按照"灰渣分排、干灰干排、粗细分排"的设计原则，为灰渣综合利用创造条件。

厂内除灰系统采用电除尘器＋正压浓相气力输送系统，每炉各设一套输送系统，将电除尘器灰斗收集的飞灰送至灰库储存。两台炉共设置3座灰库，每座灰库有效容积为3000m³。充分考虑综合利用需求，灰库区域设置干灰分选设施、干灰装车设施、调湿灰装车设施等。

厂内除渣系统采用风冷干式除渣系统，每炉各设一套系统。炉渣由设在炉膛下部的风冷钢带冷渣机连续排出，经碎渣机破碎后落入渣仓储存，炉渣定期由自卸汽车运至综合利用点或灰场。

厂外输送除综合利用的灰渣直接装车外运至综合利用用户外，不能利用的灰渣经调湿后外运至灰场碾压堆放。

石子煤采用简易机械输送。

本工程设计煤种为中煤伊泰（各50%）混煤，校核煤种1为蒙煤，校核煤种2为中煤印尼混煤，锅炉灰渣量见表1-3。

表 1-3　　　　　　　　　　　　瑞金电厂二期锅炉灰渣量

项目	1×1000MW 机组						2×1000MW 机组					
	设计煤种		校核煤种1		校核煤种2		设计煤种		校核煤种1		校核煤种2	
	小时产量(t/h)	年产量(×10⁴t/a)	小时产量(t/h)	年产量(×10⁴t/a)	小时产量(t/h)	年产量(×10⁴t/a)	小时产量(t/h)	年产量(×10⁴t/a)	小时产量(t/h)	年产量(×10⁴t/a)	小时产量(t/h)	年产量(×10⁴t/a)
灰渣总量	105.63	52.82	41.71	20.86	81.65	40.83	211.26	105.63	83.42	41.71	163.30	81.65
飞灰量	95.07	47.53	37.54	18.77	73.49	36.74	190.13	95.07	75.08	37.54	146.97	73.49
炉渣量	10.56	5.28	4.17	2.09	8.17	4.08	21.13	10.56	8.34	4.17	16.33	8.17

第二章　电　除　尘　器

电除尘器是静电除尘器（electrostatic precipitator，ESP）的简称。第一个电除尘器演示装置在 1824 年完成，20 世纪初电除尘原理被用于工业气体的净化上。目前，我国电力系统大型机组不断投运，电除尘器以它特有的优势迅猛发展，已成为防止机组粉尘排放超标的一种重要手段。随着环境保护要求的日益加强，电除尘器的应用范围也更加广泛，其结构、性能也在不断完善。

第一节　概　　　述

一、电除尘器的除尘过程

管式电除尘器的工作原理示意图如图 2-1 所示。接地的金属圆管叫收尘极，与高压直流电源相连的细金属线叫放电极（或电晕极）。放电极置于圆管的中心，靠下端的重锤张紧。含尘气流从除尘器下部进气管引入，净化后的清洁气体从上部排气管排出。

电除尘器中的除尘过程大致可分为气体电离、粉尘荷电、粉尘沉积和清灰四个阶段。

1. 气体电离

在放电极与收尘极之间施加直流高电压，使放电极发生电晕放电，气体电离，生成大量的自由电子和正离子。在放电极附近的所谓电晕区内正离子立即被放电极（假定带负电）吸引过去而

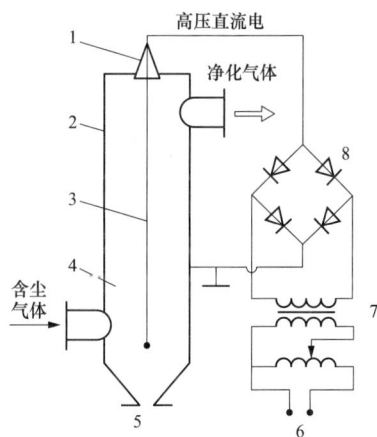

图 2-1　管式除尘器工作原理示意图

1—绝缘子；2—收尘极；3—电晕极；4—收尘层；
5—灰斗；6—电源；7—变压器；8—整流器

失去电荷；自由电子和随即形成的负离子则受电场力的驱使向收尘极（正极）移动，并充满两极间的绝大部分空间。

2. 粉尘荷电

含尘气流通过电场空间时，自由电子、负离子与粉尘碰撞并附着其上，实现粉尘的荷电。

3. 粉尘沉积

荷电粉尘在电场中受库仑力的作用被驱往收尘极，经过一定时间后到达收尘极表面，放出所带电荷而沉积其上。

4. 清灰

收尘极表面上的粉尘沉积到一定厚度后，用机械振打等方法将其清除掉，使之落入下部灰斗中。同时，放电极也会附着少量粉尘，隔一定时间也进行清灰。

为保证电除尘器始终在高效率下运行，必须使上述四个过程进行得十分有效。

板式电除尘器的除尘过程与管式电除尘器完全相同，电除尘基本过程如图 2-2 所示。

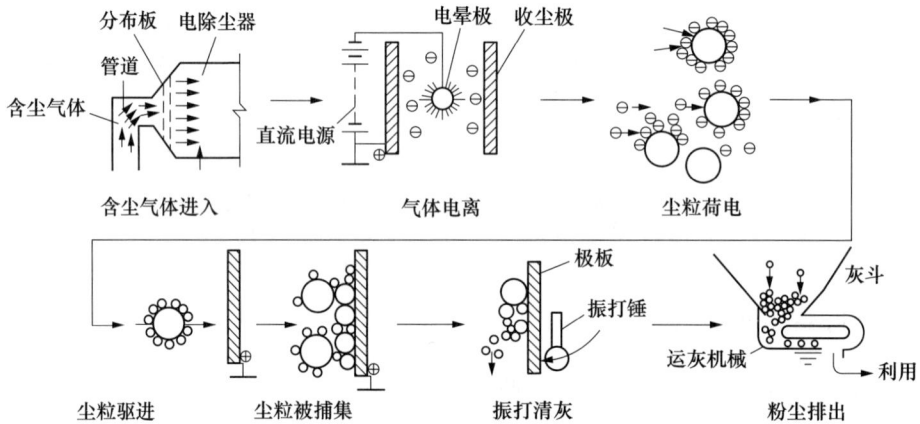

图 2-2 板式电除尘基本过程

二、电除尘器的工作特点

现代大型锅炉的烟气流经过热器、省煤器、空气预热器换热，最后经过电除尘器除尘、脱硫系统脱硫后由烟囱排出。

电除尘器的工作特点如下：

（1）除尘器处理的烟气量大，烟气通过电除尘器时的压损小。单台电除尘器处理的烟气量可从每小时几万立方米到几十万立方米，甚至一百多万立方米，国外某些大型的电除尘器处理烟气的能力可达到每小时两百多万立方米。烟气流经电除尘器时的压力损失小，通常只有几百帕。

（2）电除尘器可以处理高温烟气。当除尘器工作在较低温度时，可处理 150℃ 以下的烟气，当除尘器工作在较高温度时，可处理 350℃ 以下的烟气。

（3）电除尘器对烟尘浓度和粒径分散度的适应性较好。电除尘器入口粉尘浓度通常在 $10\sim30g/m^3$（标准状态），如果入口粉尘浓度很高，对电除尘器进行特殊设计，也可达到很好的除尘效果。

（4）电除尘器的除尘效果高且运行稳定。二电场除尘器的除尘效果可达 98%，三电场除尘器的除尘效果可达 99%，四电场和五电场的除尘效果可达 99.9% 及以上。

（5）电除尘器的控制程度高。现代大型的电除尘器，其供电电压采用自动控制，可实现远距离操作，维护工作量少，运行费用低。

（6）电除尘器设备庞大。电除尘器庞大，占地面积大，金属耗量多，一次性投资大，设备制造、安装及维护的技术要求高。

（7）电除尘器对粉尘的比电阻很敏感。粉尘的比电阻通常要求在 $10^4 \sim 10^{12} \Omega \cdot cm$，当超出此范围时，电除尘器的吸尘效果差。

三、电除尘器的分类

电除尘器可以根据不同的构造和特点来分类。

1. 立式和卧式电除尘器

根据烟气在电除尘器中的流动方向不同，可分为立式电除尘器和卧式电除尘器。

（1）立式电除尘器。立式电除尘器的本体常做成管状且垂直布置，含尘气流自上而下流过除尘器，其既可正压运行也可负压运行。此类除尘器多用于除尘量小且粉尘较易捕集的场合。

（2）卧式电除尘器。卧式电除尘器的本体为水平布置，含尘气流在除尘器内水平流动，沿气流方向每隔数米可划分为若干单独电场（通常分为 2～5 个电场），依次为第一电场、第二电场等，可延长尘粒在电场内的流动时间，从而提高除尘效果。此类除尘器安装灵活，维修方便，常为负压运行，适用于烟气流量大的场合。

2. 管式和板式电除尘器

根据除尘器集尘电极形式的不同，可分为管式电除尘器和板式电除尘器。

（1）管式电除尘器。管式电除尘器多为立式布置，管轴心为放电电极，管壁为集尘电极。集尘电极的形状可做成圆管形或六角形的气流通道，可多根并列布置成"蜂窝"状，充分利用空间。管径范围以 150～300mm，管长 2～5m 为宜。

（2）板式电除尘器。板式电除尘器多为卧式布置，集尘电极为板状，放电电极呈线状布置在一排排平行极板之间，极板间距为 250～400mm。极板和极线的高度根据除尘器的规模和所要求的除尘效率及其他技术条件决定。板式电除尘器是工业上常用的除尘设备。

3. 单区和双区电除尘器

根据粉尘在电除尘器内的荷电方式及分离区域布置的不同，可分为单区电除尘器和双区电除尘器。

（1）单区电除尘器。尘粒的荷电和捕集分离在同一电场内进行，即电晕极和集尘极布置在同一电场内。

（2）双区电除尘器。尘粒的荷电和捕集分离分别在两个不同的区域内进行，即安装有电晕放电的第一区主要是完成对尘粒的荷电过程，而装有集尘电极的第二区主要是捕集已荷电的尘粒。双区电除尘器可以有效地防止反电晕现象。

4. 湿式和干式电除尘器

根据集尘极上粉尘清除方式的不同，可分为干式电除尘器和湿式电除尘器。

（1）干式电除尘器。干式电除尘器通过振打方式敲击极板框架，使沉积在极板表面的灰尘抖落到下部的灰斗中。此类除尘器的清灰方式简单，回收的干灰可综合利用，但振打清灰时易引起二次扬尘，使除尘效果有所下降。振打清灰是电除尘器最常用的清灰方式。

（2）湿式电除尘器。湿式电除尘器通过喷雾或淋水等方法将沉积在极板上的粉尘清除。此类除尘器运行较稳定，能避免二次扬尘，除尘效果较高，但净化后的烟气含湿量高，不仅会对管道和设备造成腐蚀，还要考虑含尘洗涤水的处理问题，不适宜高温烟气场合。

第二节　电除尘器的除尘原理

一、气体电离

物质的原子由带正电荷的质子与不带电荷的中子组成的原子核以及在外层高速旋转着带负电荷的电子组成。电子比较容易受撞击或外力影响而脱离原子核的束缚，成为带负电的"自由电子"。这些自由电子有些会附着在其他分子上，成为带负电的质点，称为"负离子"。气体分子失去一个电子以后，就多出一个正电荷，呈现出带正电的性质，称为"正离子"。这种中性气体分子分离为正离子和自由电子（包括负离子）的现象，称为气体的电离。

二、气体放电

空气在通常状态下几乎是不导电的，但是当气体分子获得一定能量时，就可能使气体分子中的电子脱离，这些电子成为输送电流的媒介，气体就有了导电的性能。气体的电离分为自发性电离和非自发性电离。

非自发性电离是在外界能量作用下形成的。如空气受到 X 光、紫外线或其他辐射线的照射时，其分子因获得能量而形成正负离子，带有自由电子的原子、分子或它们的混合体形成负离子，失去一个或几个电子的气体分子形成正离子。一般每立方厘米的空气中存在着 100~500 个离子，这比导电金属的自由电子相差几百亿倍，所以空气一般都不导电。

自发性电离则是在高压电场作用下形成的。在高压电场中，一个电子沿电力线从负极向正极运动，沿途将与中性原子或分子碰撞而引起碰撞电离，就多出一个自由电子，这两个电子继续飞向正极时，又由于碰撞引起电离，每一个原来的电子又多产生一个自由电子，于是就变成四个自由电子。这四个电子又与气体原子碰撞，产生更多的电子。所以一个电子从负极飞向正极时，由于碰撞电离、电子数将雪崩似地增加，这种现象称为电子雪崩或雪崩电离。空气中电子、离子数目急剧增加，使之能相对地导电，就有电流通过气体，这个现象称为气体放电。

气体导电可以用图 2-3 清楚地予以说明。金属圆管 1 接电源 3 的正极，导线 2 接电源 3 的负极，在电路中接一电流计 4。接通电源后，圆管内壁 1 为正极，导线 2 为负极，两极之间形成一个电场。

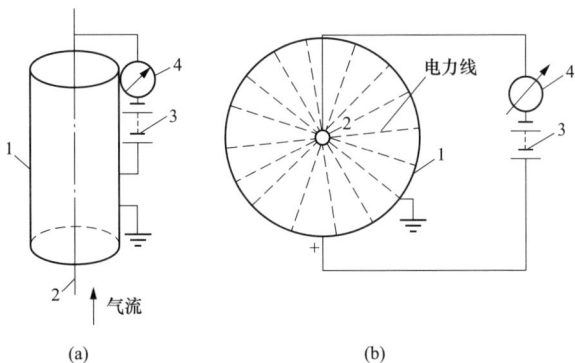

图 2-3　气体导电示意图

（a）轴测图；（b）平面放大图

1—金属圆管；2—导线；3—电源；4—电流计

在电场力作用下，两极之间空气中存在的少量自由离子便向异性电极方向运动，形成电流。开始时，电流是微弱的，随着电压逐渐升高，电场强度增大。由于离子运动的速度与电场强度成正比，随着电场强度的增大，离子运动的速度也增加，在单位时间内，由正负离子结合为中性原子的数量减少，而流向和达到电极的离子数便增加，即电流增加，如图 2-4 中的起始区。当电压升到某一定数值时，极间空气中的正负离子运动速度很高，来不及合成为中性原子，全部流向电极。继续提高电压，投入极间运动的离子数保持不变，故电流不再增加，即达到电流饱和区。若再进一步提高电压，靠近中心导线的离子便获得更高的速度，当它们撞击到空气中的中性原子时，能使这些原子中电子逸出成为正离子，与此同时逸出的电子和其他的中性原子相结合为负离子，这些新离子又与中性原子相碰撞，从而产生大量新离子，这即是电离现象。由于大量新离子参与极间运动，所以电流急剧增加（见图 2-4 电晕区）。

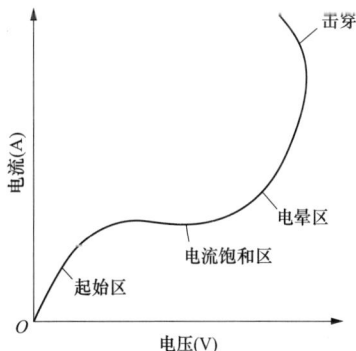

图 2-4　电流与电压关系曲线图

上述由圆管和导线组成的电场是一个非均匀电场。从图 2-3 中可以看出：越靠近中心导线，电场强度（垂直通过单位面积上的电力线数）越大，电场强度越大，离子运动速度也越大，因而能使其周围空气电离。显然，在离中心导线较远处，因电场强度小，离子的运动速度小，所以空气不会被电离。导线附近空气被电离的现象称为"电晕"。电晕现象的特征是发光，并伴有轻微的爆裂声。如果继续增加电压，电晕区就会扩大，电流也增加。

当电压增加到极间空气都被电离时，这时电流急剧上升，电压急剧下降（见图2-4），电路短路，称之为出现击穿现象而发生火花放电。

综上所述，产生电晕的条件是有不均匀电场存在。如果将实验中的圆管改成各种形状的板，如图2-5所示，也会形成非均匀电场，同样能产生电晕。

但是，由两平行的金属板组成的电场，就不会产生电晕。这是因为两极板间的电场强度处处相等，不能在局部地区形成电晕。当电压超过电流饱和区时，极间空气就全部被电离（击穿）。

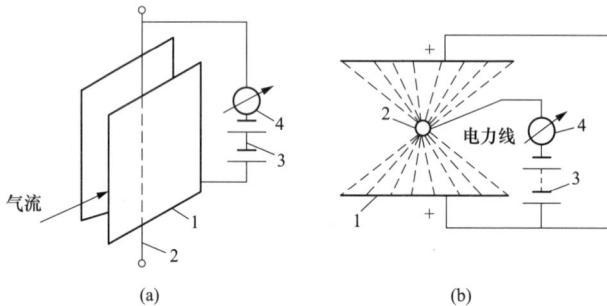

图 2-5　板式电场

（a）轴测图；（b）平面放大图

1—金属板；2—导线；3—电源；4—电流计

三、电晕放电

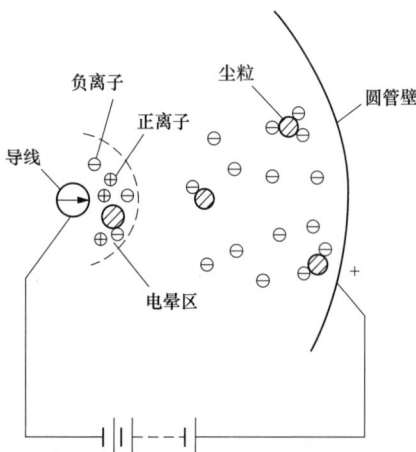

图 2-6　电除尘器工作原理

为防止极间空气被击穿，电除尘器都在电晕区工作，电晕区的范围一般限于距导线周围2～3mm处，其余的空间称为电晕外区。电除尘器工作原理如图2-6所示。

在电除尘器所采用的非均匀电场中，当供电电压高到一定值时，也会产生火花放电。发生火花放电时，沿着两极间的一条或几条狭窄而曲折的通道发生放电，在一瞬间引起电流急剧增大，气体温度和压力急剧增高，并发出特殊的"噼啪"声。

电压越高，火花放电的频率也增加。如果电

源容量不足或在电源线路中采取串接限流阻抗等措施，电压将下降，于是火花很快熄灭。如果供电电压继续增加，使两极间的整个空间被击穿，即发生"弧光放电"。当发生弧光放电时，两极间电压不大，但电流却很大，因而产生很高的温度和强烈的弧光，能烧坏电极或供电设备，因此在电除尘器运行时要避免出现弧光放电。

电除尘器的正常工作状态，应使其电压处于起晕电压到击穿电压之间。达到火花击穿的电压称为击穿电压，这一电压的高低，主要取决于放电极到收尘极之间的距离、放电极的形式以及气体的状态等。起晕电压指开始发生电晕放电时的电压，又称临界电压，与之相应的电场强度称为起晕场强或临界场强。起晕电压越低，击穿电压越高，则电除尘器的工作范围越大，也越稳定。

在电晕放电阶段，电流强度大体按照平方定律增加，因此，临界电晕电压可以从测绘的电晕放电的伏安特性曲线求得，并由下式确定

$$I = C(V - V_c)V \tag{2-1}$$

式中　I——电流；

　　V——外加电压；

　　V_c——临界电晕电压；

　　C——与电极形状尺寸和气体性质有关的常数。

当 $I=0$ 时，伏安特性曲线与横轴交点值即为所求临界电晕电压值。

四、粉尘荷电

电晕区内的空气被电离后，生成正、负两种离子，由于同性相斥、异性相吸的静电特性，电离出来的正、负离子各自向电场中相反极性的方向移动，即正离子移向带负电的放电电极，而负离子则被吸向带正电的集尘电极。这时如果含尘气体从上述高压电场中通过，电场中的负离子在向集尘电极驱进过程中，与气流中的尘埃碰撞并吸附在尘粒上，这样使中性的尘粒带上了负电荷，同样带正电的离子在向放电极驱进过程中也会使部分尘粒带上正电而集中在放电极上，这就是尘粒荷电过程。

由于电晕区的范围很小，因此，与放电极极性相同的负离子都是通过范围更大的电晕外区向集尘电极方向运动的，而进入极间的含尘气体中的大部分也是在电晕外区通过的，所以大多数的尘粒是带负电，是朝集尘电极方向运动并沉积在其上，只有少数的尘粒会带正电而沉积在放电极导线上。

在电除尘器内存在两种不同的尘粒荷电机理。一种是离子在静电力的作用下做定向运动，与尘粒碰撞，使其荷电，称为电场荷电；另一种是由于离子的热扩散现象导致尘粒荷电，称为扩散荷电。

对粒径 $d_p > 0.5\mu m$ 的尘粒，以电场荷电为主；对 $d_p < 0.2\mu m$ 的尘粒，则以扩散荷电为主；d_p 介于 $0.2\sim0.5\mu m$ 的尘粒则两者兼而有之。在工业电除尘器中，通常以电场荷电

为主。

随着尘粒上电荷的增加，在尘粒周围形成一个与外加电场相反的电场，其场强越来越强，最后导致离子无法到达尘粒表面。此时，尘粒上的电荷达到饱和。

尘粒的荷电时间一般仅为 0.1s，相当于气流在除尘器内流动 10～20cm 所需要的时间，可以认为粒子进入除尘器后立刻达到了荷电饱和。

五、粉尘捕集

带有不同电荷的尘粒在电场力的作用下，被极性相异的电极吸引过去，并沉积在电极上同时失去电性，然后借助振打装置使电极抖动，使尘粒脱落掉入灰斗中，从而实现尘粒从含尘气流中分离出来的目的。

1. 除尘效率

除尘效率是单位时间内，除尘器捕集到的粉尘质量占进入除尘器的粉尘质量的百分比

$$\eta = \frac{G' - G''}{G'} \times 100\% \tag{2-2}$$

式中 G'——进口粉尘质量，kg/h；

G''——出口粉尘质量，kg/h。

2. 除尘效率的计算方法（多依奇公式）

电除尘器的除尘效率与尘粒性质、电场强度、气流速度、气体性质及除尘器结构等因素有关。严格地从理论上推导除尘效率方程式是困难的，必须做一定的假设。

多依奇（Deutsch）于 1922 年从理论上推导出计算电除尘器除尘效率的公式。在公式推导过程中，做了以下几个假设：①电除尘器中的气流为紊流状态，通过除尘器任一横断面的粉尘浓度和气流分布是均匀的；②进入除尘器的尘粒立刻达到饱和荷电；③不考虑冲刷、二次扬尘、反电晕等影响。多依奇公式推导如图 2-7 所示。

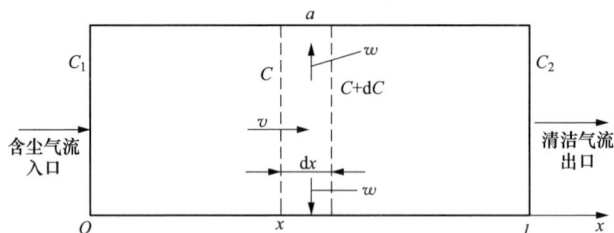

图 2-7 多依奇公式推导

在此基础上进行推导，设含尘气体流入距离为 x，气体和尘粒的流速皆为 $v(\text{m/s})$，气体流量为 $L(\text{m}^3/\text{s})$，尘粒浓度为 $C(\text{g/m}^3)$，流动方向上每单位长度的收尘极板面积为 $a(\text{m}^2/\text{m})$，总收尘极板面积为 $A(\text{m}^2)$，电场长度为 $l(\text{m})$，流动方向的横断面积为 $F(\text{m}^2)$，尘粒驱进速度（尘粒向收尘极运动的速度）为 $\omega(\text{m/s})$，则在 $\text{d}t$ 时间内于 $\text{d}x$ 空

间捕集的粉尘质量可建立微分方程为

$$dm = a \cdot dx \cdot \omega \cdot C \cdot dt = -F \cdot dx \cdot dC \qquad (2\text{-}3)$$

式中，负号是因为粉尘浓度是递减的。

由于距离等于速度和时间的乘积，即 $dx = v \cdot dt$，代入式（2-3）得

$$\frac{a\omega}{Fv}dx = -\frac{dC}{C} \qquad (2\text{-}4)$$

对式（2-2）积分，代入边值条件除尘器进口含尘浓度为 C_1、出口为 C_2，并考虑到 $Fv = L$，$al = A$，即得到理论除尘效率方程式（即多依奇公式）为

$$\eta = 1 - \exp\left(-\omega \frac{A}{L}\right) \qquad (2\text{-}5)$$

式中 ω——驱进速度，m/s；

A——收尘极的收尘面积，m^2；

L——除尘器处理风量，m^3/s。

多依奇公式概括地描述了除尘效率与尘粒驱进速度、收尘极表面积和气体流量之间的关系，指明了提高电除尘器效率的途径，因而被广泛地用于电除尘器的性能分析和设计中。

3. 有效驱进速度

理论上的驱进速度是指电场中荷电粉尘向收尘极运动的速度。电除尘器内粉尘的运动要受电场强度、烟气和粉尘性质、气流分布、振打以及二次扬尘等因素所支配，而这些因素在电除尘器运行过程中是不断变化的。为此，设计时应将其变化的因素考虑在驱进速度值的选择上，这时的驱进速度值已经不是荷电粉尘在物理学上的理论驱进速度，所以称为有效驱进速度。

有效驱进速度可根据对同类生产工艺及接近于同种类型的电除尘器所测得的结果（包括除尘效率、处理风量、收尘极板面积）反算得出。

4. 迁移率

设荷电粒子沿电场方向的驱进速度为 ω，电场强度为 E，则

$$\omega = KE \qquad (2\text{-}6)$$

这里 K 称为离子的迁移率，它是驱进速度 ω 与电场强度 E 之比。

若将电子、离子和带电尘粒的大小及迁移率作比较，会有如下结果：

（1）粒子大小。带电粒子远大于离子，离子远大于自由电子；

（2）迁移率。自由电子远大于离子，离子远大于带电粒子。同时，负离子的迁移率比正离子的迁移率大。

电除尘器既可采用负电晕（电晕极接电源的负极），也可采用正电晕（电晕极接电源的正极）。正电晕的形成机制是在靠近放电极线的强电场空间内，自由电子和气体分子碰撞，形成电子雪崩，这些电子向着极线运动，而气体正离子则离开极线向强度逐渐减弱的

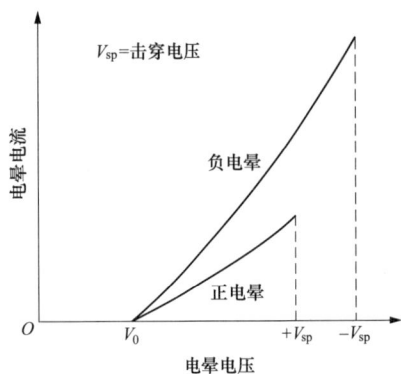

图 2-8　电晕放电的伏安特性曲线

电场运动，成为电晕外区空间电荷。

由于自由电子向集尘极移动的速度比正离子快得多，因此在同一电压下负电晕的电晕电流就要比正电晕的大；同时，正电晕火花放电通道的发展比负电晕容易得多，这样就容易发生击穿，即正电晕的临界击穿电压也比负电晕时的低。电晕放电的伏安特性曲线如图 2-8 所示。因此，工业电除尘器几乎都是采用负电晕工作的。

但是，用于通风空调进气净化的电除尘器，一般都采用正电晕极，其优点是产生的臭氧和氮氧化物量要比负电晕少得多。

第三节　除尘效率的影响因素

电除尘器除尘效率的影响因素很多，大体上可以归纳为以下三个方面：

（1）烟尘状况。烟气状况主要包括烟气的温度、湿度、压力、流速及组成等；粉尘状况主要包括粉尘的比电阻、浓度、粒径、黏度和密度等。

（2）设备状况。电除尘器的极配形式；电场划分情况；振打清灰方式及振打时序；气流分布均匀程度；电气控制特性等。

（3）操作条件。包括操作电压、比电流、电极清灰效果、漏风及二次扬尘等。

上述各因素可以单独起作用，也可以互相影响。

下面侧重介绍烟尘状况对除尘效率的影响。

（一）粉尘状况

1. 粉尘比电阻

粉尘比电阻是衡量粉尘导电性能的一个指标。粉尘比电阻在数值上等于单位面积的粉尘在单位厚度时的电阻值。

沉积在电除尘器收尘极表面的粉尘，必须具有一定的导电性，才能传导从电晕放电到大地的离子流。粉尘比电阻决定了高比电阻粉尘层电击穿的电流极限。粉尘层的电场是电流密度和比电阻的乘积。

实测表明，最适于电除尘器工作的电阻值为 $10^6 \sim 10^{11} \Omega \cdot cm$。在这个数值范围以外，电除尘器的性能将下降。

粉尘比电阻与除尘效率的关系如图 2-9 所示。从图中可看出，粉尘比电阻在 $10^6 \Omega \cdot cm$ 以下时，除尘效率随着比电阻的降低而大幅度降低。这是因为尘粒导电性能较好，到达收尘极表面立即释放电荷，而且由于静电感应获得和收尘极同极性的正电荷，当正电荷形成的排斥力大于粉尘的黏附力时，沉积在极板上的粉尘脱离收尘极而重返气流；重返气流的粉尘在电场中再次荷电，又被收尘极捕集，形成在收尘极上"粉尘跳跃"的现象，最后可能被气流带出电除尘器。

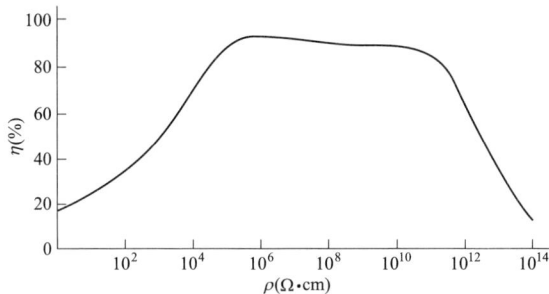

图 2-9　比电阻与除尘效率的关系

相反，当粉尘比电阻高于 $10^{11}\Omega\cdot cm$ 时，电除尘器的性能却随着比电阻的增加而下降。这是由于荷电的高比电阻粉尘在收尘极板沉积后，电荷不容易释放造成的。因为它使粉尘层与极板之间出现一个新的电场，这个新电场一方面使粉尘牢牢地吸附在收尘极表面，不容易振落；另一方面伴随着带电粉尘的不断增加，粉尘层与极板之间存在着一个越来越强的电场，最后在这个区域内的粉尘层空隙中出现电离，产生电晕放电。电晕放电产生的电子和负离子被吸向收尘电极，正离子被收尘电极排斥跑到收尘空间。这种收尘极产生电晕放电的现象，称之为反电晕。反电晕是一种非常有害的现象，它会反过来由收尘极向收尘空间放出正电荷，这些倒流的电荷很快与迎面来的负电荷相遇而中和，破坏了正常的收尘作用。

目前，对高比电阻粉尘的捕集，主要采取以下措施：

（1）对烟尘进行调质。如喷雾增湿或在烟气中加入化学添加剂，对烟气进行调质。

（2）改变对除尘器的供电方式，采用脉冲供电。

（3）改进除尘器本体结构。如适当加宽极间距、加辅助电极等。

2. 粉尘浓度

电除尘器对粉尘的浓度有一定的适应范围，超过这个范围，电流随着含尘量浓度的增加而逐渐减少。当含尘浓度达到某一极限值时，通过电场的电流趋近于零，这种现象称之为"电晕闭塞"。

粉尘浓度高何以会出现电晕闭塞现象？我们知道，电除尘器正常运行中的电晕电流，基本上是由于气体离子运动的结果。虽然气体离子与烟尘碰撞使烟尘变成烟尘离子，也是形成电晕电流的一个因素，但它只占总的电晕电流的 1% 左右。烟尘颗粒的大小和质量均较气体离子大得多，离子流作用在烟尘颗粒上产生的运动速度，远不如气体离子高。气体离子的活动度约为烟尘离子驱进速度的数百倍。烟气中的粉尘浓度越大，则烟尘离子数量也越多，由于单位体积中总的空间电荷不变，那么，随着烟尘离子所形成的空间电荷相应减少，也就是使电流下降。当粉尘的计数浓度接近于甚至超过起始的离子浓度（每 1cm³ 空间有近亿个离子）时，电晕闭塞的现象就非常明显，除尘效率也显著降低。

与粉尘浓度有关的空间电荷效应也影响荷电状态的稳定性。这是由于火花电压随浓度增大而降低，而维持一定的电流密度所需的电压随浓度增大而升高，当粉尘浓度较高时，这两个电压之间的节距缩短，粉尘浓度出现较大的波动，导致过度的火花放电，除尘器运行稳定性变差。当火花放电超过除尘器的整定火花频率时，供电自动切断，除尘终止。

3. 粉尘粒径

荷电粉尘的驱进速度随粉尘粒径不同而异。试验证明，带电粉尘向收尘极移动的速度与粉尘的半径成正比，对于 1μm 以上的粉尘，粒径越大，除尘效率越高；而粒径在 0.2～0.5μm 之间，驱进速度有最低值，在此范围之外，驱进速度均有所提高。

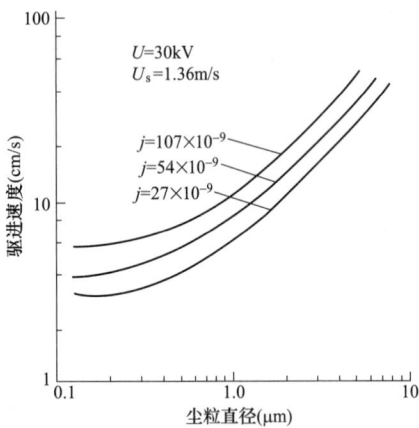

图 2-10　粉尘的理论驱进速度与粒径的关系

驱进速度除受粒径影响外，还取决于场强、离子密度及停留时间。驱进速度随粒径和电流变化的情况如图 2-10 所示。

粉尘粒径还影响电气条件、二次扬尘等。这是由于粉尘粒径影响尘粒空间电荷和荷电电场，进而影响粉尘荷电量和驱进速度。荷电尘粒迁移率较低，能抑制电晕电流。当小颗粒粉尘较多时，由于其表面积大，荷质比较高，空间电荷影响增大，电流降低，第一电场尘粒荷电时间延长。空间电荷抑制效应导致伏安特性曲线偏移，对于给定的电流，伏安特性曲线偏向高电压区，这意味着维持相同的电流，必须输入更高的电压。如果粉尘浓度较高，细颗粒粉尘较多，还容易产生电晕闭塞。

4. 粉尘黏附力

收尘极板捕集的粉尘，是借助粒子与粒子之间和粒子与收尘极板之间的黏附力而积聚在极板上的。这些粉尘层通过振打而被清除下来。粉尘的黏附力过大，需要较大的振打力才能剥离下来；粉尘黏附力过小，则振打时聚结成块的粉尘容易分解成单个颗粒，而被气流再次带走，或者黏附在极板表面的粉尘易受气流作用再飞散。其结果，必然使除尘效率降低。

5. 粉尘密度

粉尘密度是指该粉尘单位体积的质量，称真密度。与收尘性能有关的是粉尘的堆积密度，它是包括尘粒的间隙在内的单位体积的密度。

粉尘被振打而落入灰斗的过程中，受到重力、烟气流动的动力和静电力的作用，而粉尘的密度与烟气在电场内的最佳流速及二次扬尘有密切关系，因而也是影响电除尘器性能的因素之一。

（二）烟气状况

1. 烟气温度

电除尘器都是在一定温度下工作的，对于同一种粉尘，即使在电除尘器的规格和技术性能均相同的情况下，仅烟气温度不同也可以使电除尘器的性能产生很大的差别。这主要是因烟气温度不同而改变了粉尘比电阻的结果。温度与粉尘比电阻的关系曲线如图2-11所示。

研究表明，粉尘比电阻是两种独立的导电机理的综合：一种是通过粉尘内部的体积导电，它与粉尘的化学成分有关，体积比电阻与工作温度成反比；另一种是沿着粒子表面进行的表面导电，它与粉尘及烟气成分都

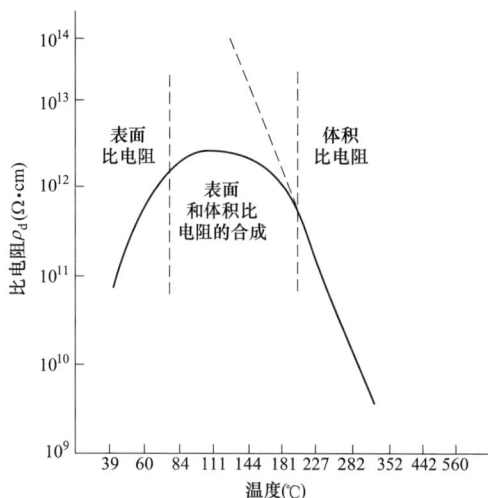

图 2-11　温度与比电阻关系曲线

有关，表面比电阻与工作温度成正比。哪一种导电机理占主导地位，主要取决烟气温度。

因此，可将粉尘比电阻看作两个并联电阻组成：一个相当于体积比电阻，另一个相当于表面比电阻，两者均受温度的影响。在低温区，体积比电阻很高，而表面比电阻则随着温度的升高而增加。相反，高温时体积比电阻甚低，它不受并联的较高的表面比电阻的影响。温度介于两者之间，则表面比电阻和体积比电阻都起作用。图中曲线就是粉尘比电阻与温度的典型曲线，是上述两个分量的综合。根据这条曲线，可以确定最适合电除尘器工作的温度。

烟气温度对电除尘器性能的影响，还表现在温度对气体黏滞性的影响，气体黏滞性是随着温度的上升而增加的。在电除尘器电场中，带电粉尘向收尘极运动的驱进速度与含尘气体的黏度有一定关系：气体的温度越高，烟气的黏滞性越大，则驱进速度越低。

从气体电离的情况来看，击穿电压与气体密度成正比。因为随着气体密度的减小，气体分子的间隔加大，每个电子在两次碰撞之间所经过的距离也增加，所以电子获得较大的速度和动能，以致加强电离效应，使烟气在较低的电压下击穿。

气体密度在很大程度上取决于气体的温度。假定气体压力不变，则气体密度与气体的绝对温度成反比。因此，当气体温度降低时，气体的密度也就增加，从而使气体的击穿电压相应地提高。击穿电压提高，除尘器的操作电压也提高，因而也提高了除尘效率。温度对火花放电电压和伏安特性的影响如图2-12所示。电流随温度上升而增加，火花放电电压则下降。伏安特性曲线随温度升高向左偏移并有更大的斜率，偏移是电晕始发电压降低的结果，斜率变大是由于离子的迁移率增大所致。

从温度影响电除尘器性能的几个方面来看，只要有可能，运行温度较低为好。但温度过低容易产生冷凝结露，造成清灰振打困难、电极腐蚀、绝缘体爬电等故障，结果使除尘器不能正常运行。因此，烟气温度必须高于露点温度。

2. 烟气湿度

烟气湿度能通过改变粉尘比电阻而影响电除尘器的性能。不同含水量的烟气对粉尘比电阻的影响如图 2-13 所示。

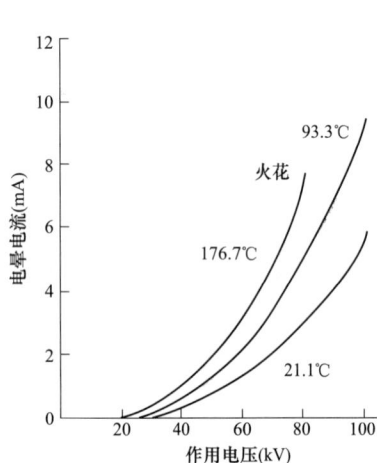

图 2-12   温度对火花放电电压和伏安特性的影响   图 2-13   含水量对粉尘比电阻的影响

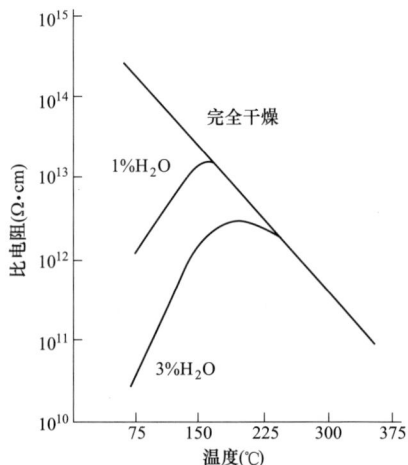

当烟气温度低于150℃左右时，其中的水分就被吸附到尘粒表面；如果烟气温度很低，而其中的水分含量又很高，则此水分能把粉尘比电阻降低到适宜于电除尘器工作的数值；当烟气温度较高时，水分的含量对比电阻的影响就不显著，因为表面导电所需的条件已不存在。

烟气湿度通常以烟气露点温度来衡量。露点温度越高，烟气中湿度越大，吸收或凝结在粉尘表面上的水分也越多，导电性能也越好。

此外，烟气含水量还影响击穿电压。因为水气分子是一种极性分子，它在电场中能大量吸附电子，使分子带负电并成为运动迟缓的负离子，从而使空间自由电子的数目大大减少，电离强度减弱。

由于水气分子大于空气分子，在气体游离发展过程中与自由电子碰撞的机会较多，这就使自由电子在电场中加速的平均自由行程缩短。

综上所述，水气分子使烟气的电离减弱，电晕电流减小，空气间隙的耐压强度增加，击穿电压升高，火花放电较难出现。它使电除尘器在提高电压的情况下稳定运行，而电场电压的提高，不但电晕电流不会削弱，而且能增大电场强度，使收尘情况得到显著改善。

因此，增加烟气中的含水量，可以在很大程度上弥补电除尘器由于烟气温度高或者气压低所造成的气体密度减小，击穿电压下降、除尘效率不高的缺陷。

气体含水量对电除尘器伏安特性的影响如图 2-14 所示。烟气含水量与击穿电压成正比；电压一定时，与电晕电流成反比。

3. 烟气压力

烟气密度是烟气压力和温度的函数。而烟气密度影响着电晕电场的起晕电压、电晕极表面电场强度、空间电荷密度和离子迁移率的大小。从而影响电除尘器的放电特性和除尘性能。从理论上看，在给定气体中起晕电场强度必须提供产生电离碰撞所需的能量。这主要取决于该气体的电离电位和各次碰撞的平均自由程。

如图 2-15 所示，烟气压力降低时，分子平均自由程长度增加，电子平均运动的时间减少，随着两次碰撞之间间隔增大，在较低场强下，可使电子加速到可以产生电离的速度。外加电场一定时，放电极附近的空间电荷密度减小，在收尘极板上平均电流密度增大，导致放电极在较低的场强下获得较大的电晕电流。

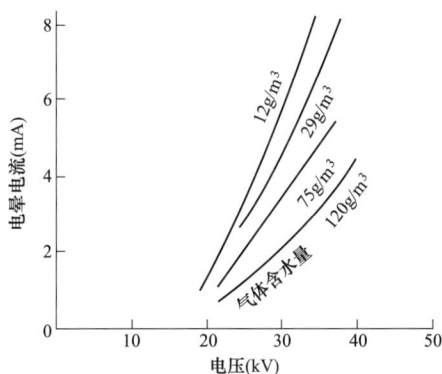

图 2-14　气体含水量对伏安特性的影响

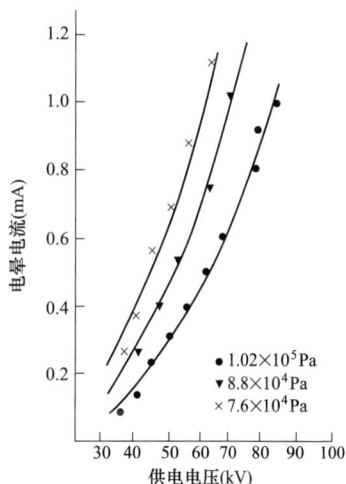

图 2-15　烟气压力与供电电压的关系

烟气压力相同，增大极间距，可使伏安特性曲线斜率减小，如图 2-16 所示，表明在宽间距条件下，可以获得较大的稳定工作区。

4. 烟气流速

对于一定的收尘面积，增加烟气量（相当于提高电场风速），则除尘效率下降。设计时通常对烟气的电场流速取低值，主要是考虑避免沉积在收尘极板上的粉尘再次被带走，引起粉尘的再飞散。

另外，电场中的烟气流速对驱进速度影响很大，如图 2-17 所示。当流速较低时，驱进速度随着流速的增加而提高；但大于某一数值后，驱进速度却随着流速的增加而降低。某种粉尘在一定的工况条件下具有最大驱进速度的电场流速称为最佳流速。最佳流速与粉尘性质、电除尘器的结构等因素有关。所以应根据电除尘器和处理烟尘的性质不同，找出最佳的流速，以充分发挥电除尘器的潜力。

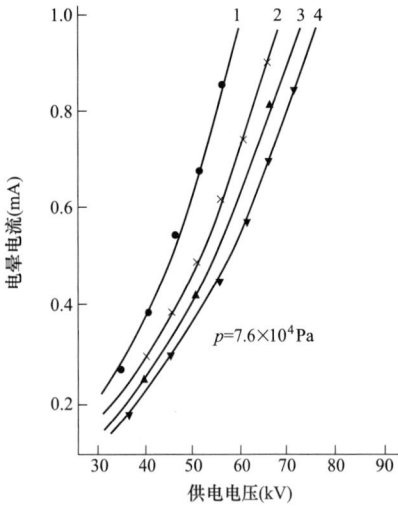

图 2-16   不同极间距的伏安特性
曲线（极间距 4＞3＞2＞1）

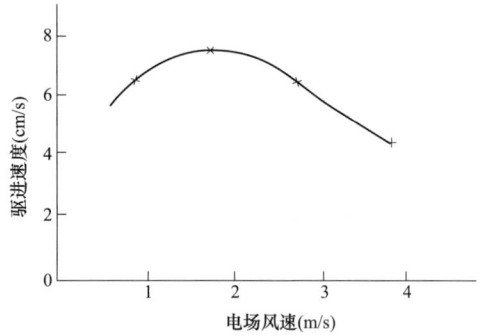

图 2-17   电场流速与驱进速度的关系

5. 烟气成分

烟气成分对负电晕放电特性影响很大，烟气成分不同，在电晕放电中电荷载体的有效迁移率也不同。二氧化硫等气体具有非常稳定的高阻抗电晕特性，形成负电晕的范围较宽。不同的气体对伏安特性及火花放电电压的影响甚大，如图 2-18 所示。

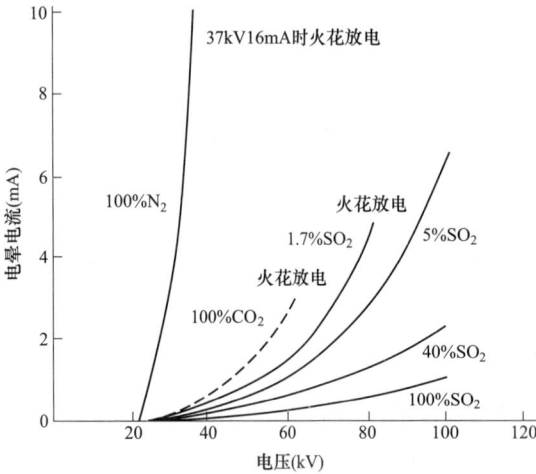

图 2-18   氮和二氧化硫混合物的伏安特性

（三）其他因素

1. 振打清灰

试验证明，影响收尘效率的一个重要原因就是板、线积灰严重，造成电场电晕封闭，使高压电源长期工作在不合理的状态下。

机械振打就是采用重锤敲打阴阳极框架，使极板、极线产生加速运动，利用集结在板线上灰尘的惯性力克服灰尘对板、线的附着力。尽量除去黏附在其上的粉尘层，防止粉尘堆积过厚和长时间停留在电极上。这意味着不仅要有足够大小的振打力，而且冲击力要分布均匀。即使如此，在振打过程中，一部分粉尘重返气流，总会形成振打清灰时的二次扬尘。二次扬尘的程度与电场风速、电场长度等因素有关。

合理的振打时序（振打时间和停止时间）也是提高电除尘器效率的方法。

由于各电场粉尘浓度和粒径不一样，在相同的时间内收尘极表面所堆积的粉尘厚度也不相同。理论上应该是粉尘堆积到适当厚度再进行振打，这样才能使粉尘层成块状或片状从收尘极板表面剥离下来。

如果两次振打清灰的时间间隔太短，收尘极表面尚未形成适当厚度的粉尘层，振打时粉尘易被粉碎成小片，甚至被分解成单个粒子，沉降速度较低，被再次转入气流的概率较大。相反，两次振打的间隔时间太长，粉尘层在收尘极板上堆积太厚，将会使振打的惯性力减少，因而粉尘不易脱离极板。随着时间的增加，极板上的粉尘越积越厚，将导致电功率下降，除尘效率也降低。因此，每台电除尘器都存在一个最佳的振打清灰时序。

合理的振打制度应是：在保持最佳供电的状态下，两次振打的间隔时间尽可能长些。由于各电场粉尘粒径不同（甚至比电阻也有变化），粉尘的黏附力也不一样，各电场的振打力也不应相同，因此，振打间隔时间及振打力最好通过试验确定，以保证振打时产生的二次扬尘最少。

据有关试验结果显示，振打对除尘效率的影响很大，在测试的几种振打时序中，连续振打的效果最差。前面电场振打时间间隔短，后面电场振打时间间隔长，振打效果最好。

但是，燃煤电厂电除尘器的积灰成分黏度大，附着力强，通常的振打时序很难清除板、线上的灰尘，适当的使用连续振打，对除尘效率的提高会有一定的帮助。

2. 煤的含硫量和其他元素

煤的含硫量对电除尘器效率的影响很大。煤的含硫量在 1.5% 以上时，烟气中含有的 SO_3 较多，它能降低粉尘比电阻，提高电除尘器的除尘效率；当含硫量低于 0.5% 时，含硫量的多少对除尘器性能无显著影响。对于某一特定的烟气温度以及飞灰成分变化不大的煤种，不同的含硫量和收尘面积与除尘效率的关系如图 2-19 所示。

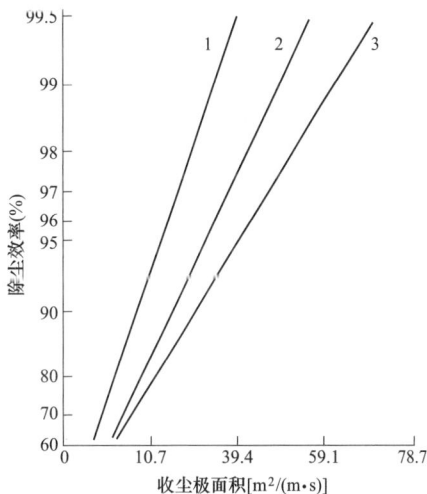

图 2-19　煤的含硫量和收尘面积与除尘效率的关系
1—含硫 2.5%（体积）；2—含硫 1.5%；3—含硫 0.5%

燃煤飞灰的比电阻除了与煤的含硫量有关外，还与飞灰的其他成分（主要是钠、锂、铁、钙）的含量有关。一般来说，飞灰中含钙多则比电阻高，而含钠、锂、铁和钾多则比电阻低。飞灰比电阻与含钠和含硫量的关系如图 2-20 所示，曲线的体积导电部分随飞灰中含钠量不同而变化，表面导电部分随含硫量高低而异。飞灰中所含钠和钾的原子百分数与比电阻成反比。

3. 飞灰含碳量

飞灰中的含碳量影响电除尘器的效率。资料表明，电除尘器的收尘效率与飞灰中未燃尽的碳有关，即飞灰中未完全燃烧的碳粒越多，电除尘器的效率越低，说明未完全燃烧的碳粒比飞灰更难捕集。未完全燃烧的碳粒百分数较大时，将影响电除尘器的性能。

4. 烟气含水量

烟气含水量主要影响飞灰的表面导电性，如图 2-21 所示。烟气含水量是空气中的水分、煤的固有含水量和附着水在燃烧中产生的。含水量大，露点高，比电阻值低。

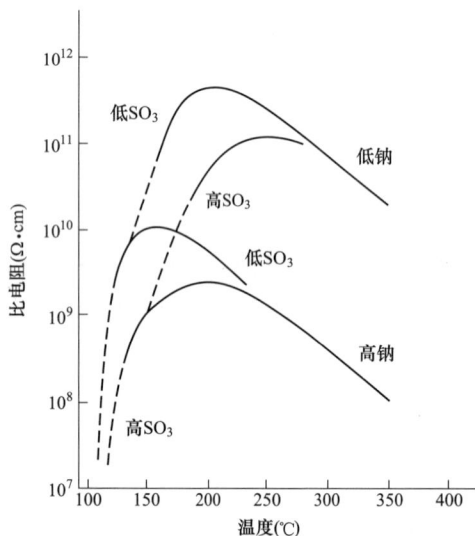

图 2-20　飞灰比电阻与含钠和含硫量的关系

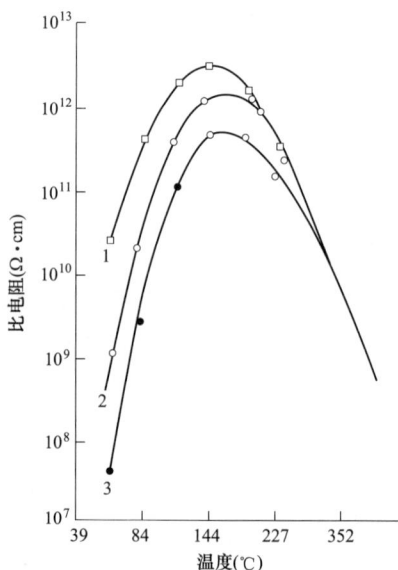

图 2-21　水分对飞灰比电阻的影响
1—含水 4.9%（体积）；2—含水 9.1%（体积）；
3—含水 12.7%（体积）

第四节　电除尘器的结构

电除尘器主要由电气和机械两大部分组成。电气部分是产生高压直流电的装置和低压控制装置；机械部分是电除尘器本体，是对烟气进行净化的装置。

电除尘器的电气部分如图 2-22 所示。

电除尘器的电源控制装置的主要功能是根据烟气性质和电除尘器内粉尘的黏附情况来随时调整供给电除尘器的最高电压，使之能够保持平均电压稍低于即将发生火花放电的电压运行。国内通常采用的 GGAJ02 型晶闸管自动控制高压硅整流设备，由高压硅整流器和晶闸管自动控制系统组成。它可将工频交流电变换成高压直流电并进行火花频率控制。

电除尘器还有许多低压控制装置，这些都是保证电除尘器安全可靠运行所必不可少的。如温度检测和恒温加热控制，振打周期控制，灰位指标，高低灰位报警和自动卸灰控

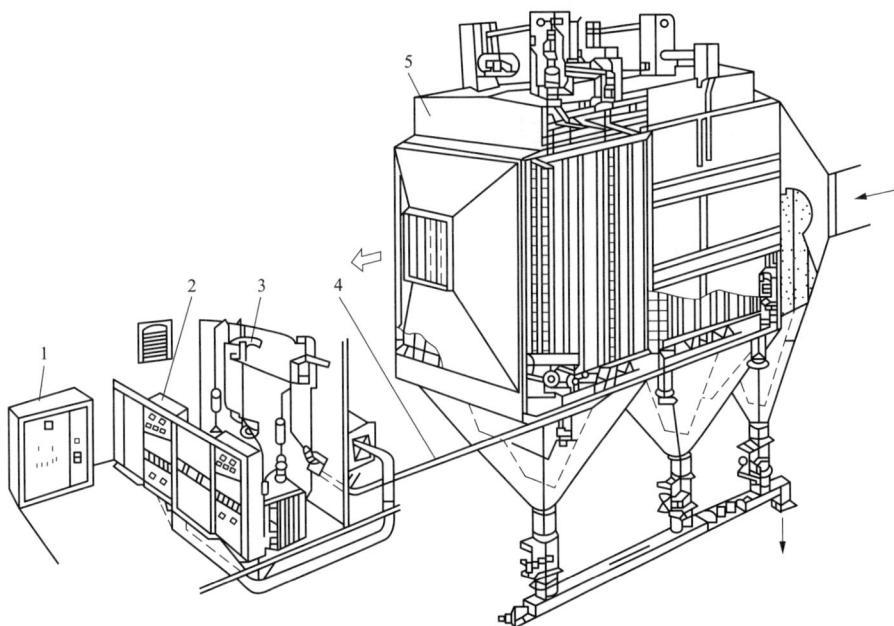

图 2-22　卧式静电除尘器及其控制系统

1—低压控制柜；2—高压供电机组；3—高压隔离开关；4—电缆；5—静电除尘器

制，检修门、孔、柜的安全连锁控制等。

　　电除尘器的机械部分如图 2-23 所示，其主要部件包括烟箱系统、阴极系统、阳极系

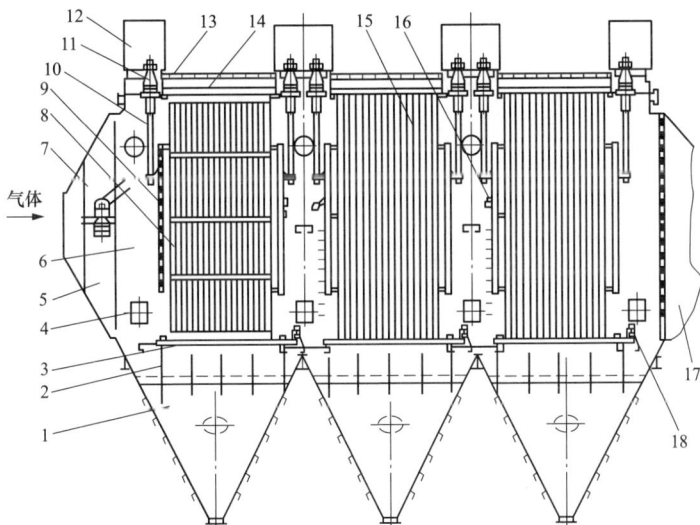

图 2-23　电除尘器本体结构

1—灰斗；2—阻流板；3—收尘极振打杆；4—检查门；5—进气箱；6—壳体；7—气流分布板及振打装置；

8—电晕极小框架；9—电晕极大框架；10—电晕极悬吊装置；11—高压套管；12—保温箱；13—防雨盖；

14—屋顶骨架；15—收尘极；16—电晕极振打；17—出气箱；18—收尘极振打

统、槽板系统、储灰系统、壳体、管路、保温护壳和梯子平台等。下面仅介绍卧式板状电除尘器（干式清灰）机械部分的主要结构。

一、电缆引入室与阴极绝缘支柱

电除尘器的高压电缆是通过电缆引入室和阴极绝缘支柱接通的。

带有电缆终端盒的保温箱叫作电缆引入室（见图 2-24）。电缆终端盒置于保温箱中，根据电力运行规程规定，电缆终端盒内油温最高允许温度是 50℃。

阴极绝缘支柱如图 2-25 所示。瓷套管和瓷支柱材质一样，起绝缘作用。法兰盖与瓷套管上平面之间有 10mm 间隙，可以使大梁中经电加热器加热的干净正压热空气由此进入瓷套管，对其进行热风吹扫，防止瓷套管内壁结露而导致电除尘器工作电压下降，除尘效率降低。防尘罩防止烟气直接吹入瓷套管内部，造成瓷套管内壁黏灰。

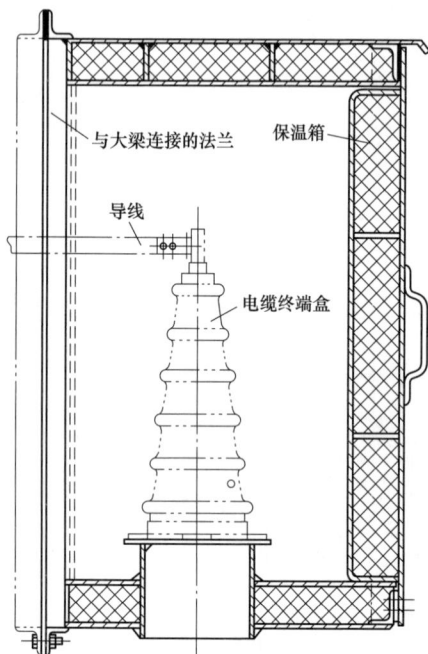

图 2-24　电缆引入室

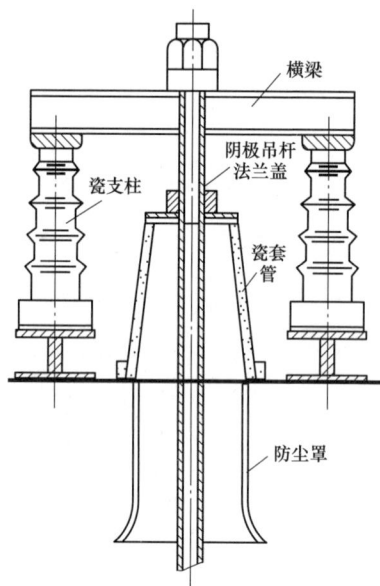

图 2-25　阴极绝缘支柱

阴极吊杆上端由一组螺母和球面垫圈固定在瓷支柱上，下端和阴极大框架连接。

二、阴极大框架与阴极小框架

阴极大框架的作用是：①承担阴极小框架、阴极线及阴极振打锤、轴的荷重，并通过阴极吊杆将荷重传到绝缘支柱上；②按设计要求使阴极小框架定位。

阴极大框架一般是用型钢拼装而成，如图 2-26 所示。它悬吊在阴极吊管上，其上有用以安放阴极小框架的带有缺口的角钢（每相隔一同极距一个缺口），也有为固定阴极小框架而带螺孔的角钢（每相隔一同极距一个螺孔），另外，在有振打轴一侧的大框架上还有轴承底座。

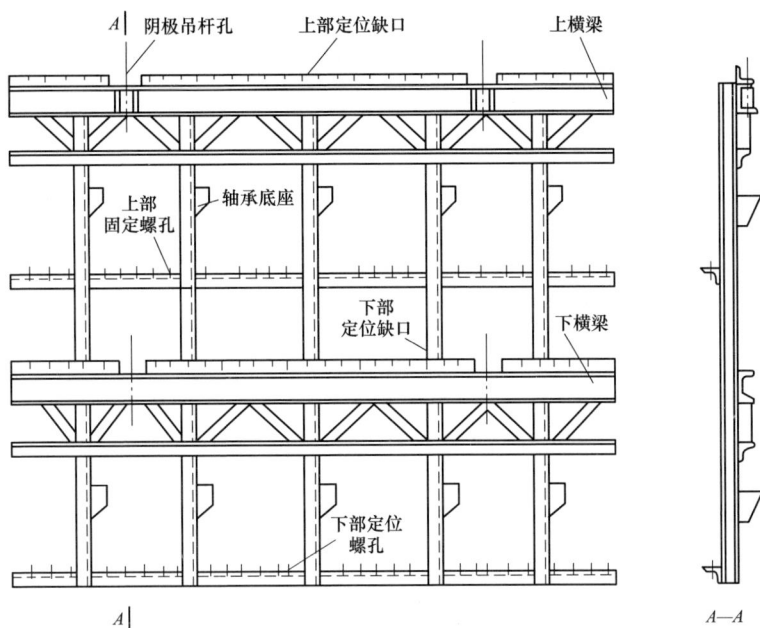

图 2-26 阴极大框架

阴极小框架如图 2-27 所示，框架是由钢管焊成的。为保证极线安装和小框架在大框架上安装的准确性，应用支架和定位螺栓把小框架固定在大框架上。为了使电晕极进行振打清灰，小框架上还装有阴极振打锤和承击砧。

三、电晕线

为了使电除尘器达到安全、经济、高效运行，电晕线应满足的基本要求有三点：

（1）不断线。为电厂锅炉设计的电除尘器最主要的特点是安全可靠，避免发生因电晕线断线造成电场短路，从而使除尘器处于停运或低效运行状态，达不到锅炉对除尘的要求，而且会使引风机严重磨损而造成停炉事故。

（2）放电性能好。这里包含三个方面：

1）起晕电压低。在相同条件下，起晕电压越低就意味着单位时间内的有效电晕功率越大，则除尘效率就越高。电晕线的起晕电压

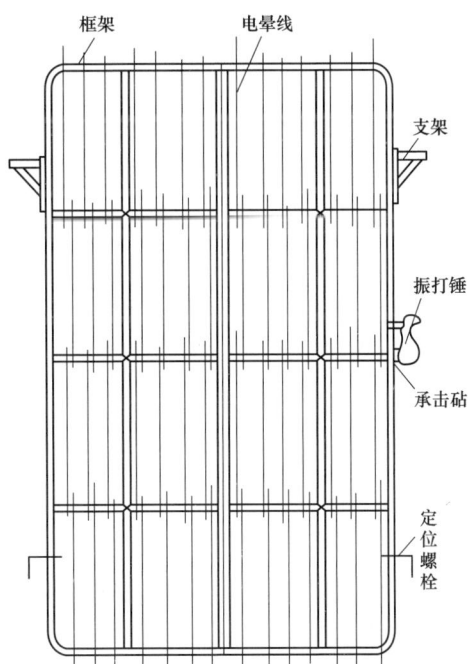

图 2-27 阴极小框架

决定于自身的曲率，曲率越大的电晕线，起晕电压越低。

2）伏安特性好。这是指伏安特性曲线的斜率越大越好，即在相同的外加电压下，电流越大越好。这也就是说伏安特性好的电晕线对烟尘荷电的强度和概率大，除尘效率高。

3）对烟气条件变化的适应性强。这是指对烟气流速、含尘浓度、比电阻等适应性强，使电晕线在高烟速时效率下降得少，在含尘浓度高时不发生电晕封闭，在高比电阻黏尘时不产生反电晕等。

（3）电晕线强度好。高温下不变形，利于振打力的传递，清灰效果好。

电晕电压和放电强度对电晕线的材质要求不高，只要是良导体就可以，但与电晕线的几何形状却有着极为密切的关系。电厂电除尘器中采用的电晕线种类较多，规格不一，目前常用的几种电晕线如图 2-28 所示。

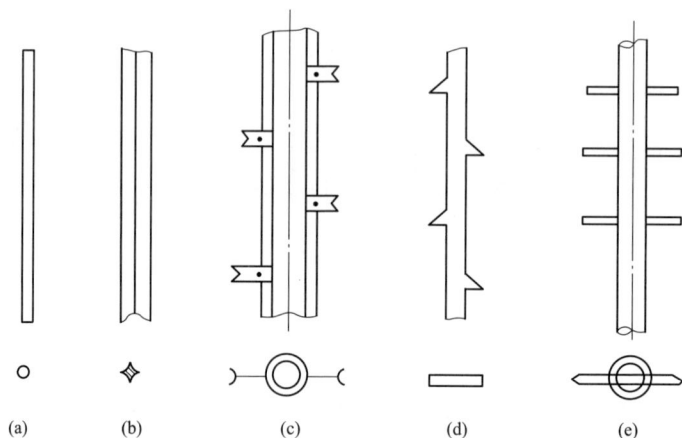

图 2-28　电晕线的形状
（a）圆形线；（b）星形线；（c）RS 线；（d）锯齿线；（e）鱼骨针线

1）圆形电晕线。圆形电晕线实际上就是圆导线，它的放电强度与直径成反比，即电晕线直径越小，起始电晕电压越低，放电强度越高。但在实用上，直径不能太小，不然会因强度不足而断裂。为保证机械强度和耐磨蚀的要求，一般采用直径为 2.5～3mm 的耐热合金（镍铬线、不锈钢丝等）。美国的静电除尘器多采用圆导线作电晕线，上部自由悬吊，下部用吊锤拉紧。圆形电晕线也可做成螺旋线，安装时将其拉伸（保留一定弹性），绷到小框架上。

2）星形电晕线。星形电晕线是用 4～6mm 的普通钢材经冷拉扭成麻花形制成的，机械强度较高，不易断。星形电晕线四边有较长的尖锐边，起晕电压低，放电均匀，电晕电流较大，多采用框架结构，适用于含尘浓度低的场合。

3）芒刺形电晕线。芒刺形电晕线的特点是用点放电代替沿线全长上的放电，其起晕电压比其他形式极线低，放电强度高，在正常情况下比星形线的电晕电流高一倍。机械强度高，不易断线和变形。由于尖端放电，增强了极线附近的电风，可使除尘效率大为提高，适用于含尘浓度高的场合，常用在大型电除尘器的第一、二电场内。

西欧一些国家通常采用星形或芒刺形电晕线，如 RS 电晕线就是芒刺形的一种形式。它用圆管（直径约为 21mm）作为支撑，交叉芒刺伸出在圆管的两侧。芒刺的放电强度比圆线和星形线高，同时，圆管的刚度大，不断线，不变形，振打性能好。此外，芒刺点上也不易积灰。

4）锯齿形电晕线。锯齿形电晕线常用宽 7mm、厚 1.5mm 的带钢制作，可加工成带状、刀状或锯齿状。这种电晕线也属点状放电，其放电性能好，放电强度比星形线高，不易断线，不晃动，无火花侵蚀，清灰性能好，多采用框架式或桅杆式结构。

5）鱼骨针型电晕线。鱼骨针型电晕线从安全可靠性方面看是最好的；从放电性能看它介于锯齿线和 RS 线之间；从刚度、变形和清灰振打情况看它比 RS 线和锯齿线要差些；从制造工艺上看它比其他几种形式难度大些。

以上每种电晕线都有自身的优缺点，对不同的烟气性质和除尘器结构应选择不同的电晕线。如一电场含尘浓度较高时，容易发生电晕封闭，应选鱼骨针线或 RS 线。烟气流速高时（接近于 1.3m/s），选择风速适应性强的锯齿线或鱼骨针线。飞灰比电阻很高时，在末电场选星形线等。

此外，还需指出，锯齿线安装时一定要使其尖部朝向阳极，这并不是为了放电的需要，而是为了一旦锯齿线断线，不至于倒向阴极板而造成短路（沿锯齿线宽度方向的惯性矩比其厚度方向的惯性矩大得多）。

四、阳极板

1. 阳极板的断面型线

阳极板通常又称收尘极板或沉淀极板。卧式电除尘器的阳极从它的形式来看，主要有管状和板状。

在处理高温烟气的电除尘器中，如果采用断面形式为板状的阳极板，较易产生变形，因此往往采用圆钢，把它排成一排，组成管帷式的阳极。管帷式阳极的重量要比板状极板重，而且振打时较易引起粉尘的二次飞扬，因此，在设计中电场的风速不宜选得过高。

断面形式是板状的极板，它的断面型线种类很多。合理的断面型线对除尘器的效率影响是很大的，它应符合下列条件：

（1）具有较好的电气性能，极板面上的电场强度及电流密度分布均匀，火花电压高。

（2）集尘效果好，能有效地防止二次扬尘。

（3）振打性能好，清灰效果显著，当极板受到锤击振打后，沿极板能均匀地将振打加速度传递到整个板面，加强清灰效果。

（4）具有较好的机械强度，刚度好，不易变形。

（5）加工制作容易，金属耗量少。由于集尘板的金属消耗占整个静电除尘器总重的

30%～50%，因而要求极板做得薄而轻。极板一般采用1.2～2mm的钢板在连轧机上加工而成。

在我国电力系统所用的电除尘器中，多采用Z型极板和C型极板，如图2-29所示。

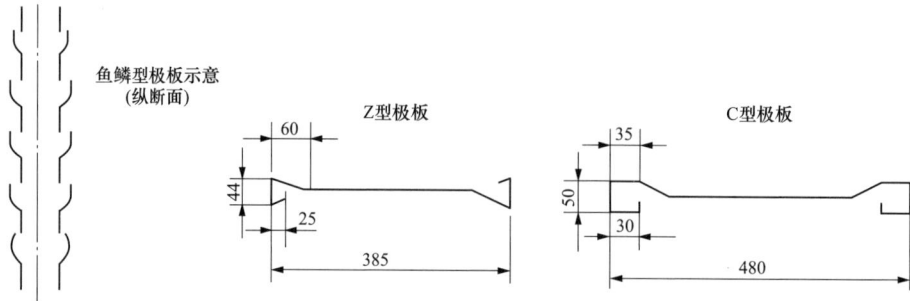

图2-29　常用极板的断面型线

Z型极板的断面型线在我国中、小型电除尘器中应用较多。

目前应用的C型极板，又可称为大C型极板，这是为区别以前曾出现过的宽度为230mm的C型极板。目前国内生产的大型电除尘器几乎全部采用C型极板。

无论是Z型极板还是C型极板，从它的断面组成来看，基本上都是由两部分组成的。中间是凹凸面较小，比较平直的部分。两边做成弯钩形，这部分通常称为防风沟。设计这种断面型线的依据是：收尘电极如果采用平直板，则电板表面完全向气流暴露，其保存粉尘的性能就很差。如果把电极屏蔽起来，也即把捕尘区屏蔽起来，防止气流直接吹到收尘电极表面，这样可以减少粉尘的二次飞扬，提高收尘效率。这也就是屏蔽型阳极。

C型极板中间的平直部分还设计了几个较浅的凹凸槽，它们虽然也有点类似于屏蔽板条，但更主要的是加强了中间平直部分的刚度。因此，从极板的断面型线来看，有了防风沟和中间加强筋，整个极板断面的刚度比平直板大得多。

低比电阻粉尘在阳极表面易产生沿极板表面的滚动和反弹现象。在一般情况下，极板中间有凹凸的筋条即可。但在这种情况下，在极板中间沿极板长度再加一个屏蔽板条来增强屏蔽的效果，可以减少粉尘的反弹。

2. 阳极板的材质及防锈

阳极板的材质取决于被处理烟气的性质。发电厂用的电除尘器极板一般采用普通碳素钢板就可满足使用要求。用于电厂的极板，因为在电除尘器设计中已考虑到进入电除尘器的烟气温度高于烟气露点温度20～30℃，极板在正常运行中不会出现腐蚀现象，因此，极板是可以长期使用的。

对于当地空气湿度大，发电机组在电网中不是主力机组，有经常启停可能的电除尘器极板，仍可采用普通碳素钢板制造，但应采取一些辅助措施来防锈。目前较普遍采用的方法是在电除尘器中加装热风保养管路，停机时除尘器内通以热风，保持一定的温度，使之不受内外温差、空气湿度的影响。

3. 阳极板的悬吊及紧固方式

阳极板排是由若干块阳极板组成的，考虑到运行温度下阳极板排的热膨胀，因此，阳极板排自由悬挂在除尘器壳体内，如图 2-30 所示。

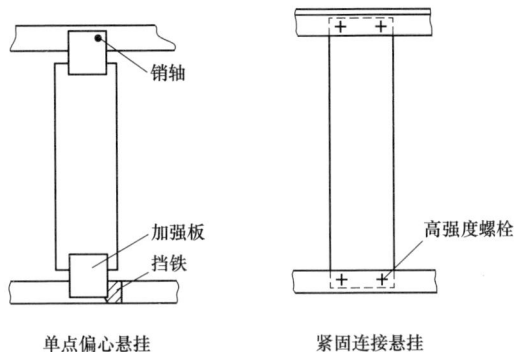

单点偏心悬挂　　　　　　　紧固连接悬挂

图 2-30　阳极板的悬挂、紧固方式

单块阳极板的悬吊方式有以下两种：

（1）自由悬挂方式又称为偏心悬挂方式。极板的上、下端均焊有加强板，上端加强板的右方有孔，用销子与吊挂梁连接，使极板形成单点偏心悬挂。极板由于本身重力矩的作用而使极板紧靠在撞击杆的挡铁上。当振打后极板绕上端偏心悬挂点回转，下端加强板对于撞击杆有一相对运动，位移可达几毫米，极板下端的加强板与挡铁离开，当极板落下时再一次与挡铁撞击，从而振动极板。

单点偏心悬挂的极板振打时位移较大，板面振打加速度不大，但比较均匀，它的固有频率较低，因此清灰效果较好。这种悬挂形式比较适合于高温电除尘器，但安装中调整比较复杂。

（2）目前国内流行的悬吊方式是紧固连接型。这种悬挂方式的上、下均采用螺栓把极板紧固。借助垂直于极板表面的法向力，使粉尘层克服法向的作用力而与极板分离。这种悬吊方式位移量小，振打加速度大，固有频率高，而且振打力从振打杆到极板的传递性能好。最小振打加速度在 200g 左右，在安装中必须注意各个螺栓拧紧力要一致并采用高强度螺栓，拧紧力矩在 200N·m 左右。

五、辅助电极与槽型极板

（一）辅助电极

辅助电极是用一组组管子构成的，通常和电晕线匹配使用，运行时带负电压，如图 2-31 所示。辅助电极和阳极之间形成一段均匀电场，由于在相同电压下均匀电场的场强比不均匀电场的场强大得多，所以这个区域的荷电离子的驱进速度要快得多。电晕线加辅助电极共同组成阴极形成了连续的双区，即电晕线区域主要使粉尘荷电，而辅助电极区域主要收尘。

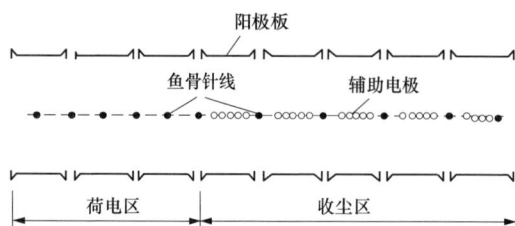

图 2-31　辅助电极布置示意图

在常规电除尘器中，气体电离时正离子处于电晕极附近，不易向阳极运动，而在广大的电场空间里基本上被负离子占据。这样，正离子和粉尘相遇的概率与负离子相比就小得多。正离子的一部分打击电晕极产生二次电子，一部分吸附在电晕极表面造成电晕线肥大而减弱放电作用，还有一部分则随气流逸出除尘器。

当有辅助电极时，部分正离子就会被辅助电极吸附。另外，由于辅助电极本身不产生电晕，所以这个区域的电晕电流小，这就可以有效地防止高比电阻粉尘在阳极产生反电晕。

双区静电除尘器的结构较复杂，但由于可在收尘区采用较低的运行电压，其运行所需的电功率较单区静电除尘器低，所以具有运行费用低的优点。

（二）槽型极板

对于燃用低硫无烟煤的锅炉来说，采用常规电除尘器一般很难取得满意的效果。因为低硫无烟煤燃烧时，一方面会由于烟气中 SO_3 含量小而存在着大量高电阻率的粉尘，另一方面又会因燃烧不完全而出现大量低电阻率的炭粒，即出现粉尘电阻率的两极分化现象。

为了解决这一问题，推出了一种宽间距辅助电极加横向槽板的卧式双区静电除尘器。图 2-32 为其平面示意图。

电离区采用鱼骨针电晕线，其电晕强烈而稳定，使粉尘能迅速充分荷电。收尘区中有间隔地放置着鱼骨针电晕线和管状辅助电极栅。改变鱼骨针与辅助电极的匹配关系，调整电场强度，控制电晕电流，可以适应不同烟尘性质的要求，扩大可收集的粉尘电阻率的范围。

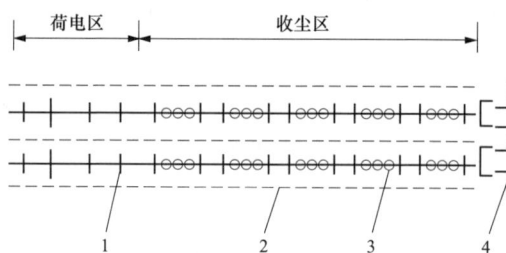

图 2-32　辅助电极横向槽板型双区静电除尘器平面示意图

1—鱼骨针；2—集尘板；3—辅助电极；4—槽板

出口处设置横向槽型极板，气体中残存的尘粒或振打清灰引起的二次飞扬的粉尘进入横向槽板收尘区，在高压电场作用下驱集在具有不同极性的槽板内。

槽型极板是用厚度为 1.5～2mm 的钢板轧制成的槽状的收尘电极，由于电除尘器极间距不同而槽型极板外形尺寸也有所不同。

1. 带单独振打的槽型极板

带单独振打的槽型极板一般安装在每台电除尘器的末电场的出口处。因槽型极板的收尘效果明显，极板上的积灰较多，故必须进行定期振打除灰，以保证收尘效果。

一般情况下，槽型极板按三块极板一组和一块极板一组顺序排列。三块极板一组的是沿气流方向看由前排两块极板与后排一块极板组成，后排另一块极板是一组。极板之间用隔套、螺栓、螺母、扁钢连接，以保证槽型极板的刚度，使其有较好的传递振打加速度的性能，如图 2-33 所示。

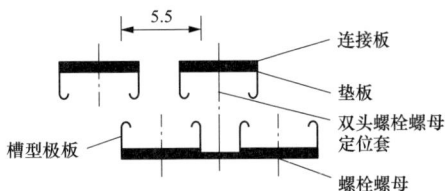

图 2-33　槽型极板分组

2. 不带单独振打的槽型极板

不带单独振打的槽型极板一般安装在除末电场以外的各电场出口处。

槽型极板分组方式及相互连接方式与带单独振打的槽型极板基本相同。由于本身没有单独振打装置，故从阳极传递来的振打加速度比较小，而且位置又在极板的最下端，这样，就要求极板之间连接强度高，因此，将槽型极板背面的连接改用角钢连接。

六、清灰装置

在电除尘器中，通过清灰装置及时清除收尘极和电晕极上的积灰，粉尘抖落掉入灰斗并排出，是保证电除尘器连续高效运行的重要环节之一。

收尘极板上粉尘沉积较厚时，将导致火花电压降低，电晕电流减小，除尘效率大大下降。因此，不断地将收尘极板上沉积的粉尘清除干净，是维持电除尘器高效运行的重要条件。

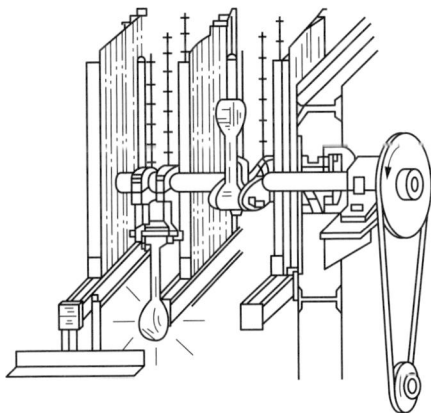

图 2-34　锤击振打器

收尘极板的清灰方式有多种，如刷子清灰、机械振打、压缩空气振打、电磁振打及电容振打等。目前应用最广、效果较好的清灰方式是挠臂锤振打。锤击振打器如图 2-34 所示。敲击锤由转动轴带动，改变轴的转速可以改变振打频率，可以用不同质量的锤子来改变振打强度。

电晕极上沉积粉尘一般都比较少，但对电晕放电的影响很大。如粉尘清不掉，有时在电晕极上结疤，不但使除尘效率降低，甚至能使除尘器完全停止运行。因此，一般是对电晕极采取连续振打清灰方式，使电晕极沉积的粉尘很快被振打干净。

电晕极的振打方式也有多种，如挠臂锤振打方式，常采用的提升脱钩振打方式，以及电磁振打和气动振打方式。

振打强度的大小，取决于很多因素，主要有以下几点：

（1）电除尘器容量大小。对于尺寸大的电除尘器，需要振打强度大。

（2）极板安装方式。收尘板安装方式不同，如采用刚性连接，或自由悬吊方式，由于它们传递振打力情况不同，所需振打强度不同。

（3）振打方向。法向振打（垂直于板面）的效果要比常用的切向振打（平行于板面）好得多。这是因为法向振打能量转变成极板加速度的能量比切向振打高得多。在切向振打中，有从极板顶部向下振打、在底部向上振打及在侧面的中部和下端水平振打等方式。就一定振打强度而言，以在侧面下端水平振打最为有效。法向振打一般只用于小型除尘器。

（4）粉尘性质。黏性大的粉尘振打强度要大，如水泥粉尘较燃煤飞灰的振打强度约大4倍。低比电阻粉尘主要是靠机械的黏着力和内聚力附着在收尘板上，容易振打掉。而高比电阻粉尘的附着力，除上述机械力外主要靠静电力，所以需要振打强度更大。细粉尘比粗粉尘的黏着力大，振打强度也要大些。

（5）温度。一般情况下温度高些对清灰有利，所需振打加速度小些。但温度过高可能使粉尘软化，产生相反的效果。

总之，合适的振打强度和频率，在设计阶段有时很难确定，可以在运行中通过现场调节来完成。机械振打机构简单、强度高、运转可靠，但占地较大，运动构件易损坏，检修工作量大，控制也不够方便。低强度连续的电磁脉冲振打方式，强度和频率都可以调节，体积也小。

（一）阳极振打装置

由于极板的断面型线不同，悬吊方式不同，因此，振打装置的形式、振打的位置也是多种多样的。目前采用较多的是下部机械切向振打装置。

1. 传动装置

从理论上讲，粉尘荷电后在电场力的作用下向收尘极驱进。通常不希望粉尘马上脱离收尘极，而是希望粉尘积聚到一定的厚度成片地脱离收尘极。对此可从两方面来加以解决，一是控制振打力的大小；二是采用周期性振打。要避免频繁地振打就要在传动装置上采用减速比大的减速机构，同时对各个电场的传动装置实行程序控制，以求达到合理的振打周期，获得理想的收尘效率。

目前，国内电除尘器传动装置中，传动过程示意如图 2-35 所示。电动机经过行星摆线针轮减速机减速，通过链轮、链条传递动力。连板Ⅰ和链轮是固接的，它们在轴上转动，只有装上保险片，连板Ⅰ才能把动力继续传到连板Ⅱ。连板Ⅱ是通过键与轴连接的，这样才可以使轴转动。

2. 振打轴与振打锤

采用机械切向振打装置的振打轴为了便于制造和运输，往往都是由几段轴用联轴节连接而成的。

在振打轴上装有若干个振打锤，振打锤的结构形式很多，但它们都是利用振打锤的势能转变成动能而振打阳极板排的。挠臂锤振打过程如图 2-36 所示。

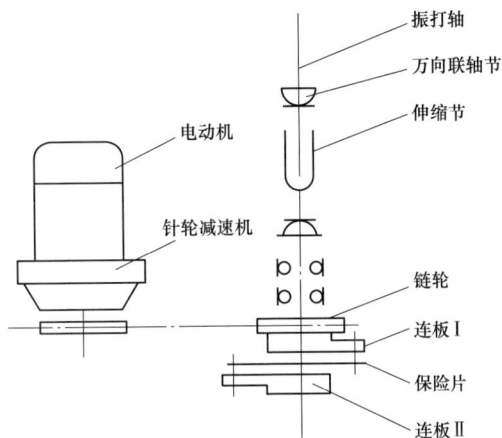

图 2-35 振打传动示意图

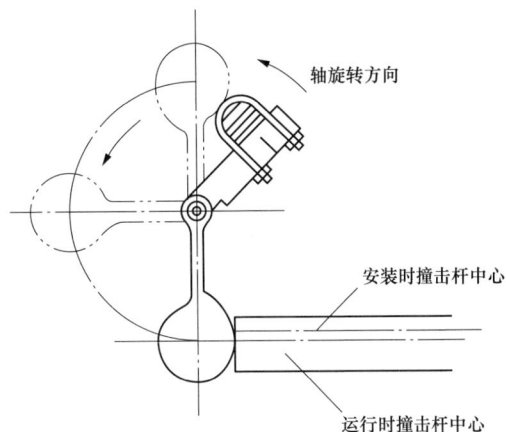

图 2-36 挠臂锤振打过程

从锤的结构形式来看基本上有整体锤和铆接式锤两种。图 2-36 为整体锤，图 2-37 为铆接式锤。由于振打轴长期受冲击，铆接式锤出现裂纹、断裂等故障的概率较整体锤要多，因此目前大多采用整体锤。

振打轴的安装中心应比承击砧的中心低一些，当极板受热膨胀后锤头与承击砧中心基本重合，有利于振打力的传递。

锤的使用寿命除在设备中实际使用测定外，还可用疲劳试验来测定，由于材质、热处理方式不同，因此要求也不同，但一般均可达几十万次乃至一百万次以上。

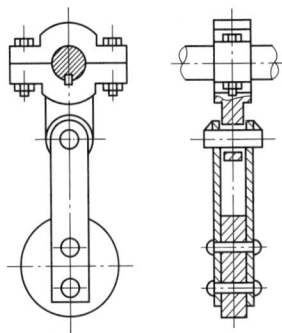

图 2-37 铆接式振打锤

在同一振打轴上，相邻的锤相互间错开一个角度，也即在径向上所有的锤按一定的角度间隔均布，使相邻两个板排不被同时振打，减少二次飞扬，并且使整个轴的受力均匀。

（二）阴极振打装置

阴极振打装置主要包括绝缘瓷轴、挡灰板、行星摆线针轮减速机、保险片、振打轴、叉式轴承、拨叉等（见图 2-38）。因传动装置在壳体外部，振打轴从除尘器侧部伸出，故名为侧部振打。

由于阴极系统在运行时是带高压的，所以它的动、静部分与阳极系统及壳体之间应有足够的绝缘距离，同时还必须把振打轴和壳体外部的传动装置绝缘，对后者是靠阴极绝缘电瓷轴来完成的。

电瓷轴是电瓷制品，耐压 100kV（直流），耐温 150℃以上，承受扭矩 1000N·m。它安装在振打轴与传动装置之间。电瓷轴是容易损坏的部件，为了保证它的安全，在传动装置上装有保险片，承受扭矩 800N·m。当轴负荷过载时，保险片损坏，起到保护电瓷轴和行星摆线针轮减速机的作用。

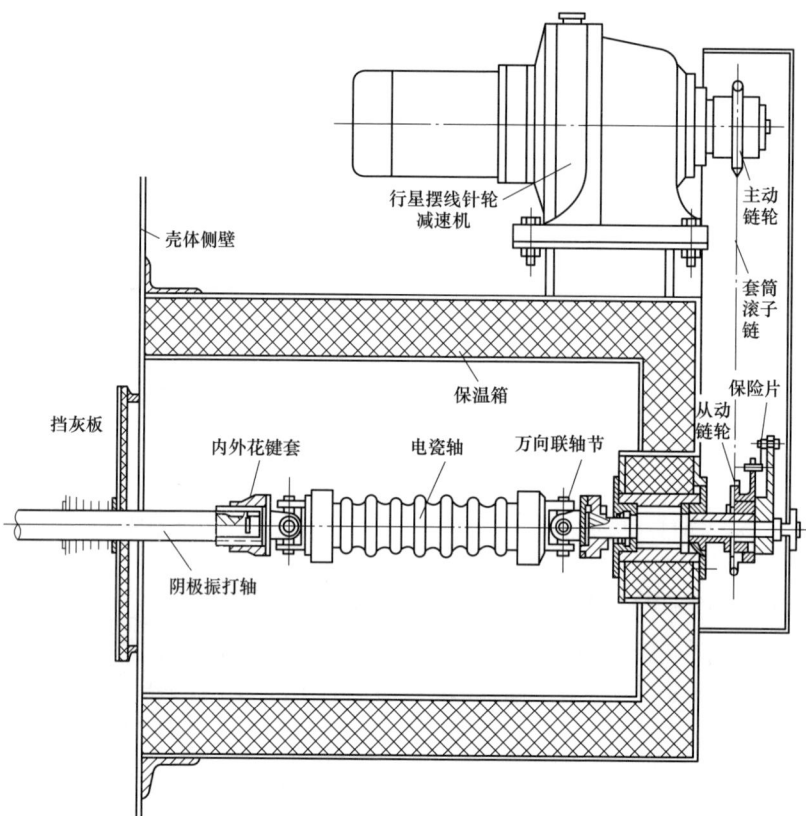

图 2-38 阴极振打传动装置和振打轴

为使电瓷轴在长期运行中不因积灰、结露而造成电流泄漏过大或沿面放电，电瓷轴被置于一个保温箱中。保温箱内有电加热器，并用挡灰板把瓷轴与电场烟气隔开。挡灰板是聚四氟乙烯制品，耐高温且绝缘性能好。

阴极振打轴是制造厂内分段制造现场装成一体的，安装时应保证各轴的同轴度误差不超过 3mm。轴上装有拨动振打锤的拨叉（见图 2-39），它是在现场按阴极小框架位置定位，每隔一同极距分角度焊在轴上的。

电晕极一般都采用连续振打。对于电晕极的振打加速度值应根据线型及烟气性质而定。过大的振打加速度值会加剧电晕极的疲劳损坏，过小则清灰效果差。对电厂除尘器而言，采用 RS 线和鱼骨针线，其管上的加速度值最好一般为 $300g$ 左右，采用锯齿线（长度 1.5m）振打加速度值最好为 $150g$ 左右。具体数值应视烟气条件，现场做振打试验后做出决定。

（三）槽型极板振打装置

槽型极板的振打装置如图 2-40 所示。

1. 带单独振打的槽型极板

槽型极板的振打锤、拨叉、轴的结构与阴极系统的振打锤、拨叉、轴相同。由于槽型

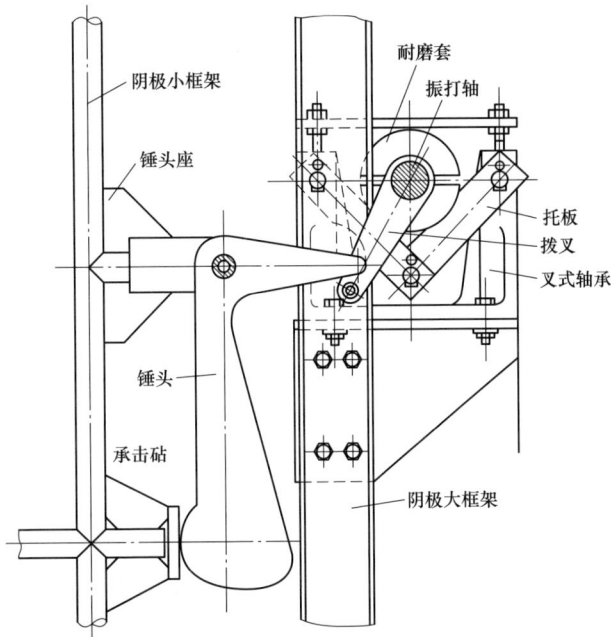

图 2-39 拨叉与振打锤

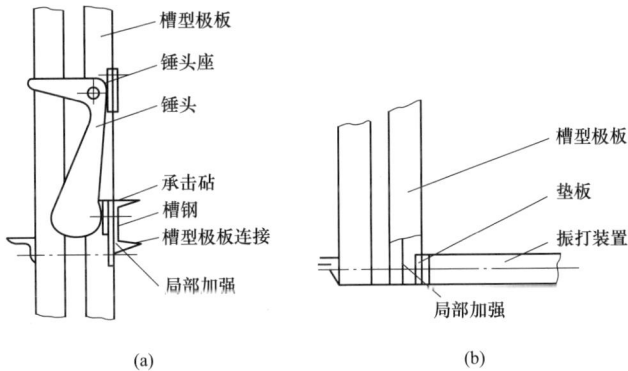

(a)   (b)

图 2-40 槽型极板振打装置

（a）带单独振打装置；（b）不带单独振打装置

极板横置在烟气中，故振打方式为法向振打。锤和承击砧均安装在第二排槽型极板上。为使其有较好的刚性，并且有较长的使用寿命，在安装锤和承击砧的部位用槽钢进行了局部加强，如图 2-40（a）所示。

因为槽型极板的位置在电场的出口处，故其振打加速度不宜过高，防止因振打造成的二次扬尘使逸出电场的粉尘增多。

2. 不带单独振打的槽型极板

每一电场的槽型极板下部的振打杆和后一电场的阳极板排振打杆相连。在槽型极板与振打装置的连接处用垫板进行局部加强，以保证振打加速度的传递，如图 2-40（b）所示。

七、灰斗

1. 构造

灰斗通常设计为漏斗形。灰斗内部垂直于气流方向装有三块阻流板，防止烟气短路和因烟气短路在灰斗中产生的二次飞扬。阻流板中间一块尺寸较大，约占灰斗总高度的 2/3 以上，其余两块尺寸较小而且有一个倾斜角度。

2. 灰斗的堵灰问题

粉尘在除尘器的工作温度下流动性极强，一旦降低到一定温度，灰便吸潮或结块，造成灰斗堵灰。灰斗的位置在除尘器的最下端，是整个电除尘器温度最低的部位，故必须采取措施防止灰斗漏风及温度下降，以保证除尘器正常运行。

（1）灰斗外壁敷设保温层。防止热粉尘落入灰斗后温度下降，保温层的厚度和电厂所在地区的气候条件及所选用的保温材料、粉尘性质等因素有关。

（2）保温层外用镀锌铁皮或铝合金铁板作为外壳护板。

（3）灰斗外壁安装加热装置，使粉尘温度保持在露点温度以上。加热装置可用电加热装置或蒸汽加热装置。

（4）灰斗侧壁与水平夹角大于灰的安息角，一般为 55°～60°；但当灰的黏性较大时，在可能的条件下可以加大到 65°（系指灰斗两个方向的侧壁中最小的夹角）。

（5）灰斗内交角处加弧形板，弧形板与侧壁的焊缝要保证光滑，不得有焊渣毛刺等。

（6）灰斗侧壁上装检查门。当灰斗内堵灰或有异物时，可由此捅灰或取出异物。

（7）灰斗下部外侧焊有承击砧，以备堵灰时将灰振落。

（8）插板箱外壁保温材料采用石棉灰，既可以保温，又起一定的密封作用，防止冷空气进入灰斗。

3. 插板箱

插板箱是为了取出意外落入灰斗的物体。插板箱由箱体、插板、驱动机构、检查门等构成。

（1）箱体。由钢板焊接而成，用以安装插板、驱动机构及检查门之用。

（2）插板。通常插板位于箱体的后部，当有物体落入而影响卸灰器工作时，转动手轮将插板移至灰斗口下方（即关闭位置），打开检查门将落下异物取出。

（3）驱动机构。由齿轮、齿条、轴及手轮组成（也有的由丝杆、丝母及手轮组成），齿条安装在插板的下平面上，齿轮及手轮安装在轴上，齿轮齿条啮合，转动手轮，插板可作往复运动（即可将插板箱打开或关闭）。

（4）检查门。检查门与箱体用螺栓连接，中间有密封垫防止漏风。插板箱用石棉灰保温，这样可以起到密封作用，防止冷空气进入灰斗而造成堵灰现象。

第五节 瑞金电厂二期电除尘器

一、电除尘器概况

瑞金电厂二期 2×1000MW 燃煤发电机组采用福建龙净环保股份有限公司生产的三室五电场 BEH 型高效节能静电除尘器,每台机组配 2 台电除尘器,如图 2-41 所示。

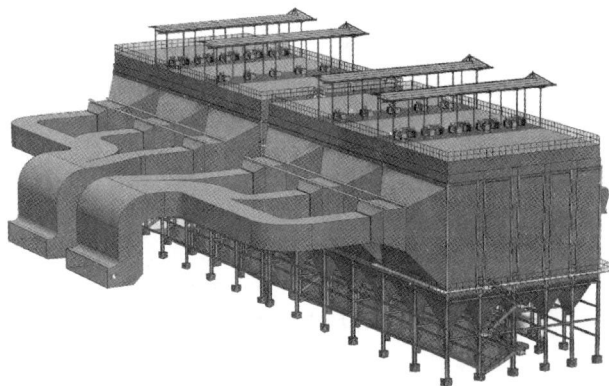

图 2-41 三室五电场静电除尘器

除尘器分为本体系统和电气系统两部分。本体系统由钢支架,壳体,灰斗及附属装置,阳极系统,阴极系统,保温箱,进、出口喇叭,高压进线,楼梯走道,顶部起吊装置,热风吹扫系统等组成;电气系统包括高频电源、高频叠加脉冲电源、低压系统、电磁振打、保温箱加热系统,阴阳极振打均为顶部电磁锤振打。

每台炉配用 1 套智能电除尘器中央集中管理控制系统,该系统由主控计算机系统、高频电源控制系统、低压程控系统及各种检测装置、传感器等组成。电除尘控制系统与辅网DCS 控制系统联网,可通过 DCS 进行操作。

电除尘一、二、三电场采用高频电源,四、五电场采用高频叠加脉冲电源。所有高、低压系统的运行控制、状态显示以及参数修改均能在 DCS 上实现。程控系统根据烟尘浊度或负荷信号自动调整输出的电量,以实现在合适烟气下达到节能的效果。除尘器效率设计值不小于 99.955%,除尘器出口烟尘不大于 15mg/m³(标况下)。

二、电除尘器设备规范

瑞金电厂二期每台锅炉配有型号为 2BEH693/3-5 的 2 台三室五电场干式、卧式、板式静电除尘器。一、二、三电场(A11、A21、A31、A12、A22、A32、A13、A23、A33、B11、B21、B31、B12、B22、B32、B13、B23、B33)采用浙江连城环保科技有限公司生产的高频电源，四、五电场（A14、A24、A34、A15、A25、A35、B14、B24、B34、B15、B25、B35）采用福建龙净环保股份有限公司生产的高频叠加脉冲电源。

静电除尘器为低低温干式除尘器，其入口烟道上设有烟气换热器，使静电除尘器入口烟气温度降至85℃，设计出口烟尘不大于15mg/m³（标况下）。

电除尘器设备规范与设计参数如表2-1～表2-4所示。

表 2-1　　　　　　　　　　　静电除尘器设计参数

序号	项目	单位	设计参数		
			设计煤种	校核煤种1	校核煤种2
1	正常烟气处理量（低低温省煤器投入）	m³/h	4 070 673		
2	最大烟气处理量（低低温省煤器投入）	m³/h	4 586 847		
3	每台除尘器入口烟气量（湿基，BMCR工况）	m³/s	373	391	373
4	除尘器入口烟气温度（低低温省煤器运行）	℃	85	85	85
5	除尘器入口烟气温度（低低温省煤器解列）	℃	125	109	120
6	除尘器入口含尘量（干态，6%含氧量，标况）	g/m³	33.164	12.919	25.623

表 2-2　　　　　　　　　　　单台电除尘设备参数

序号	项目	单位	设计参数
1	设计效率		
	设计煤种	%	≥99.98
	校核煤种1	%	≥99.96
	校核煤种2	%	≥99.98
	保证效率（设计煤种）	%	≥99.955
2	出口排放浓度	mg/m³	≤15
3	SO₃去除率	%	≥85%（运行温度85℃）
4	本体阻力	Pa	≤200
5	本体漏风率	%	≤1.0
6	噪声	dB	<75
7	外形尺寸	m×m×m	
8	有效断面积	m²	693
9	长、高比		1.75
10	室数/电场数		3/5
11	通道数	个	114
12	单个电场的有效长度	m	4.75/4.75/5.7/5.7/5.7
13	电场的总有效长度	m	26.6
14	比集尘面积/1个供电区不工作时的比集尘面积	m²/(m³/s)	163.05/152.18
15	驱进速度/1个供电区不工作时的驱进速度	cm/s	4.73/5.06
16	烟气流速	m/s	0.82

续表

序号	项目	单位	设计参数
17	烟气停留时间	s	32.61
18	阳极系统		
	阳极板型式及材质		BE 板/SPCC
	同极间距	mm	400
	阳极板规格：高×宽×厚	m×mm×mm	15.2×475×1.5
	单个电场阳极板块数		1200/1200/1440/1440/1440
	阳极板总有效面积	m²	92 185
	振打方式/最小振打加速度	—	顶部电磁锤振打/150g
	振打装置的数量	套	1
19	阴极系统		
	阴极线型式及材质		针刺线＋波形线/不锈钢/碳素钢
	沿气流方向阴极线间距	mm	203
	阴极线总长度	m	按设计
	振打方式/最小振打加速度	—	顶部电磁锤振打/80g
	振打装置的数量	套	1
20	壳体		
	壳体设计压力（负压）	kPa	−9.98
	壳体设计压力（正压）	kPa	+9.98
	壳体材质		Q235
21	灰斗		
	每台除尘器灰斗数量	个	30
	灰斗加热形式		蒸汽加热
	灰斗料位计形式		无源核子及射频导纳料位计
22	整流变压器		分别采用高频电源和脉冲电源
	整流变压器数量	台	9（高频）＋6（脉冲）
	整流变压器型式（油浸式或干式）/重量	—/t	油浸式/～0.8（高频） 油浸式/～2.4（脉冲）
	每台整流变压器的额定容量	kVA	178（高频）/188（脉冲）
	整流变压器高压侧电压/低压侧电压	kVV	72/380
	整流变压器高压侧电流/低压侧电流	A	2.0/235
	整流变压器适用的海拔和环境温度	m/℃	1000/−25～+40
	变压器铁芯材料构成		超微晶铁芯
23	高频电源		
	高频电源输出最大频率	kHz	40
	冷却方式		风冷＋机柜热交换器冷却
	IGBT（绝缘栅双极型晶体管）产地及型号		德国 FZ900RFZ600

序号	项目	单位	设计参数
23	IGBT 数量	个/台	4
	高频电源升压方式		直升方式
	高频电源输出电压范围	kV	0～72
	高频电源输出电流范围	A	0～2.0
	满载时 IGBT 温升	K	≤35
	满载时整流变压器温升	K	≤35
	高频电源柜外壳材料		冷轧板
24	DCS 型号、生产厂家		华能睿渥
25	单台炉电除尘器功耗 [在节能数据不作为主要考核指标情况下，电除尘器出口烟尘浓度不大于 15mg/m³（标况下）时]	kW	1206
26	保证除尘效率情况下，单台炉最大功耗值	kW	1899
27	每台炉电气总负荷	kVA	6032
28	每台炉总功耗	kW	1899
29	设计压力	Pa	－9980～＋9980

表 2-3　　　　　　　　　　　　　单台电除尘机电配套设备规范

序号	设备名称	数量	技术规范/型号
1	绝缘子加热器	312 件	$N=1.5kW$，380V
2	电磁振打器	1350 件	$N=7.5kW$（瞬间总功率）
3	低压控制系统	1 套	DDJX5305
4	高频电源（一、二、三电场）	18 套	2.0A/72kV（浙江连城 HHR-Ⅲ）
5	脉冲电源（四、五电场）	12 套	GGYAJ-2.0A/72kV+115nF/80kV（龙净）
6	无源核子料位计（一、二、三电场）	36 件	
7	射频导纳料位计（四、五电场）	24 件	
8	IPC 系统	1 套	IPC6536
9	浊度仪	6 件	
10	灰斗气化风箱	120 件	QHB150×300，每个灰斗配 2 个气化风箱；灰侧压力 40～50kPa，气体温度 160℃，每个灰斗用气量 0.34m³/h
11	灰斗蒸汽加热		蒸汽压力：0.6～1.0MPa；蒸汽温度：250～350℃；蒸汽量：20m³/h（每个灰斗）；1200m³/h（共 60 个灰斗）
12	热风吹扫风机	2 台	
13	热风吹扫加热器	2 台	

表 2-4　　　　　　　　　　电除尘脉冲电源主要技术数据（四、五电场）

序号	规范	单位	技术规范/型号
1	主要设备参数和性能指标		
	额定容量	kW/kVA	188
	脉冲电源设备输入电压	V	三相 380
	脉冲电源设备输出电压	kV	72kV（基础电压）；80kV（脉冲电压）；152kV（叠加瞬间电压）
	脉冲电源设备输入电流	A	280
	脉冲电源设备输出电流	A	2.0
	输出侧功率因数		≥0.92
	控制电源	V	380
	冷却方式		风冷＋机柜热交换器冷却
	冷却风机品牌/产地		德国 EBM/S2D300
	冷却系统故障对电源设备的影响		有影响，具有温度超限报警并停机
	IGBT 器件		德国 FZ900RFZ600
	过载能力		110%
	标准控制连接		RS485/RS422
	防护等级		≥IP65
2	脉冲变压器		
	型式，型号		油浸式/115nF/80kV
	变压器供货商及产地		龙净环保
	高压隔离电容		$0.22\mu F/1200V$
	脉冲电流峰值	A	≥200
	脉冲电压峰值	kV	脉冲峰值电压≥80，叠加基础直流高压后，达 140 的峰值电压
	额定电流	A	2.0
	脉冲重复频率	Hz	≥200
	脉冲宽度	μs	≤100
	冷却方式		油浸自冷
	噪声水平	dB	≤75
	过载能力		110%
	变压器可靠性指标（平均无故障工作时间）	年	20
	变压器质量	kg	约 700
	效率		≥92%

第六节　电除尘器运行

一、电除尘启动前的准备

（1）确认检修工作结束，所有相关工作票收回并终结，安全措施撤除。

（2）现场清洁无杂物、各平台、楼梯、栏杆完整且牢固，通道畅通，现场照明良好，设备标志清晰正确。

（3）电除尘进出口烟道、膨胀节、电除尘本体部件完整，无破损、漏风，保温层良好。

（4）各人孔门关闭严密并锁好。

（5）照明箱、检修箱、端子箱各箱内清洁、无杂物，电气部件齐全，接线正确，箱门关闭锁紧。

（6）阴、阳极电磁振打试运正常，地脚螺栓紧固，电缆接线、接地线良好。

（7）热风吹扫风机及加热器试运正常，风温正常，管线无泄漏，地脚螺栓紧固，电缆接线、接地线良好。

（8）高压隔离开关室内清洁、无杂物，干燥、无积水，柜门锁紧，观察窗玻璃完好无破损，操作手轮无破损，锁紧装置完好并操作灵活、无卡涩，阻尼电阻清洁完好，电瓷套管封闭严密，电场进线连接牢固，各电场高压隔离开关切至电场位。

（9）电除尘整流变压器的油位观察镜明亮，油位、油色正常，油质合格，无渗漏现象，温度计指示正常；整流变压器呼吸器完好，干燥剂未受潮变色。变压器及电缆绝缘合格，高压整流变压器接地线可靠接地，测量静电除尘接地电阻应不大于 2Ω，测量整流变压器反向绝缘应大于 $1000M\Omega$，测量整流变压器绝缘大于 $300M\Omega$。

（10）电除尘高、低压配电柜内部清洁，接线牢固，柜体外壳有可靠接地。

（11）检查各高压控制柜电流、电压表齐全，指示正确，送上各高压柜内控制电源、热交换器电源、检修电源、总空气开关，将控制柜切至远方。

（12）检查各低压控制柜接触器、热继电器完好，合上低压柜空气开关，送上各加热电源，各电磁振打开关在"断开"位置，将低压控制柜切至远方。

（13）将安全锁盘的所有钥匙全部对号插入。

（14）检查灰斗外壳完整无损，灰斗手动插板门开启，蒸汽加热系统完好，管路无泄漏，各阀门在正确位置。

（15）检查输灰系统完好，可随时投入运行。

（16）投入通信开关，检查上位机准备就绪，参数、信号反馈无异常，电除尘具备远程投运的条件。

二、电除尘的试验

电除尘进行过检修（大小修或临修）后，应进行振打、加热装置及电场空载试验，确认设备运行正常、电场空载试验参数正常。

（1）启动阴、阳极振打装置，按振打周期做 1 个周期的振打试验，检查振打程序是否正常，振打棒提升是否顺畅、螺栓有无松动，振打棒露出长度、提升高度有异常及时调整到设计要求；

（2）投入保温箱电加热器运行，检查加热温度是否正常，当保温箱内湿度较大时，应打开保温箱人孔门，采取边加热边通风的方式，并启动热风吹扫风机及加热器运行；

（3）对各电场进行空载试验，检查电流电压略低于额定参数稳定运行，记录好一、二次电流电压，对参数异常的电场检查原因，必要时重新开工作票检查和处理。

三、电除尘的启动

（1）所有准备工作就绪，符合投运要求，汇报值长，方可投运电除尘。

（2）点火前 4h，将各保温箱、灰斗蒸汽加热投入运行，启动热风吹扫风机及加热器运行，检查风机运行正常，加热温度正常。

（3）锅炉点火前 2h，送上低压控制柜各振打小开关，投入阳、阴极振打装置矩阵运行，并检查运行正常，电场投入后阴、阳极振打改为分组运行。

（4）点火前投入输灰系统运行。

（5）接值长通知引风机将启动，采用等离子点火投入电除尘器四电场、五电场运行，根据净烟气粉尘浓度上升情况依次投入三、二、一电场。

（6）锅炉微油点火时，投入一电场纯直流方式运行；净烟气粉尘浓度大于 $5mg/m^3$ 时，投入二电场运行。

（7）机组计划并网前 1h 加强关注净烟气粉尘折算浓度和小时均值，有超排风险时投入全部电场运行，机组负荷 200MW 以上投入智能节能模式，并根据当前煤种及电场运行状况选择合适的节能强度。

四、电除尘运行监视与调整

（一）运行中的监视

（1）监视电除尘器各电场一、二次电压、电流等参数正常，占空比正常，IGBT 温度正常无报警。

（2）监视电除尘节能运行程序正常，各电场出力与节能程序设置相符。

（3）监视阴、阳极振打声音正常，运行状态正常，无短路、开路、过电流报警。

（4）监视断电振打程序正常，未在不应振打的时段振打，且振打时间正常。

（5）监视电除尘器保温箱、热风吹扫、灰斗加热温度正常且加热器状态无报警。

（6）监视整流变压器油温小于 70℃。

（7）检查档案数据正常，各电场运行历史数据正常。

（8）监视 IPC 系统通信状态、信号报警无异常。

（二）电除尘运行调整

电除尘运行调整的主要任务为保证电除尘安全经济运行，电除尘出口烟尘满足要求。

（1）电场的投运应逐个进行，待参数稳定再进行下一个电场的操作。

（2）正常锅炉投油助燃时视粉尘排放情况尽可能保持一、二电场纯直流方式运行，三、四、五电场退出的方式，并密切监视粉尘超排情况；煤油混烧前期禁止投运四、五电场，以免造成电极污染、结垢，从而导致除尘效率下降。

（3）电除尘器投运后，根据锅炉实际运行的煤种、负荷、粉尘排放情况等调整电场的工作方式、火花频率、供电参数等；智能节能程序运行时应及时改变节能强度，甚至将部分电场退出节能模式运行、调大出力以适应锅炉运行工况，使电除尘器保持高效经济运行。

（4）为确保烟尘排放浓度低于国家标准 $10mg/m^3$ 的超低排放限值，运行中执行以下技术措施：

1）日常电除尘采取智能节能模式运行，一、二、三电场高频电源采用脉冲方式运行"P-OFF"调整在 10～30 之间；

2）根据电除尘出口烟尘浓度（即脱硫原烟气烟尘浓度）、负荷、燃煤的灰分及各电场的火花率及时调整智能节能运行方式，观察各电场电流、电压是否正常，根据电场火花率和二次电压、电流情况进行电流极限和运行方式的调整，控制烟尘排放浓度及小时均值小于 $7mg/m^3$ 运行；

3）四、五电场作为关键的收细粉尘电场，火花率控制在 10 次/min 以下运行，一旦超过 10 次/min 必须提高前序电场出力，以确保电除尘高效运行；

4）发生同一台机组的 A 列或 B 列单列电除尘器电场火花率高的情况，联系值长调整引风机出力，使流经两列电除尘器的烟气流量尽可能均衡；

5）阴、阳极振打运行中采取分组振打，并监视振打程序正常运行，断电振打和夜间振打时序正常，发现断电振打时间过长或不断电振打时联系检修处理；因断电振打程序错乱导致粉尘大幅超排时立即停止振打电源，并联系检修关闭断电振打程序；

6）发生电场故障或电压电流为0、参数不变等情况及时联系检修处理，并提高同一通道前、后电场出力；

7）运行中认真检查各灰斗积灰及气力输灰系统运行情况，避免发生灰斗严重积灰造成电场短路；

8）当一电场灰斗发生高料位时，应立即降低高料位灰斗对应电场的电流极限为10％运行，退出后序电场自动节能模式，提高后序电场出力，并加强输灰，直至灰斗高料位消失方可恢复电场出力；

9）燃灰分高于30％煤时，降一电场电流极限为50％运行，提高后序电场出力，控制烟尘在合格范围内；

10）因低低温省煤器原因导致粉尘浓度高时联系主机调整原烟气温度；

11）加强对断电振打与粉尘仪标定时间的监视，发现在同一时间段时立即联系检修修改粉尘仪吹扫的设定时间；

12）加强对烟尘浓度变化情况监视，发现烟尘测量仪不准或异常立即汇报值长，并联系热控班长和专工处理，避免小时均值异常或超排；

13）单侧引风机运行时，应退出自动节能模式运行，并提高运行侧电场出力至机组1000MW负荷时的出力，退出停运侧电场运行，并加强对粉尘排放的监视，及时调整电场出力，控制小时均值在 5mg/m³ 以下运行，防止烟气流速不均匀导致粉尘超排。

五、正常运行的检查和维护

（一）运行中的检查与维护

（1）设备运转正常，每 2h 全面检查 1 次，遇设备运转不正常则要加强检查。

（2）按时记录各电场的一次、二次电压和电流。

（3）检查阴、阳极振打是否正常，振打棒上下是否灵活，提升高度是否合适，特别注意是否有周期不对的振打、停打现象或异常的断电振打现象。

（4）检查电除尘变压器三相温度、运行声音是否正常，是否有冒火冒烟现象，检查PC段空调运行是否正常，异常及时联系处理。

（5）各高、低压控制柜内电气工作元件是否正常，熔断器是否有烧断或接触不良，空气和电磁开关运行正常，无异常气味等。

（6）一、二次电压、电流表是否平稳，闪络频率是否合适。

（7）晶闸管元件冷却风扇运转正常，晶闸管元件发热是否正常。

（8）检查各高压自动控制装置、低压自动控制装置上指示灯、报警装置显示是否正常。

（9）检查高压隔离开关是否有拉弧、冒火花等异常情况。

（10）高频电源控制柜各门是否关严密，冷却风机和热交换器运行是否正常。

（11）检查热风吹扫风机及加热器运行正常，加热温度正常。

（12）检查灰斗蒸汽加热运行正常，无管线泄漏情况。

（13）运行中的变压器在巡视中应检查的项目如下：

1）变压器的冷却系统是否正常，吸湿剂不变色；

2）变压器声音是否正常，变压器正常运行时有均匀的嗡嗡声；

3）变压器各部有无漏油，油的颜色，油位是否正常；

4）变压器温度是否正常；

5）变压器套管是否清洁，有无破损及放电痕迹；

6）变压器接地是否良好，各侧引线是否有发热和异常。

（14）运行中特别注意检查电除尘灰斗灰位，防止灰斗满灰造成电场跳闸和灰斗垮塌。

（二）安全注意事项

电除尘使用高压电源，运行中必须严格执行《电业安全工作规程》中有关规定，特别注意人身和设备安全。

（1）运行中严禁打开高压隔离开关柜门及各人孔门，若因隔离开关检修等原因需打开隔离开关柜门，应做好切实有效的安全措施。

（2）进行电除尘内部工作，必须严格执行工作票制度，停用电场及所属设备并隔离电源、隔绝烟气通过，且电除尘内部温度降至40℃以下，工作部位可靠接地，并制定可靠的安全措施。

（3）进入电除尘器前必须将高压隔离开关切至"接地"位置，用接地棒对高压硅整流变压器输出端电场放电部分进行放电，并可靠接地，以防残余静电对人体的伤害；即使电场全部停电后，事先没有可靠接地，禁止接触阴极线；电除尘各部位接地装置不得随意拆除。

（4）进入电除尘内部之前必须将灰斗内储灰排尽，并充分通风检查内部无有害气体后方可开始工作。

（5）电除尘内部平台由于长期处于烟气之中，可能会发生腐蚀，进入时需注意平台腐蚀情况，以免由于平台损坏而造成人身伤害。

（6）进入电除尘内部人员必须戴好防尘口罩、护目镜、防尘服等防护用品，工作时要做好防坠落措施。

（7）检修工作结束后，应对照工具器械卡检查无任何东西遗留在除尘器内部。

（8）运行中进行单个电场消缺时应严格仔细核对设备编号，严禁走错间隔。

（9）日常电除尘处照明应充足，走道畅通。

六、电除尘器的停运

（1）确认相应机组负荷已降至0，MFT动作信号来，接值长通知机组引、送风机、一次风机全部停运，引风机挡板已全关，值班人员按照一、二、三、四、五电场顺序依次停止各电场。

（2）将阴、阳极振打改为矩阵方式，连续运行2h后停运。

（3）机组停运后延时2h停止保温箱加热器运行，停止热风吹扫风机及加热器运行。

（4）保留气力除灰系统运行，排尽灰斗内存灰；确认灰斗排空后，方可停气力除灰系统，并停止灰斗蒸汽加热及气化风。

（5）如设备需长期停机，须将高压控制柜主回路断路器QF1置于"断"位置。

（6）锅炉事故灭火时应立即停止电除尘器运行。

七、电除尘异常及故障处理

（一）电除尘常见报警

（1）负载开路、短路保护报警：在一定时间内二次电压接近于电压额定值，二次电流等于零，电场开路报警并跳闸；一定时间内二次电压等于零，二次电流达到额定值的40%以上，电场短路报警并跳闸；

（2）输出欠压保护报警：一定时间内二次电压低于欠压值，但不为零，二次电流有确定值；

（3）过电流保护报警；

（4）变压器油温油位保护报警；

（5）变压器油温度超限保护报警；

（6）变压器油箱压力超限保护报警；

（7）IGBT温度超限保护报警；

（8）一次短路保护报警；

（9）一次开路保护报警；

（10）IGBT故障报警；

（11）通信故障。

（二）立即停止电场运行的情况

（1）电气设备闪络、拉弧、起火、振动；

（2）高压整流变压器油温超温或出现喷油、漏油、声音异常等现象；

（3）晶闸管冷却风扇运行异常；

（4）电场闪络严重，运行参数异常；

（5）电除尘器内部有自燃现象；

（6）灰斗堵灰、排灰系统故障，一时处理不好；

（7）阻尼电阻闪络严重甚至着火；

（8）其他危及设备、人身安全情况。

（三）除尘效率低

1. 原因

（1）异极间距不满足要求；

（2）烟气分布不均匀、阻流板脱落；

（3）漏风率较大；

（4）阴极污染严重，极线肥大；

（5）进入电除尘的烟气条件大幅偏离原始设计，如粉尘浓度过高、烟气流量过大、粉尘比电阻过大等；

（6）烟气温度与设计值偏差大（如烟冷器效果差，电除尘入口温度偏高等），使尘粒荷电性能改变；

（7）高压电源不稳定，电压自调系统灵敏度下降、失灵；接地电阻过高，高压回路不良；

（8）高压输出与电场接触不良；

（9）振打机械部分异常；

（10）程序振打或断电振打程序错乱，导致发生振打不运行或连续运行等异常情况；

（11）智能节能强度过大、电除尘出力调整得过小或部分电场跳闸。

2. 处理

（1）集控人员及时调整燃烧工况、煤质及烟冷器运行状况，改善粉尘性能；

（2）检查漏风情况，及时进行处理；

（3）电气缺陷及高压柜，低压柜控制系统缺陷及时联系检修进行消缺；

（4）调整电除尘器运行方式及出力；

（5）检查振打装置运行情况，调整振打周期频率，解决程序错乱等问题；

（6）加强气力输灰系统的调整，有重点地排放一电场或高料位灰斗的积灰；

（7）利用停机机会进行间距调整、气流均布板清理、阻流板修复、内部彻底清灰等检修工作。

（四）二次电流大，二次电压低或接近零，电源开关合上立即跳闸

1. 原因

（1）阳极和阴极线之间短路；

（2）绝缘套管或阴极瓷套管结露，造成高压对地短路；

（3）阴极振打绝缘子破裂，对地短路；

（4）高压电缆或电缆头破裂对地击穿、短路；

（5）阴极线折断，倒向阳极板；

（6）排灰设备故障，造成灰斗满灰，使阴极与灰接触而短路。

2. 处理

（1）若启机初期发生，待机组运行正常、烟温上升后再次试投；

（2）提高跳闸电场的前、后电场出力；

（3）如属灰斗严重积灰引起，加强灰斗排灰尽快消除故障；

（4）电场内部原因停机处理。

（五）整流输出电压二次电压正常，输出二次电流很小

1. 原因

（1）阳极板或阴极线上积灰太多；

（2）阳极或阴极振打装置异常或运行周期异常；

（3）烟气中粉尘浓度太大，使电晕线肥大，放电特性不良，电晕封闭；

（4）氨逃逸导致阴极线积灰严重；

（5）烟气均布板局部堵塞，使气流偏向引起极板晃动。

2. 处理

（1）检查振打装置运行情况，及时联系检修调整振打中心和力度；

（2）合理调整振打周期；

（3）调整配煤掺烧方式，降低粉尘浓度；

（4）合理控制喷氨量，防止氨逃逸导致硫酸氢铵裹住阴极线芒刺；

（5）利用停机机会彻底清灰。

（六）闪络过于频繁，收尘效率降低

1. 原因

（1）电场以外放电，如隔离开关、高压电缆及阻尼电阻等放电；

（2）电控柜火花率没调整好；

（3）前电场的振打时间周期不合理；

（4）烟气工况变化大；

（5）整流变压器抽头调整不当。

2. 处理

（1）处理放电部位；

（2）调整火花率电位器并置自动状态；

（3）调整振打周期；

（4）停炉后，进电场观察检查，消除放电异常部位；

（5）通知值长，调整工艺状况，改善烟气条件；

（6）调整整流变压器抽头位置。

（七）一、二次电流、电压均正常，但除尘效率差

1. 原因

（1）气流分布板孔眼被堵，气流分布不均；

（2）灰斗的阻流板脱落，气流发生短路；

（3）严重漏风，进口风量超标；

（4）粉尘二次飞扬；

（5）烟气条件变化。

2. 处理

（1）提高后电场出力；

（2）停机后进行气流均布板的清理和阻流板修复；

（3）检查漏风处，并进行处理；

（4）调整燃烧工况和配风，降低电场风速、改善烟气条件；

（5）合理调整振打强度和周期。

第三章　袋式除尘器

袋式除尘器是利用纤维性滤袋捕集粉尘的除尘设备，广泛应用于燃煤电站锅炉尾部烟尘治理。袋式除尘器滤袋的材质通常是天然纤维、化学合成纤维、玻璃纤维、金属纤维或其他材料，先把这些材料织成滤布，再把滤布缝制成各种形状的滤袋，如圆形、扇形、波纹形或菱形等。各种袋式除尘器的除尘原理基本相同，清灰方式、滤袋种类和结构等多有不同。

第一节　概　　述

烟气通过滤袋过滤，使粉尘附着在滤袋外表面，经滤袋清灰后落入灰斗。净化后的烟气经除尘器净气室、出口烟道、引风机、脱硫系统、烟囱排入大气。含尘气体通过滤袋时，粉尘阻留在滤袋外表面，净化后烟气经除尘器净气室、出口烟道等排出。

一、滤袋的过滤机理

滤袋的过滤机理包括筛分、惯性碰撞、拦截、扩散、静电及重力作用等。滤袋的滤尘过程如图 3-1 所示。

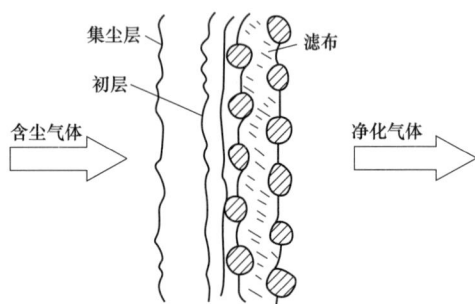

图 3-1　滤袋的滤尘过程

根据不同粒径的粉尘在流体中运动的不同力学特性，过滤除尘机理涉及以下几个方面。

1. 惯性碰撞作用

一般粒径较大的粉尘主要依靠惯性碰撞作用捕集。当含尘气流接近滤料的纤维时，气流将绕过纤维，其中较大的粒子（大于 $1\mu m$）由于惯性作用，偏离气流流线，继续沿着原来的运动方向前进，撞击到纤维上而被捕集。所有处于粉尘轨迹临界线内的大尘粒均可到达纤维表面而被捕集。这种惯性碰撞作用，随着粉尘粒径及气流流速的增大而增强。因此，提高通过滤料的气流流速，可提高惯性碰撞作用。

2. 拦截作用

当含尘气流接近滤料纤维时，较细尘粒随气流一起绕流，若尘粒半径大于尘粒中心到纤维边缘的距离时，尘粒即因与纤维接触而被拦截，如图 3-2 所示。

3. 扩散作用

对于小于 $1\mu m$ 的尘粒，特别是小于 $0.2\mu m$ 的亚微米粒子，在气体分子的撞击下脱离流线，像气体分子一样作布朗运动，如果在运动过程中和纤维接触，即可从气流中分离出来。这种作用称为扩散作用，它随流速的降低、纤维和粉尘直径的减小而增强。

4. 静电作用

当气流穿过许多纤维编织的滤料时，由于摩擦会产生静电现象，同时粉尘在输送过程中也会由于摩擦和其他原因而带电，这样会在滤料和尘粒之间形成一个电位差，当粉尘随着气流趋向滤料时，由于库仑力作用促使粉尘和滤料纤维碰撞并增强滤料对粉尘的吸附力而被捕集，提高捕集效率。粉尘的扩散与静电作用如图 3-3 所示。

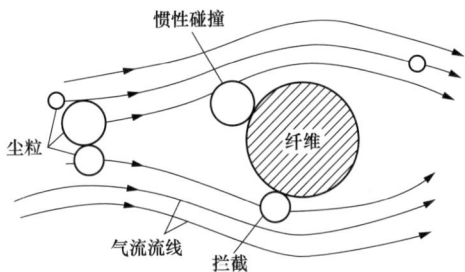

图 3-2　粉尘的惯性碰撞与拦截　　　　　图 3-3　粉尘的扩散与静电作用

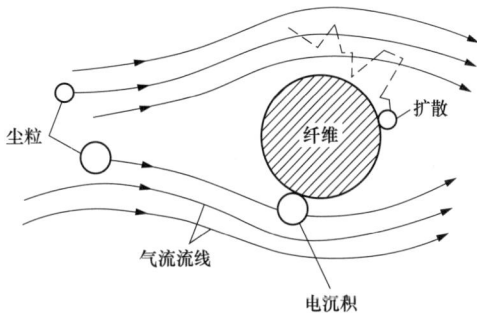

5. 重力沉降作用

当缓慢运动的含尘气流进入除尘器后，粒径和密度大的尘粒，可能因重力作用而自然沉降下来。一般来说，各种除尘机理并不是同时有效，而是一种或是几种联合起作用。而且，随着滤料的空隙、气流流速、粉尘粒径以及其他原因的变化，各种机理对不同滤料的过滤性能的影响也不同。

实际上，新滤料在开始滤尘时，除尘效率很低。使用一段时间后，粗尘会在滤布表面形成一层粉尘初层。由于粉尘初层以及而后在其上逐渐堆积的粉尘层的滤尘作用，使滤料的过滤效率不断提高，但阻力也相应增大。在清灰时，不能破坏初层，否则效率会下降。粉尘初层的结构对袋式除尘器的效率、阻力和清灰的效果起着非常重要的作用。

6. 筛分作用

过滤器的滤料网眼一般为 $5\sim50\mu m$，当粉尘粒径大于网眼、孔隙直径或粉尘沉积在滤料间的尘粒间空隙时，粉尘即被阻留下来。对于新的织物滤料，由于纤维间的空隙即孔径远大于粉尘粒径，所以筛分作用很小，但当滤料表面沉积大量粉尘形成粉尘层后，筛分作用显著增强。粉尘的重力沉降与筛分作用如图 3-4 所示。

筛分作用是滤袋除尘器的主要滤尘机理之一。当粉尘粒径大于滤料中纤维间的孔隙或

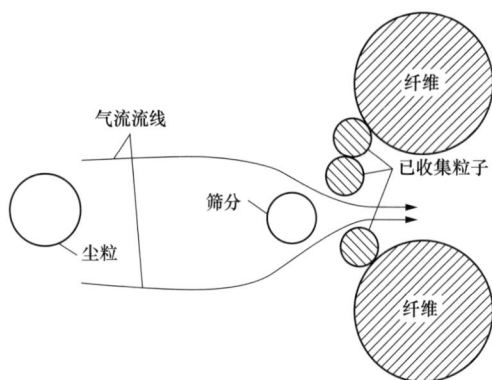

图 3-4　粉尘的重力沉降与筛分作用

滤料上沉积的粉尘间的孔隙时，粉尘即被筛滤下来。通常的织物滤布，由于纤维间的孔隙远大于粉尘粒径，所以刚开始过滤时，筛分作用很小，主要是纤维滤尘机理——惯性碰撞、拦截、扩散和静电作用。但是当滤布上逐渐形成一层粉尘黏附层后，则碰撞、扩散等作用变得很小，而是主要靠筛分作用。

一般粉尘或滤料可能带有电荷，当两者带有异性电荷时，则静电吸引作用显现出来，使滤尘效率提高，但却使清灰变得困难。近年来不断有人试验使滤布或粉尘带电的方法，强化静电作用，以便提高对微粒的滤尘效率。重力作用只是对相当大的粒子才起作用。惯性碰撞、拦截及扩散作用，应随纤维直径和滤料的孔隙减小而增大，所以滤料的纤维越细、越密实，滤尘效果越好。

二、袋式除尘器的分类

袋式除尘器本体的结构形式多种多样，可以按滤袋断面形状、含尘气流通过滤袋的方向、进气口布置、除尘器内气体压力等四种形式分类。

（1）按滤袋断面形状分类：有圆形、扁形及异形三类。扁袋的断面形状有楔形、梯形和矩形等形状；异形袋有蜂窝形、折叠形等。

（2）按含尘气流通过滤袋的方向分类：有内滤式和外滤式两类。

（3）按进气口布置分类：有上进气和下进气两种方式。

（4）按除尘器内气体压力分类：有正压式和负压式两类。负压式为风机设在袋式除尘器的净化端，正压式为风机设在袋式除尘器前面。

三、袋式除尘器的常用术语

各类除尘器的术语基本相同，但也有一些仅用于袋式除尘器的常用术语，如下所列：

（1）过滤面积（m^2）：起滤尘作用的滤料的有效面积。

（2）过滤风速（m/min）：含尘气体通过滤料有效面积的表观速度。

（3）气布比（m^3/m^2）：在标准工况条件下，单位时间内单位有效过滤面积上处理的含尘气体量。

（4）预涂灰：在运行前，采用粉煤灰、石灰石粉或熟石灰对滤袋进行涂灰，使其表面附着一定的粉尘。

第二节 袋式除尘器清灰

一、袋式除尘器的清灰方式

滤袋除尘器的清灰方法有机械振动清灰、逆气流反吹清灰、振动反吹联合式清灰和脉冲喷吹清灰四种，如图 3-5 所示。

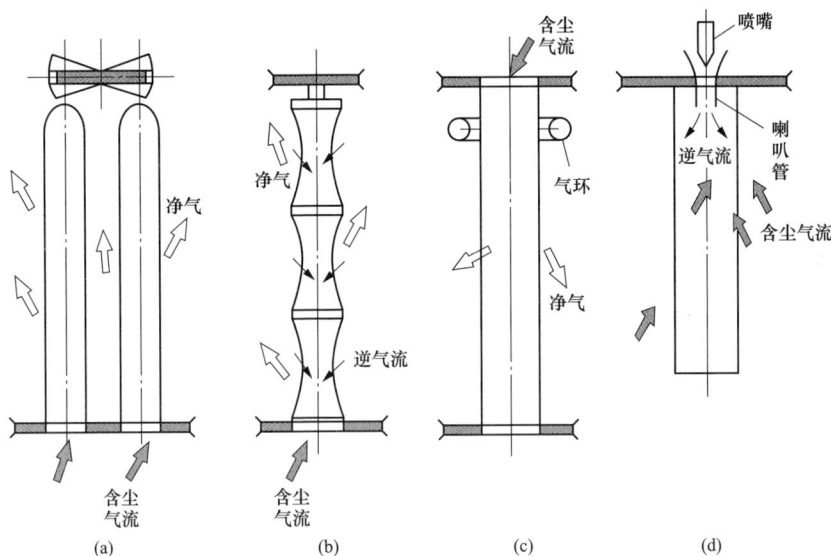

图 3-5 清灰方式

（a）机械振动清灰；（b）逆气流反吹清灰；（c）振动反吹联合清灰；（d）脉冲喷吹清灰

1. 机械振动清灰

机械振动式清灰方式利用机械装置（包括手动、电磁振动和气动）使滤袋产生振动，振动频率从每秒几次到几百次不等。

机械振动清灰是先关闭除尘风机，然后通过一台摇动电动机的往复摇动给滤袋一个轴线方向的往复力，滤袋又将这一往复力转换成径向的抖动运动，使附在滤袋上的粉尘下落。显然在过滤状态时，由于滤袋受气流的压力而成柱状，摇动轴的往复运动就不能转换成滤袋的径向抖动，这就是必须停机清灰的原因。

为了充分利用粉尘层的过滤作用，选择的过滤速度较低，清灰时间间隔较长（当压力达到 $400\sim600\mathrm{Pa}$ 时清灰为宜），即使用普通的棉布做滤料，也会有较高的除尘效率。

这种清灰方法的除尘器结构简单、性能稳定，适合小风量、低浓度和分散的扬尘点的除尘，但不适合除尘器连续长时间工作的场合。

2. 逆气流反吹清灰

（1）分室反吹式清灰方式。采用分室结构、阀门室切换形成逆向气流，迫使除尘布袋收缩或鼓胀而清灰。这种清灰方式也属于低动能型清灰，借助于袋式除尘器的工作压力作为清灰动力，在特殊场合下才另配反吹气流动力。

（2）喷嘴反吹式清灰方式。利用高压风机或鼓风机作为反吹清灰动力，通过移动喷嘴依次对滤袋喷吹，形成强烈反向气流，使滤袋急剧变形而清灰，属中等能量清灰类型。按喷嘴形式及其移动轨迹可分为回转反吹式、往复反吹式和气环滑动反吹式三种。

3. 振动反吹联合式清灰

振动反吹联合式清灰方式兼有振动和逆气流双重清灰作用，其振动使尘饼松动、逆气流使粉尘脱离。两种方式相互配合，使清灰效果得以提高，尤其适用于细颗粒黏性粉尘的过滤。此类袋式除尘的滤料选用，大体上与分室反吹式清灰方式的袋式除尘器相同。

4. 脉冲喷吹清灰

脉冲喷吹式清灰方式以压缩空气为动力，利用脉冲喷吹机构在瞬间释放压缩气流，诱导数倍的二次空气高速射入滤袋，使滤袋急剧膨胀，依靠冲击振动和反向气而清灰，属高动能清灰类型。

下面重点介绍燃煤电厂最常用的脉冲喷吹袋式除尘器。

二、脉冲喷吹袋式除尘器

脉冲喷吹袋式除尘器是一种周期地向滤袋内喷吹压缩空气来达到清除滤袋积灰的袋式除尘器。它属于高效除尘器，净化效率可达99%以上，压力损失为1200~1500Pa，过滤负荷较高，滤布磨损较轻，使用寿命较长，运行稳定可靠，已得到普遍采用。

（一）工作原理

脉冲喷吹袋式除尘器按含尘气流运动方向分为侧进风、下进风两种形式。这种除尘器通常由上箱体（净气室）、中箱体、灰斗、框架以及脉冲喷吹装置等部分组成。脉冲除尘器工作原理如图3-6所示。

工作时含尘气体从箱体下部进入灰斗后，由于气流断面积突然扩大，流速降低，气流中一部分颗粒粗、密度大的尘粒在重力作用下，在灰斗内沉降下来；粒度细、密度小的尘粒进入滤袋室后，通过滤袋表面的惯性、碰撞、筛滤、拦截和静电等综合效应，使粉尘沉降在滤袋表面上并形成粉尘层。净化后的气体进入净气室由排气管经风机排出。

袋式除尘器的阻力值随滤袋表面粉尘层厚度的增加而增加。当其阻力值达到某一规定值时，必须进行喷吹清灰。

但是应当指出，为达到较高的气体除尘效率，在清灰时从滤料上只是破坏和去掉一部分粉尘层，而不是把滤袋上的粉尘全部清除掉。

脉冲喷吹的清灰是由脉冲控制仪（或PLC）控制脉冲阀的启闭，当脉冲阀开启时，气包的压缩空气通过脉冲阀经喷吹管上的小孔，向滤袋口喷射出一股高速高压的引射气流，形成一股相当于引射气流体积若干倍的诱导气流，一同进入滤袋内，使滤袋内出现瞬间正

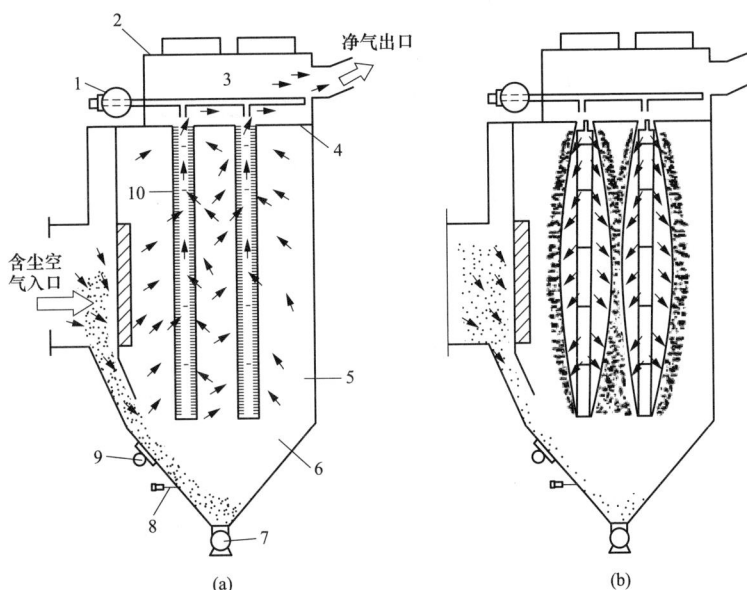

图 3-6　脉冲除尘器工作原理

(a) 过滤状态；(b) 清灰状态

1—脉冲阀；2—净气室；3—喷吹管；4—花板；5—箱体；6—灰斗；

7—回转阀；8—料位计；9—振打器；10—滤袋

压，急剧膨胀；沉积在滤袋外侧的粉尘脱落，掉入灰斗内，达到清灰目的。

（二）脉冲清灰装置

脉冲喷吹袋式除尘器的清灰装置由脉冲阀、喷吹管、储气包、诱导器和控制仪等几部分组成。

脉冲袋式除尘器清灰装置工作原理如图 3-7 所示。脉冲阀一端接压缩空气包，另一端接喷吹管，脉冲阀背压室接控制阀，脉冲控制仪控制着控制阀及脉冲阀开启。当控制仪无信号输出时，控制阀的排气口被关闭，脉冲阀喷口处于关闭状态；当控制仪发出信号时控制排气口被打开，脉冲阀背压室外的气体泄掉压力降低，膜片两面产生压差，膜片因压差作用而产生移位，脉冲阀喷吹打开，此时压缩空气从气包通过脉冲阀经喷吹管小孔喷出（从喷吹管喷出的气体为一次风）。当高速气流通过文氏管诱导了数倍于一次风的周围空气（称为二次风）进入滤袋，造成滤袋内瞬时正压，实现清灰。

1. 脉冲阀

脉冲阀是脉冲喷吹清灰装置执行机构的关键部件，主要分为直角式、淹没式和直通式三类，每类有 6 个规格，接口为 20～76mm(0.75～3 英寸)。每个阀一次喷吹耗气量 30～600m³/min(0.2～0.6MPa)。值得注意的是国产脉冲阀的工作压力：直角式阀和直通阀是 0.4～0.6MPa，淹没式阀是 0.2～0.6MPa；进口产品不管哪一种，工作压力范围均是 0.06～0.86MPa，两类阀没有承受压力和应用压力高低之区别。

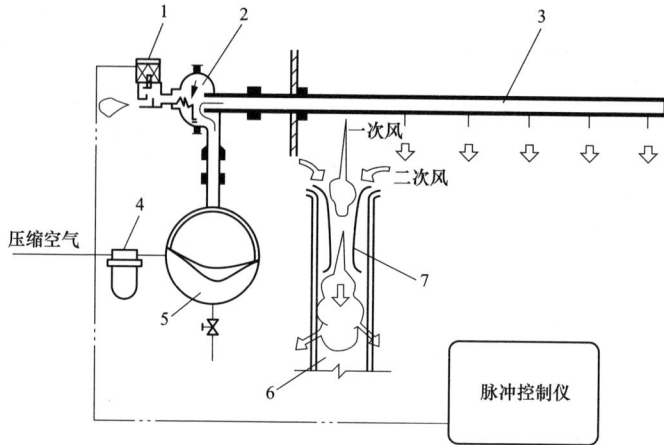

图 3-7　脉冲袋式除尘器清灰装置工作原理

1—控制阀；2—脉冲阀；3—喷吹管；4—空气过滤器；5—气包；6—滤袋；7—文丘里管诱导器

2. 喷吹管

喷吹管是一根无缝耐压管，上面按滤袋多少开有若干喷吹孔口。喷吹管的技术要点在于喷吹管直径、开孔数量、开孔大小及喷吹中心到滤袋口距离要相互匹配。如果设计和选用不当会影响清灰效果。为保证清灰效果，这些参数可以通过试验确定，也可以通过实践经验选取。一般认为喷吹孔口应小于 18 个，开孔直径为 8~32mm，喷吹管距袋口 200~400mm 为宜。

喷吹管距袋口的距离是设计脉冲袋式除尘器的重要尺寸，它与喷吹管结构、滤袋大小、粉尘性质等诸多因素有关，所以设计时应予重视。

3. 诱导器

诱导器有两类，一类是装在滤袋口的文丘里管 [见图 3-8 (a)]，另一类是装在喷吹管上的诱导器 [见图 3-8 (b)]。前者已在脉冲除尘器上应用多年，因阻力偏大，在大型脉冲除尘器上已较少采用；后者近年来开发很快，其优点是可以弥补压缩空气气源压力不足或压力不稳定，另外，也有不少不装诱导器的脉冲除尘器，但从理论上讲，装诱导器比不装要好。

(1) 埋入式文丘里管的安装将导致接近滤袋口的滤料在 200~400mm 的高度内无法清灰。没有安装文丘里管时的引流气量与喷吹压缩气量比值大约为 6∶1，安装文丘里管后的引流气量与喷吹压缩气量比值大约为 2∶1。

(2) 文丘里管的主要功能是保证喷吹压力，把自然扩散气流集中起来，在文丘里管底部圆周形成最大压力气流，有效地把清灰压力传动到滤袋底部。

(3) 对粉尘黏性强、滤料阻力比较高或滤袋比较长的除尘器，安装文丘里管将提高清灰效率达 30% 以上。因此，安装文丘里管可以增加清灰面积（滤袋长度或数量）或者缩小脉冲阀口径，以节省设备造价。

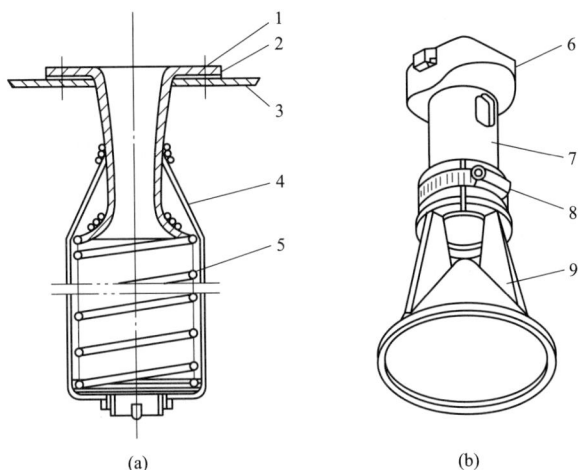

图 3-8　诱导器外形

（a）装在滤袋口的文丘里管；（b）装在喷吹管上的诱导器

1—文丘里管；2—橡皮垫片；3—多孔板；4—滤袋；5—框架；

6—固定卡；7—引射管；8—卡箍；9—导流器

（4）由于文丘里管的出口直径缩小，经过滤料的气流将在文丘里管的缩颈口局部加速穿过花板，这会使除尘器的总体阻力增加。

4. 储气包

储气包外形有方形和圆形两种，其用途在于使脉冲阀供气均匀和充足。储气包的具体大小取决于储气量的多少和脉冲阀安装尺寸，储气包属压力容器，制造完成后应做耐压检验，试验压力是工作压力的 1.25～1.5 倍为宜。

气包必须有足够容量，满足喷吹气量。一般在脉冲喷吹后气包内压降不超过原来储存压力的 30% 为宜。每个气包底部必须带有自动（即两位两通电磁阀）或手动油水排污阀，周期性地把容器内的杂质向外排出。

（三）脉冲喷吹袋式除尘器分类

脉冲袋式除尘器按清灰装置的构造不同可以分为管式喷吹、箱式喷吹、移动喷吹、回转喷吹脉冲四种。

1. 管式喷吹脉冲除尘器

管式喷吹脉冲除尘器清灰时，压缩空气由滤袋口上部的喷吹管的孔眼直接喷射到滤袋内。在滤袋口有的装设文丘里管进行导流，有的不装文丘里管，但要求喷吹管孔与滤袋中心在一条垂直线上。管式喷吹（见图 3-9）是最常用的一种清灰方式，其特点是容易实现所有滤袋的均匀喷吹，滤袋清灰效果好。

2. 箱式喷吹脉冲除尘器

箱式喷吹是一个袋室用一个脉冲阀喷吹，不设喷吹管，一台除尘器分为若干个袋室。

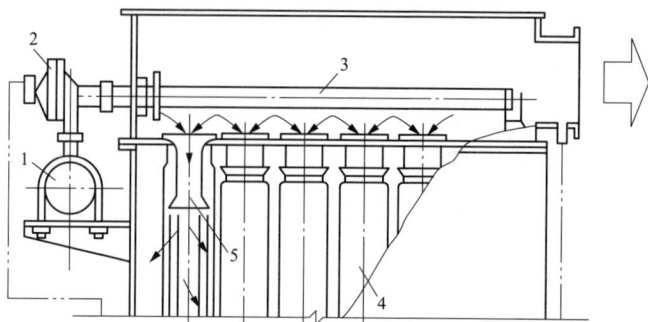

图 3-9 管式喷吹示意图

1—气包；2—脉冲阀；3—喷吹管；4—滤袋；5—文丘里管

每个袋室配若干个脉冲阀。箱式喷吹示意图如图 3-10 所示。

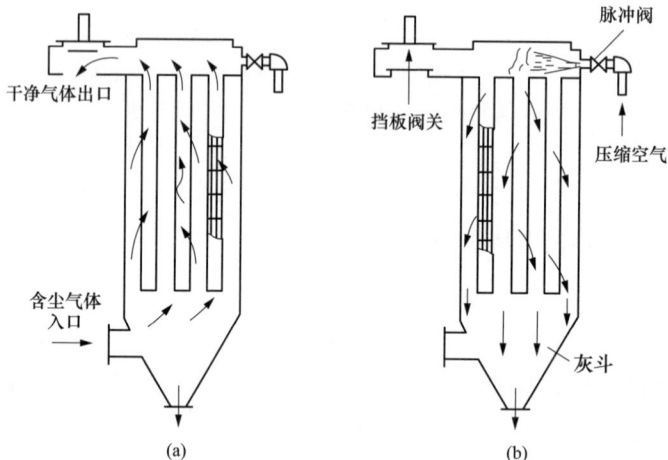

图 3-10 箱式喷吹示意图

（a）过滤；（b）清灰

箱式喷吹的最大优点是喷吹装置简单，换袋维修方便，但单室滤袋数量受限制。如果滤袋数量过多，会影响滤袋的清灰效果。

3. 移动喷吹脉冲除尘器

由一个脉冲阀与一根活动管和数个喷嘴组成一个移动式喷吹头，每组滤袋对应装有一个相互隔开的集气室，当喷头移动到某一集气室时，打开脉冲阀，高压由喷嘴喷入箱内，然后分别进入每条滤袋进行清灰。移动喷吹示意图如图 3-11 所示。其特点是用一套

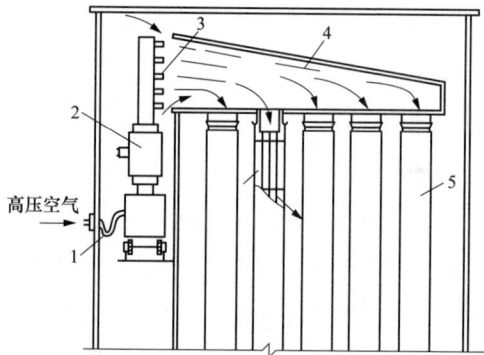

图 3-11 移动喷吹示意图

1—软管；2—喷吹箱；3—喷嘴；4—集合箱；5—滤袋

喷吹装置喷吹若干排滤袋。移动喷吹虽然可以减少喷吹管的数量，但对喷吹管的加工和安装精度要求较严格，维修也不甚方便。

4. 回转喷吹脉冲除尘器

回转喷吹脉冲除尘器通过旋转总管对滤袋（通常为扁袋）进行脉冲喷吹，其结构与回转反吹风袋式除尘器近似，区别在于：①使用了脉冲阀间断清灰；②设有分气箱；③风室停风脉冲清灰。低压旋转脉冲管式喷吹结构如图 3-12 所示。

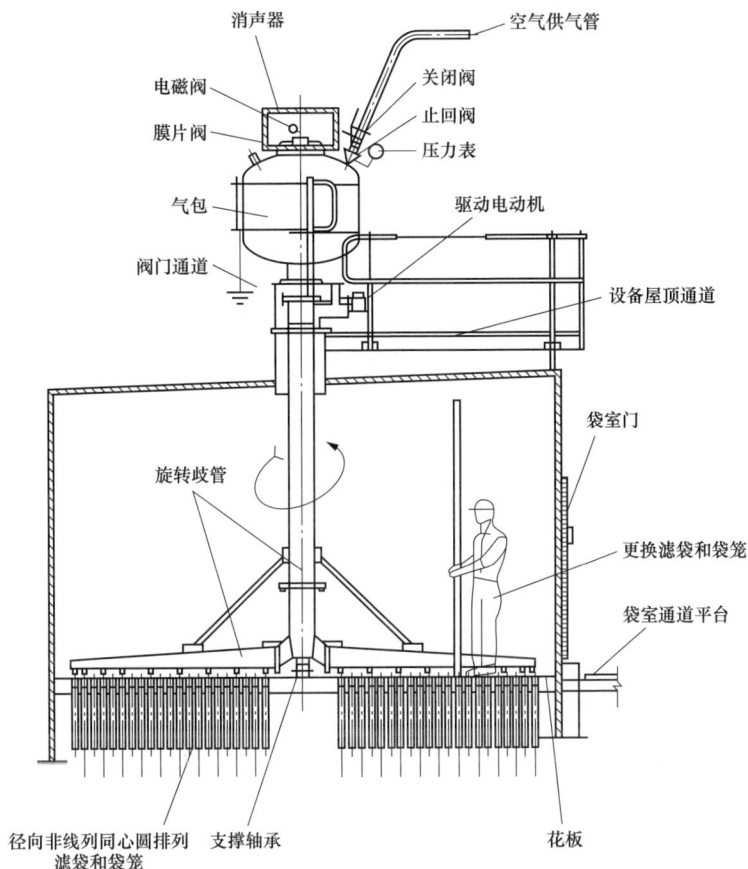

图 3-12　低压旋转脉冲管式喷吹结构

第三节　袋式除尘器结构

袋式除尘器的结构形式很多，有机械振打袋式除尘器、反吹分袋式除尘器、脉冲清灰袋式除尘器等，但总体结构基本相同，本节以某 660MW 机组袋式除尘器为例介绍。

该机组袋式除尘器主要包括除尘器本体系统、脉冲清灰供气系统、预涂灰系统和喷水降温系统。这四套系统相对独立，共同实现袋式除尘器的稳定、可靠、安全运行。清灰方式采用低压旋转脉冲喷吹，清灰气源由 3 台罗茨风机提供。

一、除尘器本体系统

除尘器本体分为 8 个室，每个室有 2 个袋束，由电动挡板门、气流均布装置和烟道、含尘室、洁净室、旋转喷吹装置、清灰管道、滤袋、袋笼、灰斗等组成。按照国家最新要求，不允许设置旁路烟道。除尘器允许 1 个室离线检修，其余 7 个室工作。

旋转喷吹装置位于花板上的滤袋束的上面，滤袋安装在花板孔内，滤袋内部靠分三节的袋笼支撑，气流从滤袋外面经过滤到滤袋内部并流过花板孔，袋笼的结构如图 3-13 所示。

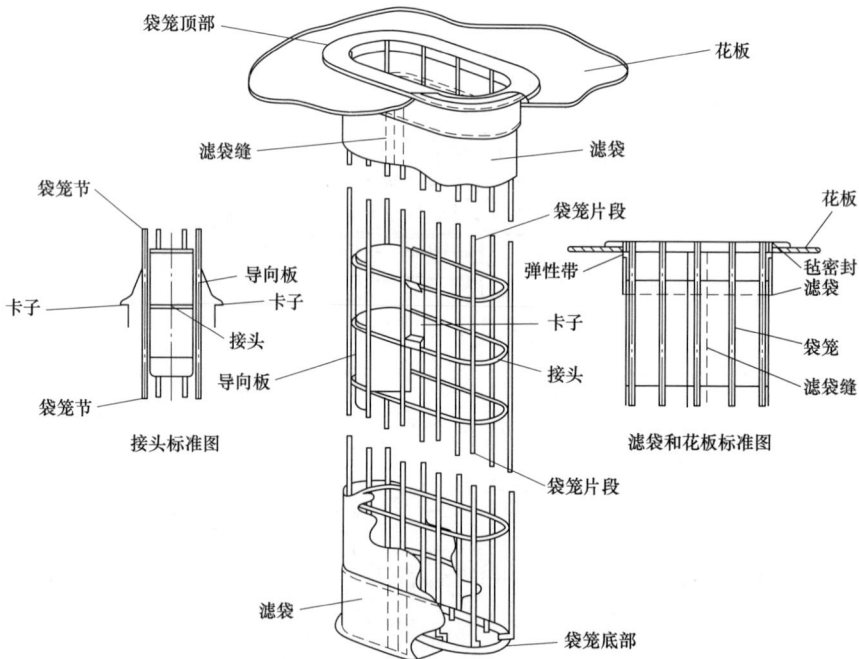

图 3-13　袋笼的结构

旋转喷吹臂被支撑在花板每束滤袋口上，喷嘴的底部距水平花板距离为 100mm±5mm。每个清灰机构在每个滤袋束的上面，由以下几部分 1.9m³ 储气包、14″ 脉冲阀、中心空气管、驱动电动机和减速机、传动齿轮、旋转喷吹臂和喷嘴、底部支座和轴承组成，如图 3-12 所示。

每台除尘器共设有 16 个灰斗，16 个袋束各对应 1 个灰斗。电加热板安装在灰斗的 1/3 处，这些加热器在设备不运行时和灰斗存灰时必须处在加热状态，以免灰斗结块。每个灰斗均装设有射频导纳料位计，检测灰斗高料位。

除尘器的 8 个单元室各设有一个检修门，在它相反的方向每个室的顶棚上设有人孔。通过梯子平台到达屋顶人孔。根据检修的需要可以使其中任一室关闭，进行离线检修。当任一室关闭，室内需要维护时，必须同时打开检修门与顶部人孔通风。使单元室内温度降到 40℃ 以下方可进入室内进行检修。下雨时，检修门与顶部人孔必须锁紧，防止水进入滤袋。

每个单元室设置一个观察窗，利用外部强力照明灯直接穿过玻璃到单元内部进行照明。两个观察窗安装位置与单元室检修门相邻。使检修人员能够看到花板的上表面、滤袋、袋笼顶部的情况，可观察滤袋是否漏灰。同时也可观察旋转喷吹装置运转情况，以便检查与调整作业。

进出口烟道由进出口喇叭、进口气流分布板、进出口电动挡板门等组成。烟气经 2 个空气预热器出口烟道后汇流至 2 个水平烟道，分流至 8 个除尘室的入口烟道，经气流均布板、电动挡板门进入本体含尘室。出口与入口烟道布置相同。

除尘器 8 个室的进、出口设电动挡板门，设备运行期间不关闭，只在需要维护或一个袋室由于降低负荷而不工作时才关闭。在除尘器两个进口烟道上，装设有温度检测装置，热电偶用套管垂直安装在烟道上。

二、脉冲清灰供气系统

低压旋转脉冲袋式除尘器清灰压力一般为 75～95kPa，清灰压力要求较低，气源由 3 台罗茨风机提供，两用一备。罗茨鼓风机出口的压力为 85kPa，由清灰系统管道处设置的压力变送器检测清灰压力。当清灰压力超过 85kPa 时，除尘器顶部清灰系统管道处设置的安全阀自动打开进行压力释放，经消声器将剩余清灰空气排入大气，若压力低于 85kPa 时安全阀自动关闭。

罗茨风机产生的压缩空气通过罗茨风机出口的弹性接头、出口消声器、单向阀、闸阀至除尘器顶部的 16 个储气罐，每个旋转喷吹装置设置一个储气罐和一组脉冲阀。储气罐作为清灰空气的容器，通过脉冲阀，以高能量脉冲气流传送到旋转喷吹清灰装置，为每个袋束清灰。每次脉冲清灰后由储气包从罗茨风机补充压力气体。脉冲清灰时间和间隔时间可以在很大范围内调整（见表 3-1），为延长滤袋寿命可采用慢速清灰，除尘器阻力高时采用快速清灰。

表 3-1 　　　　　　　　　　　慢速、正常、快速脉冲清灰的设定值

序号	压差范围（Pa）	清灰方式	脉冲时间（ms）	脉冲间隔（s）
1	<800	无需清洁	0	0
2	800～1200	慢速清洁	200	60～300
3	1201～1500	正常清洁	200	10～60
4	>1501	快速清洁	200	5～10

三、预涂灰系统

部分火电机组启动和低负荷运行时需要燃油，为了避免油烟对滤袋造成损坏，在袋式

除尘器投用前，应对新滤袋进行预涂灰。机组长期停用后再启动，同样需要对滤袋进行预涂灰处理。预涂灰是非常关键的一项措施，预涂灰的好坏直接影响袋式除尘器的运行阻力、滤袋寿命等。

加灰点通常安装在除尘器前的水平烟道上，滤袋预涂处理可逐室进行，袋式除尘器可采用气力输送或罐车发送方式进行预涂灰。

四、喷水降温系统

进入袋式除尘器的烟气温度在滤袋允许范围内时，袋式除尘器可正常运行。当除尘器进口烟气温度超过滤袋的允许范围，若无必要的降温措施，高温烟气会对滤袋造成很大的伤害，降低滤袋的使用寿命，严重时滤袋会立即失效，因而有必要配置烟气紧急喷水降温系统。紧急喷水降温在袋式除尘器正常运行时不必投入运行。但当除尘器进口烟气温度超过滤袋使用上限时，紧急喷水降温系统就要立即投入运行。紧急喷水降温系统降温能力不小于30℃。紧急喷水降温系统安装在空气预热器出口烟道上，离滤袋安装部位有足够距离，雾化效果良好，但降温水在到达滤袋之前必须完全蒸发，才不影响滤袋寿命。紧急喷水降温系统只能作为暂时应急措施，不作为保护滤袋寿命的常规手段。

紧急喷水降温喷枪采用两相流喷枪，雾化效果好，水压、气压一般要求0.4～0.5MPa，水量、气量根据烟气流量、温度计算确定。当烟气温度达到170℃时，第一组紧急喷水降温喷嘴运行，将烟气温度冷却至165℃，若5min后烟气温度仍未冷却至165℃时，则开启第二组紧急喷水降温喷嘴运行。当烟气温度达到160℃时，紧急喷水降温系统无条件停止。开始喷水降温的温度可以在计算机上设定。喷水降温总管路设置一个总电磁阀，两路分支管路设置两组电磁阀，一路压缩空气电磁阀。由除尘器两路烟道上的温度传感器控制各电磁阀的启闭。

第四节　袋式除尘器除尘效率的影响因素

在各种除尘装置中，袋式除尘器相对效率很高。如设计制造、安装和运行维护得当，除尘效率能够达到99.9%。影响袋式除尘器除尘效率的因素包括粉尘特性、滤料特性、运行参数以及清灰方式和效果等，本节仅对几个主要影响因素作介绍。

一、滤料的结构及粉尘层厚度

袋式除尘器采用的滤料可以是织物（素布或起绒的绒布），也可以是辊压或针刺的毡子等结构的滤料。滤尘过程不同，对除尘效率的影响也不同。素布中的孔隙存在于经、纬线以及纤维之间，后者占全部孔隙的30%～50%。

开始滤尘时，大部分气流从线间网孔通过，只有少部分穿过纤维间的孔隙。其后，由于粗尘粒嵌进线间的网孔，强制通过纤维间的气流逐渐增多，使惯性碰撞和拦截作用逐步增强。由于黏附力的作用，在经、纬线的网孔之间产生了粉尘架桥现象，很快在滤料表面形成了一层所谓粉尘初次黏附层（简称粉尘初层）。由于粉尘粒径一般都比纤维直径小，所以在粉尘初层表面的筛分作用也迅速增强。这样一来，由于滤布表面粉尘初层及随后在其上逐渐沉积的粉尘层的滤尘作用，使滤布成为对粗、细粉尘皆有效的过滤材料，除尘效率显著提高。粉尘透过滤布的三个过程如图 3-14 所示。

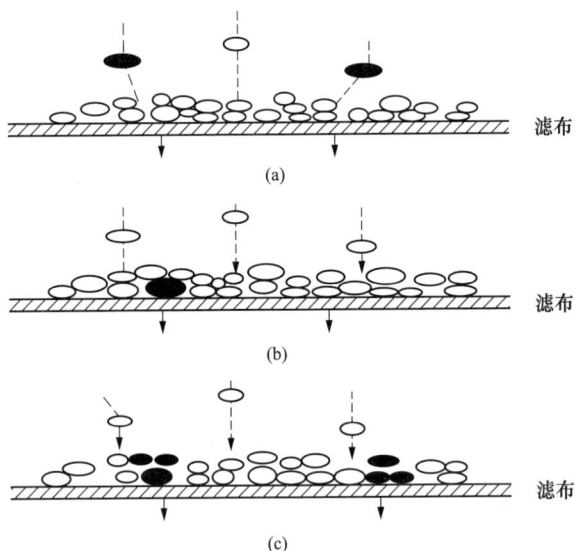

图 3-14　粉尘透过滤布的三个过程
(a) 直通；(b) 压出；(c) 气孔

二、过滤速度

滤袋除尘器的过滤速度系指气体通过滤料的平均速度（m/min）。可用式（3-1）表示

$$v = \frac{Q}{A} \tag{3-1}$$

式中　Q——通过滤料的气体流量，m^3/h；

　　　A——滤料总面积，m^2。

过滤速度 v 是代表滤袋除尘器处理气体能力的重要技术经济指标。过滤速度的选择要考虑经济性和对除尘效率的要求等各方面因素，从经济方面考虑，选用的过滤速度高时，处理相同流量的含尘气体所需的滤料面积小，则除尘器的体积、占地面积、耗钢量也小，因而投资小，但除尘器的压力损失、耗电量、滤料损伤增加，因而运行费用高。从滤率方面看，过滤速度大小的影响是很显著的，一些实验表明，过滤速度增大 1 倍，粉尘通过率可能增大 2 倍，甚至 4 倍以上。所以通常总是希望过滤速度选得低些。实用中织物滤布的过滤速度为 0.5～2m/min，毛毡滤料为 1～5m/min。从经济性和高效率两方面看，这一滤速范围是最适宜的。当过滤速度提高时,将加剧尘粒以三条途径对滤料的穿透,即直通、压出和气孔,因而降低除尘效率。

三、粉尘特性

在粉尘特性中,影响滤袋除尘器除尘效率的主要是粉尘颗粒。对 $1\mu m$ 的尘粒,其分级除尘效率可达 95%。对于大于 $1\mu m$ 的尘粒可以稳定地获得 99% 以上的除尘效率。

在大小不同的粒径中,以粒径 $0.2\sim0.4\mu m$ 尘粒的分级效率最低,无论清洁滤料或积尘后的滤料皆大致相同,只是由于这一粒径范围内的尘粒处于几种除尘效率低值的区域所致。尘粒携带的静电荷也影响除尘效率,粉尘荷电越多,除尘效率就越高,现已利用这一特性,在滤料上游使尘粒荷电,从而对 $1.6\mu m$ 尘粒的捕集效率达 99.99%。

四、清灰方式

滤袋除尘器滤料的清灰方式也是影响其除尘效率的重要因素。如前所述,滤料刚清灰时除尘效率最低,随着过滤时间(即粉尘层厚度)的增长,除尘效率迅速上升。当粉尘层厚度逐步增加时,除尘效率保持在几乎恒定的高水平上。清灰方式不同,清灰时逸散粉尘量不同,清灰后残留粉尘量也不同,因而除尘器排尘浓度不同。例如,机械振动清灰后的排尘浓度要比脉冲喷吹清灰后的低一些;以直接脉冲(压缩空气直接向滤袋喷吹)和阻尼脉冲(在清灰系统中有一装置,当电磁阀关闭后可使滤袋内的压力逐渐降低)相比较(两者的压力上升率和最大逆压均相同),前者的排尘浓度约为后者的几倍。这是因为在直接脉冲的情况下,滤袋急剧地收缩,过滤气流和滤袋的加速一起作用,使喷吹后振松了的粉尘穿透增多,阻尼脉冲喷吹后滤料上残留粉尘较多,因而其滤层阻力比直接脉冲高。

此外,对于同一清灰方式,如机械振动清灰方式,在振动频率不变时,振幅增大将使排尘浓度显著增大;但改变频率、振幅不变时,排尘浓度却基本不变。实际应用的袋式除尘器的排尘浓度取决于同时清灰的滤袋占滤袋总数的比例,气流在全部滤袋中的分配以及清灰参数等的影响。

五、含尘气体的温度、湿度

如果含尘气体中含大量的水汽,或者是气体温度降至露点或接近露点,水分就很容易在滤袋上凝结,使粉尘黏结在滤袋上不易脱落,网眼被堵塞,使除尘无法继续进行。因此,必要时要对气体管道及除尘器壳体进行保温,尽量减少漏风,必要时在除尘器内安装电加热装置,要求控制气体温度高于露点 $15℃$ 以上。

六、滤袋的性能

滤袋性能对除尘效率和阻力都有较大的影响。滤布材料应具备下列条件:

（1）能阻挡细小粉尘的通过，织物经纬线所交织的孔眼要小，而经纬线条本身要细，以增加筛滤的有效面积，减少阻力。

（2）织物的绒毛要长且富有弹性，使之能掩盖孔眼，并具有一定的强度。

（3）为了便于用反向气流清理，织物的绒毛位于含尘空气接触的一面。

七、清灰周期

清灰周期时间较长，会缩短除尘器滤袋的使用寿命，进而增加能耗，清灰效率大不如前，设备阻力也自然增加；清灰时间过长会引起除尘滤袋堵塞，从而缩短除尘布袋寿命，并且烟尘会外泄，除尘器其他部件也可能因而受损。

清灰周期时间较短，同样也影响除尘滤袋的寿命，如果清灰时间过短，滤袋上的粉尘尚未清落掉，就恢复过滤作业，将使阻力很快地恢复并逐渐增高，最终影响其使用效果。清灰时间过短当然会增加能耗，总之整个过程中阻力值不断攀升，势必影响除尘器的运行。

确定袋式除尘器清灰周期及时间，必须按照清灰方式的不同而设定。在实践中发现，滤袋上最好能够积存一点粉尘附着层，可以让阻力值趋于正常水平，并且有效缩短清灰时间。除尘器的清灰周期稍微长一些，能够提高除尘器的工作效率。

八、保温措施及壳体密封情况

设备的外保温也是袋式除尘器必须做好的一关。保温是为了保持运行中的烟气始终高于露点温度，避免结潮糊袋。多数滤袋出现涂抹、堵塞的糊袋现象，就是烟气温度低、湿度大等原因造成的。如果袋式除尘器壳体，如顶部、四周墙体漏风严重，下雨时可能进水，造成糊袋，或是湿物料结成团块将锥体部分排灰口堵死，会严重影响除尘效率。

第五节　袋式除尘器运行维护注意事项

用正确的方式运行和维护袋式除尘器是非常重要的，不正确的程序可能导致如除尘器滤袋堵塞之类的长期问题。因此，本节以低压旋转喷吹型除尘器为例，从滤袋安装、预涂灰工艺、运行启动、日常检查和故障处理等方面讲解运行维护注意事项。

一、滤袋安装注意事项

滤袋安装或更换的作业区严禁明火、烟气、焊接或火焰切割。通常，更换滤袋主要有以下注意事项：

（1）滤袋的安装是通过净气室内花板的开口完成的。安装前，注意调整滤袋接缝的位置，应确保接缝的中部定位于花板椭圆形开口的长边中心位置，也就是说对着整个袋束的中心。滤袋接缝与花板开口长边中心的偏差在±5mm范围内。

（2）安装时，先把滤袋的底部对准花板开口，逐步将滤袋从开口处塞到花板下面，只保留滤袋的颈部在花板上面。由于滤袋的底部和花板的开口都是椭圆形，应确保这两个椭圆相对位置成直线，否则袋笼插进滤袋时可能导致滤袋损坏。

（3）把滤袋的颈部压成一个椭圆形，将向外弯曲的那边插入花板，然后松开袋颈使得它被安装在花板开口。此过程可用手控制，务必使袋颈的弹性圈与花板开口的周边紧密贴合。

（4）安装过程中，严禁使用有尖锐毛边或边缘锋利的工具，以防止损坏滤袋纤维。

（5）安装时禁止扭曲滤袋，应检查自由悬挂状态下滤袋的直线度。滤袋安装到位后，各滤袋之间或滤袋与壳体之间不能相互碰触。

（6）安装袋笼前应检查袋笼的外观。要求袋笼各部位无变形、无破损、无腐蚀，其表面无毛刺，焊接部位无开焊现象。

（7）安装袋笼过程中，第一节袋笼顺入滤袋内，保留少量在花板上，与下一节连接时，可以使用约300mm长的短管插卡在袋笼环上，避免余下的部分掉下去。

（8）每个滤袋的位置和编号都要进行记录，以备之后复查。

二、预涂灰操作工艺

除尘器首次开始投运前，由于除尘器滤袋是干净的，没有形成灰尘初滤层，会使滤袋容易受到细小的灰尘颗粒穿透，或在锅炉点火燃油期间黏附烟气中的焦油，从而导致滤袋堵塞。因此，用粉煤灰作为除尘器滤袋预涂层，可以防止烟气中的焦油或者其他物质对除尘器新滤袋的影响。在锅炉运行前，可以利用锅炉引风机进行预涂灰。预涂灰期间，所有的脉冲阀是关闭的，不许进行清灰。

粉煤灰利用预喷涂系统在除尘器进口烟道喷入，每个布袋大约需要1kg的粉尘。为有助于均匀涂灰，利用粉煤灰罐车经喷涂系统管道进入除尘器进口的两个烟道。引风机启动后利用粉煤灰罐车将粉煤灰压送到进口烟道，同时在喷涂系统管道上接入压缩空气，使粉煤灰更快、更好地喷入。

预涂灰具体操作工艺：首先关闭除尘器6个室的进出口电动挡板门，对除尘器另2个室进行预喷涂。当除尘器2个室的压力达到600Pa时停止喷涂。将除尘器另2个室进出口电动挡板打开，关闭其他室的进出口电动挡板，对除尘器另2个室进行预喷涂。当除尘器另2个室的压力达到700Pa时停止喷涂。然后将除尘器5个室的进出口电动挡板门全部处在打开的位置，继续对除尘器进行喷涂。当除尘器每个室的压力全部达到300Pa时，可以停止预喷涂。

完成后检查预涂均匀性，保证所有的滤袋都有效预喷涂。随机地在每个室检查一定数目的滤袋，保证涂灰完全均匀。如发现明显没有涂灰的滤袋，则重复预涂灰过程。新滤袋在预涂层后，进行一次检漏测试，即将荧光粉按每平方米过滤面积5~10g的投放量，按预喷涂相同的方式投入进风管道，然后用紫外光灯在黑暗状态下对除尘器的洁净室进行检漏。

三、除尘器启动前应检查的项目

（1）所有的滤袋都被安装并且正确地固定在花板上，并必须保证滤袋与花板密封。滤袋在袋笼上沿着长度方向不能有扭曲现象。袋笼必须在接口处牢固无晃动。

（2）旋转喷吹装置：喷嘴端部在冷态下距花板 100mm±10mm，传动部分已经润滑，转向正确，无漏气漏油点，整体试运正常。

（3）除尘器进口、出口电动挡板门传动完成，开关灵活到位，处于全开状态。

（4）除尘器所有人孔门、检修门都必须关闭并且密封。

（5）清灰管道进行吹扫，管道内无杂物，整体密封良好，两个放散阀必须有一个阀门处在打开状态（两个放散阀为一用一备）。

（6）罗茨风机冷却水量充足，油位合格，润滑脂已添加，无漏水漏油点，整体试运正常。

（7）检查仪表运行是否正常，设定值是否符合设计要求。

（8）检查脉冲清灰系统手动、自动状态。手动状态下能独立启动。检查备用脉冲清灰系统（脉冲控制仪与 PLC）之间的切换。

（9）紧急喷水降温系统、管道进行水压试验，温度设定值符合设计要求。

（10）检查除尘器灰斗加热系统，恒温自动控制。检查除尘器灰斗气化系统阀门是否打开。

（11）机组启动初期，不要打开脉冲清灰系统。当布袋压差大于 700Pa 时，再开启脉冲清灰系统，以保证最初启动期间的预涂层是完整的。

四、防止糊袋、烧袋的运行方式和措施

（1）对于袋式除尘器，烟气温度低，结露会引起"糊袋"和壳体腐蚀，烟气温度高，超过滤料允许温度易"烧袋"而损坏滤袋，烟气温度长时间内无法降低将导致滤袋烧焦及表面物理特性改变，降低滤袋的使用寿命。当温度的变化是在滤料的承受温度范围内，就不会影响除尘效率。引起不良后果的温度是在极端温度（事故/不正常状态）下，因此，对于袋式除尘器就必须设有对极限温度控制的有效保护措施。

（2）当烟气温度低于 87℃，袋式除尘器内容易结露，当烟气进入除尘室后烟气和水蒸气黏结在滤袋上，造成"糊袋"，导致布袋除尘室内压差增大，增加引风机出力；当烟气温度高于 190℃，持续时间大于 10h，造成"烧袋"现象，滤袋破损后，造成除尘室内含尘浓度增加，除尘效率降低，长时间不更换破损的滤袋，会使袋式除尘室内积灰严重。除尘室边缘外层滤袋最先进灰，在脉冲清灰时，气流到达滤袋底部后，无法透过滤袋底部释

放部分气流，在脉冲清灰压力和滤袋自身重力下，笼骨承受压力较大，滤袋及袋笼容易脱落，造成输灰设备停运。

（3）为防止在运行过程中出现烧袋现象，采用自动喷淋降温的方式对袋式除尘器入口烟温进行控制，每个管道上的温度采用"三取二"作为工艺温度值。当除尘器进口烟温高于170℃时，压缩空气和除盐水混合喷入烟道内，系统检测温度低于160℃时，依次关闭喷水电磁阀以及压缩空气总阀。喷水降温装置在1min内可降低5℃，滤袋使用最高瞬时温度可承受190℃，在最高温度下滤袋可坚持10h，自动喷淋装置在有效时间内，完全可以将烟温降到滤袋设计使用温度115～160℃。

五、袋式除尘器日常检查项目

按袋式除尘器设备的重要性和运行情况，日常检查可分为每周、每月、每季三种周期，具体检查内容见表3-2。

表3-2　　　　　　　　　　　袋式除尘器检查项目周期表

序号	检查点	周期	检查内容	备注
1	净烟气室观察窗和人孔门	每周	石棉绳和玻纤胶圈密封情况和关闭紧密情况	及时更换损坏的石棉绳和玻纤胶圈
2	粉尘排放和输送	每周		
3	罗茨风机	每周	安全阀、油液位、V带张紧度和止回阀功能，进出口过滤器堵塞情况	过热（PLC）关闭，清灰空气压力低时另一台启动
4	旋转歧管驱动	每月	回转支承油润滑，适配管与变径管油密封情况	根据情况进行手动加油
5	电磁阀	每月	引导阀空气排放功能正常	
6	膜片阀	每月	引导阀空气排放功能正常清灰，检查磨损情况	
7	滤袋	每季	打开净烟气室，依次视觉检查除尘器粉尘吹除情况	
8	旋转主臂	每季	主臂连接正常、喷嘴开口和花板之间距离为100mm±5mm	必要时进行调节
9	净烟气含尘量	每季	打开净烟气室，依次视觉检查除尘器粉尘吹除情况	更换有缺陷滤袋，消除缺陷
10	控制设备	每天	电气接线正确、检查压力测量点是否有污物	用冲洗装置冲洗，必要时手动进行清洁
11	整个除尘器压差	每天	压差、检查压力测量点是否有污物	用冲洗装置冲洗，必要时手动进行清洁
12	清灰空气压力	每天	清灰空气工作压力，脉冲间隔期间压力应达到最大，应为80～85kPa	用压力表在脉冲空气罐处进行检查，试验后关闭检查阀

六、袋式除尘器常见故障处理

（一）净烟气含尘量超标

1. 现象

烟囱出现冒烟，净烟气室内的粉尘积聚。

2. 原因

滤袋有缺陷，滤袋在花板上安装不正确。

3. 消除办法

通过观察窗查找事故袋室的缺陷滤袋，缺陷滤袋的滤袋固定口上面有粉尘积聚。关闭进出口挡板门，隔离有漏袋现象的袋室，打开人孔门，进行换袋操作。如果支撑袋笼导致滤袋缺陷，袋笼也要更换。

（二）整个除尘器压差过大

1. 现象

尽管连续清灰，但压差仍然高于最大允许值，未达到最大烟气量。

2. 原因

（1）无清灰压缩空气。

（2）除尘器清灰空气不足（两次压缩空气脉冲之间压力表压力达不到设定值）。

（3）除尘器清灰控制设备故障。

（4）压差测量点压力触点阻塞，测量导线疏松未连接（清灰步骤不能启动）。

（5）湿度大或者滤袋达到使用寿命，滤袋渗透性极差。

（6）接近设定的最低温度导致滤袋堵塞。

（7）原/净烟气挡板门意外关闭。

3. 消除办法

（1）开启清灰空气供应。

（2）清灰空气供应充足，如果清灰空气量暂时不能满足（2h 以内），暂时降低锅炉负载。

（3）检查控制设备。

（4）检查测量点压力信号，旋紧测量管线螺栓并且检查是否需要更换密封。

（5）检查清灰空气是否含水或油，如果含水或油，应查找原因并处理。如果经过干燥和彻底清除滤袋，滤袋两边的压差未降低，则必须更换滤袋。

（6）检查净烟气关闭阀门的开启位置。

（三）膜片阀驱动引导阀运行不正常

1. 现象

膜片阀运行不正常导致滤袋清灰不能进行或不充分。

2. 原因

（1）没有从控制柜到达引导阀的信号。

（2）清灰空气通过排气孔溢出，电磁阀存在缺陷。

3. 消除办法

（1）熔丝存在缺陷，磁线和电缆短路；更换熔丝，查找原因并消除。

（2）用手盖住排气孔，检查压力是否增加。如果正常，移开手，检查膜片阀是否脉冲，脉冲则表明引导阀打开。对阀门或电磁阀进行清洁或者更换有缺陷的部件。

（四）膜片阀未关闭或者太慢

1. 现象

两次脉冲之间压力不能积聚到预先设定值；压缩空气泄漏发出"嘶嘶"声。

2. 原因

膜片粘住或者密封不严，压力平衡孔堵住。

3. 消除办法

检查引导阀时，用手或适当的工具盖住阀门上部，看压力是否上升。如果正常，移开手，检查膜片阀是否脉冲，脉冲表明引导阀有缺陷。如果引导阀本身没有缺陷，那么卸掉整个阀门，检查主膜片阀。更换膜片，清洁排气孔（注意更换新的膜片阀不要盖住排气孔）。

（五）达不到清灰压力

1. 现象

显示表压小于 $70kPa$。除尘器压差增加。

2. 原因

（1）清灰空气供应手动蝶阀关闭。

（2）脉冲空气罐放气阀打开使压力降低，压缩空气逃逸时没有发出啸声。

（3）膜片阀有缺陷。

（4）罗茨风机出力不足。

3. 消除办法

（1）打开相应阀门。

（2）关闭空气罐放气阀。

（3）运行罗茨风机，查找缺陷并维修。

（4）切断脉冲空气罐的空气供应，卸载压力，消除故障（见"膜片阀未关闭或者太慢"故障处理）。

第四章　气力输灰系统

随着电力工业的迅猛发展和燃煤电厂规模的扩大，飞灰对环境的污染日趋严重，迫切需要一种节能、节水、便于飞灰综合利用的输灰技术。机械输灰系统的维修量大、效率低、容易漏灰并造成二次污染，特别是远距离输送根本无法实现，而水力输灰系统也因水资源越来越紧张逐步被淘汰。所以，利用空气输送干灰的输送技术即气力输灰系统应运而生。

气力输灰系统是一种以空气为载体，借助正压或负压设备在管道中输送干灰的系统，其功能是将除尘器、省煤器和空气预热器灰斗内的干灰输送至灰库储存。

第一节　气力输灰的机理

一、输送管中气流速度的分布

在气力输灰管中的流动为气固两相流。就水平输灰管而言，其管中气流速度分布情况与纯空气流明显不同。在纯空气流管中，最大速度出现在管道中心线上；水平输灰管的最大气流速度的位置移到管道中心线以上（见图 4-1），粉尘浓度越高，这种情况越明显。这是因为粉尘颗粒在输送时受到重力的影响，越靠近管底则颗粒越稠密。因此，气力输灰时的管中气流速度分布是随着颗粒运动状态而变化的，也即随气流平均速度、灰气比以及输送管管径的变化而变化。

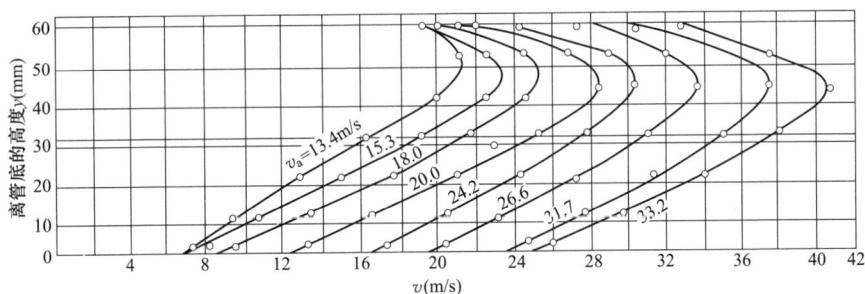

图 4-1　输灰管断面上气流速度的分布

二、输送管中颗粒的运动

（一）水平输送管中颗粒的运动

水平输送管的管中颗粒在气流中一面呈悬浮状态作不规则运动，一面反复与管壁碰撞或摩擦滑动。在水平管道中，气流水平速度对颗粒的推力为水平方向，颗粒的重力为竖直向下。从理论上讲，这两个方向的作用力是不能使颗粒悬浮的。但是，实际上颗粒在某种悬浮力的作用下作悬浮输送，这种悬浮力主要取决于以下因素（见图4-2）：

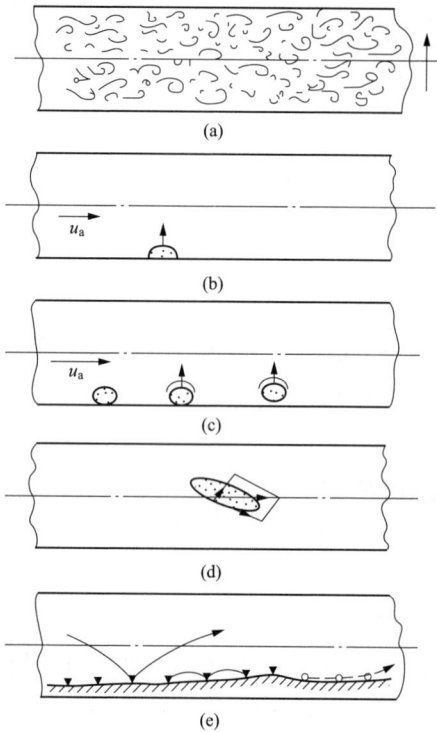

图 4-2　水平输送管颗粒悬浮的机理

（1）紊流时气流垂直向上的分速度 u_y 对颗粒产生气动悬浮力，如图 4-2（a）所示。

（2）根据输送管气流速度的分布，在管底的颗粒，其上部流速高，故静压小；下部流速低，故静压大。因此，对颗粒产生静压差悬浮力，如图 4-2（b）所示。

（3）颗粒在各种因素作用下沿顺时针方向向前作旋转运动，从而引起周围气体产生环流。颗粒上部环流速度方向与输送气流方向相同，使颗粒上部流速增大，压力降低；而颗粒下部环流速度方向与输送气流方向相反，下部流速减小，压力增高。因此，对颗粒产生一个升力，此即颗粒旋转产生的升力（马格努斯效应）。如图 4-2（c）所示。

（4）某些颗粒处于有迎角的方位，气流对颗粒的气动力在垂直方向产生向上分力，如图 4-2（d）所示。

（5）由于颗粒相互间或颗粒与管壁间碰撞而获得的反弹力在垂直方向产生向上分力，如图 4-2（e）所示。

上述这些悬浮力，对于不同粒径、形状和气流速度条件，其作用极不相同。例如对于细粉料，第（1）、（4）、（5）项因素起主要作用，而第（2）、（3）项因素由于粒度太小，几乎不起作用；对于较大颗粒的粉料，则第（2）、（3）项因素起主要作用，而第（1）、（4）、（5）项因素由于悬浮力比颗粒重力小得多，几乎不起作用。

（二）垂直输送管中颗粒的运动

在垂直输送管中，空气动力对物料悬浮以及输送起着直接作用。气流对颗粒的气动力与颗粒重力在同一直线上，但方向相反，所以只要物料颗粒的空气动力大于浮重，物料便可实现气力输送。

但紊流的脉动速度和涡流的影响以及颗粒间的摩擦碰撞及气动力不均匀等因素，使颗粒受到水平方向的力，而引起水平方向的运动。同时，颗粒本身的不规则，颗粒之间、颗粒与管道内壁之间的碰撞、摩擦等引起的作用力和反作用力以及颗粒旋转产生的马格努斯效应等，使颗粒受到除垂直方向力之外的水平分力的作用，结果导致颗粒群作不规则的相互交错的曲线上升的螺旋线形运动，使颗粒群在垂直输料中，形成接近均匀分布的定常流。

三、输送管中颗粒的流动状态

在气力输送过程中，物料颗粒的运动状态主要受输送气流速度控制，如图 4-3 所示。以水平管为例，在输送气流的速度足够大时，颗粒呈均匀悬浮状态运动；随着输送气流速度的逐渐减小，颗粒出现非均匀悬浮流动，呈现疏密不均的流动状态；当输送气流速度小于某一定值时，出现脉动流；随着输送气流速度的进一步减小，一部分颗粒停滞在管底，一边滑动一边被推着向前运动，进而停滞的物料层作不稳定移动，最后形成堵塞或形成一种靠气体静压进行推送。

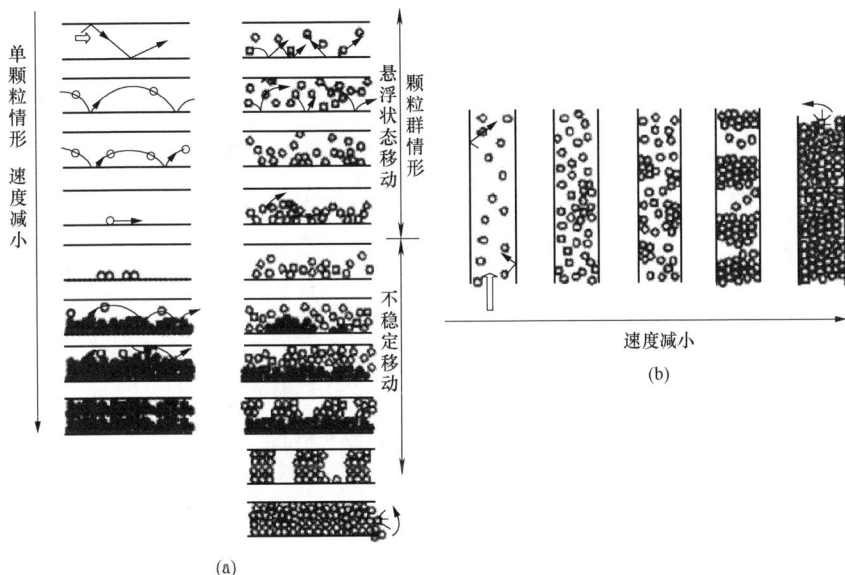

图 4-3　气力输送过程状态图
（a）水平输料管；（b）垂直输料管

根据上述流动状态，气体输送按输送机理可分为动压输送和静压输送两大类。动压输送即把气体的压力能转化为动能进行工作，又称悬浮输送，灰气比较小，属于稀相输送；静压输送即把气体的压力能转化为推力进行工作，又称栓流输送、柱塞输送，灰气比较大，属于浓相输送。两者的比较见表 4-1。

表 4-1　　　　　　　　　　悬浮输送和静压输送的比较

项目	悬浮输送	静压输送
输送物料	干燥的、小块状及粉粒状物料	粉粒状物料，湿的和黏性不大的物料
流动状态	输送时颗粒呈悬浮状态	输送时颗粒呈料栓状
混合比	小	大

项目	悬浮输送	静压输送
输送气流速度	高	低
压力损失	单位输送距离压力损失较小	单位输送距离压力损失较大
单位能耗	大	小
系统中出现的磨损	大	小
被输送物料的破碎情况	可能破碎	破碎少

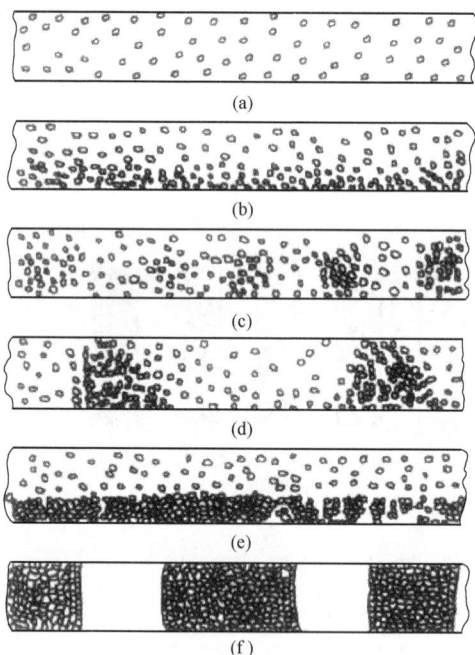

图 4-4 粉状颗粒在管道中的流动状态

(a) 悬浮流；(b) 管底流；(c) 疏密流；

(d) 集团流；(e) 部分流；(f) 栓塞流

在不同气流速度下，输送管道中所呈现的流动状态可分为以下六种类型（见图 4-4）：

（1）均匀（悬浮）流。当输送气流速度较高、灰气比很低时，粉粒基本上以接近于均匀分布的状态在气流中悬浮输送。

（2）管底流。当风速减小时，在水平管中颗粒向管底聚集，越接近管底，分布越密，但尚未出现停滞。颗粒一面作不规则的旋转、碰撞，一面被输送走。

（3）疏密流。当风速再降低或灰气比进一步增大时，则会出现如图 4-4 所示的疏密流。这是粉体悬浮输送的极限状态。此时，气流压力出现了脉动现象。密集部分的下部速度小，上部速度大。密集部分整体呈现边旋转边前进的状态，也有一部分颗粒在管底滑动，但尚未停滞。

以上三种状态，都属于悬浮输送状态。

（4）集团流。风速再降低，则密集部分进一步增大，其速度也降低，大部分颗粒失去悬浮能力而开始在管底滑动，形成颗粒群堆积的集团流。粗大颗粒透气性好，容易形成集团流。由于在管道中堆积颗粒占据了有效流通面积，所以，这部分颗粒间隙处风速增大，因而在下一瞬间又把堆积的颗粒吹走。如此堆积、吹走交替进行，呈现不稳定的输送状态，压力也相应地产生脉动。集团流只是在风速较小的水平管和倾斜管中产生。

在垂直管中，颗粒所需要的浮力，已由气流的压力损失补偿了，所以不存在集团流。由此可知，在水平管段产生的集团流，运动到垂直管中时便被分解成疏密流。

（5）部分流。常见的是栓塞流上部被吹走后的过渡现象所形成的流动状态。在粉体的实际输送过程中，经常出现栓塞流与部分流的相互交替、循环往复现象；另外，风速过小或管径过大时，常出现部分流，气流在上部流动，带动堆积层表面上的颗粒，堆积层本身作沙丘移动似的流动。

（6）栓塞流。堆积的物料充满了一段管路，水泥及粉煤灰等不容易悬浮的粉料，容易形成栓状流。栓状流的输送是靠料栓前后压差的推动。与悬浮输送相比，在力的作用方式和管壁的摩擦上，都存在原则性区别，即悬浮流为气动力输送，栓塞流为压差输送。

第二节 气力输灰系统的分类与应用

一、气力输灰系统的基本类型

气力输灰系统的基本类型一般根据输送压力、粉粒流动状态和输送机理来分类。

1. 正压输送和负压输送

依据输送压力的不同，可以将气力输灰方式分为正压系统和负压系统两大类。其中，大仓泵气力输灰系统、小仓泵气力输灰系统、双套管紊流气力输灰系统、栓塞式气力输灰系统、气锁阀气力输灰系统等为正压系统。利用抽气设备的抽吸作用，使输灰系统内产生一定的负压，使灰与空气混合，一并吸入管道，这种输送方式为负压系统。

对负压系统来说，由于系统内的压力低于外部大气压力，所以不存在跑灰、冒灰现象，系统漏风不会污染周围环境；又因其供料用的受灰器布置在系统始端，真空度低，故对供料设备的气密性要求较低。

但是，负压系统的缺点也很明显。负压系统对灰气分离装置的气密性要求高，设备结构复杂。这是因为其灰气分离装置处于系统末端，与气源设备接近，真空度高。并且，由于抽气设备设在系统的最末端，对吸入空气的净化程度要求高，故一级收尘器难以满足要求，需安装 2~3 级高效收尘器；受真空度的限制，系统出力不大，输送距离不远；系统输送速度大，灰气比低，管道磨损严重。所以，负压系统安全性和经济性较差，应用范围小。

2. 稀相输送和浓相输送

依据粉状颗粒在管道中的流动状态，气力输灰方式分为悬浮流（均匀流、管底流、疏密流）输送、集团流输送、部分流输送和栓塞流输送等。

传统的大仓泵正压气力输灰系统属于悬浮流输送，小仓泵正压气力输灰系统和双套管紊流正压气力输灰系统界于集团流和部分流之间，脉冲"气刀"式气力输送属于栓塞流输送。

通常，悬浮流输送为稀相输送，而集团流、部分流和栓塞流输送为浓相输送。

3. 动压输送和静压输送

依据输送机理，气力输灰方式可分为动压输送和静压输送两类。

悬浮流输送属于动压输送，气流使物料在输送管内保持悬浮状态，颗粒依靠气流动压向前运动。栓塞流输送属于静压输送，粉料在输送管内保持高密度聚集状态，且被所谓的"气刀"切割成一段段料栓，料栓在其前后气流静压差的推动下向前运动。小仓泵正压气力输灰系统和双套管紊流正压气力输灰系统既借助动压输送，又有静压输送。

习惯上所说的气力输灰系统分类是按《火力发电厂除灰设计技术规程》（DL/T 5142—2012）的规定进行分类的。其中，根据输送时灰气比的高低和输送时管道内气固两相流动的压力，气力输灰又可分为浓相、稀相、正压、微正压、负压等多种形式。

气力输灰系统的基本类型及其特点如表 4-2 所示。

表 4-2　　　　　　　　　　气力输灰系统的基本类型及其特点

系统类型	主要设备	压力(kPa)	系统出力(t/h)	输送长度(m)	灰气比(kg/kg)	主要特点
高正压系统	大仓泵	200～800	30～100	500～2000	7～15	系统出力和输送长度较大，适合厂外输送
微正压系统	气锁阀	<200	80	200～450	25～30	输送长度较短，单灰斗配置
负压系统	受灰器（E形阀）、负压风机、真空泵等	−50	50	<200	2～10(受灰器) 20～25(E形阀)	输送长度短，单灰斗配置
小仓泵系统	小仓泵	200～400	12（1.5m³泵）	50～1500	30～60	输送长度较长，单灰斗配置

二、气力输灰系统的发展

目前而言，各种类型的输灰方式在国内都有使用。但是，近年来国内外都主要向正压和高浓度气力输灰技术方面发展。

正压气力输灰系统即指仓泵系统，它以压缩空气作为输送介质，将干灰输送到灰库或其他指定地点。根据仓泵的配置方式不同，系统可分为大仓泵系统和小仓泵系统两种。大仓泵系统是指多只灰斗共用一台仓泵，仓泵的容积较大；而小仓泵系统是指每一只灰斗单独配置一台仓泵，仓泵的容积较小。

同时，高浓度气力输灰系统具有流速低、磨损小、高效节能、输送管道可用普通钢管、投资和维修费用少等诸多优点。

因此，正压高浓度气力输送系统正成为我国燃煤电厂粉煤灰气力输灰系统的主导系统，如图 4-5 所示。

正压高浓度气力输灰系统比较典型的有：小仓泵系统、多泵制正压系统、脉冲栓流系统、德国穆勒（Moller）公司紊流双套管系统、英国克莱德（Clyde）公司和芬兰纽普兰（Pnenplan）公司气力输灰系统等。

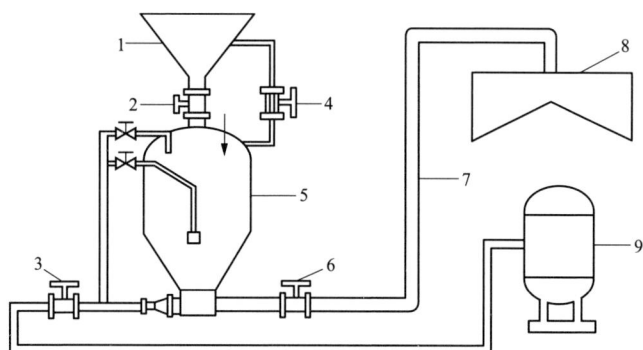

图 4-5　正压气力输灰系统示意图

1—灰斗；2—进料阀；3—进气阀；4—排空阀；5—仓泵；

6—出料阀；7—输灰管路；8—灰库；9—储气罐

第三节　正压浓相气力输灰系统

目前，国内大部分新建电厂均采用正压高浓度气力输灰系统，并以多仓泵配双套管的使用最为广泛，它在技术上比较先进，运行可靠，系统简单，故障率较低。

一、仓泵

仓泵是仓式气力输送泵的简称，是一种压力罐式的供料容器，其自身并不产生动力，只是借助外部供给的压缩空气对装入泵内的飞灰物料进行混合、加压，再经管道输送至中转仓或灰库。

仓泵由仓泵本体及其相关阀门组成。仓泵是带拱形封头、锥形筒底的圆筒型压力容器，阀门包括进料阀、进气阀、排空阀、出料阀等，均为气动阀。仓泵按其出料管引出方向可分为上引式仓泵和下引式仓泵两类。

1. 上引式仓泵

上引式仓泵如图 4-6 所示。进气阀安装在罐体的底部，出料管的马蹄形头部位于进气阀的上部。流化装置安装在仓泵的底部，确保物料能够顺畅地进入出料管，系统循环结束后减少残余物料沉积在仓泵底部。

上引式单仓泵工作时首先打开排气阀，将仓泵的空气排出。再将进料阀打开，向仓泵内进料。仓泵装满灰后，进料阀、排气阀自动关闭，然后通入压缩空气，继而打开出料阀。灰气在仓泵内快速混合后经出料管入输灰管道，直至进入灰库。

2. 下引式仓泵

下引式仓泵如图 4-7 所示。下引式仓泵出料的工作原理与上引式仓泵有所不同，出料管的位置在仓泵底部的中心，不需要在仓泵内先将灰进行气化，而是靠灰本身的重力作用和背压空气作用力将灰送入输送管内。但是，在输送过程中仍需要对仓泵内的灰进行流化，确保灰不会黏结在仓壁上，保证输送结束后，仓泵内没有残余的灰分。

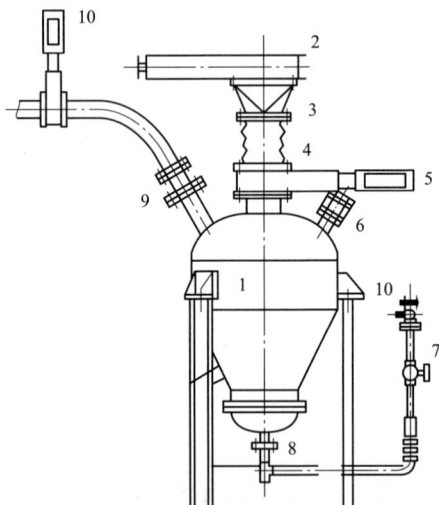

图 4-6 上引式仓泵结构原理图

1—仓泵本体；2—手动插板阀；3—方圆节；4—伸缩节；5—进料阀；6—排气阀；

7—进气组件（含手动调节阀、气动进气阀、止回阀）；8—流化装置；9—出料管；10—出料阀

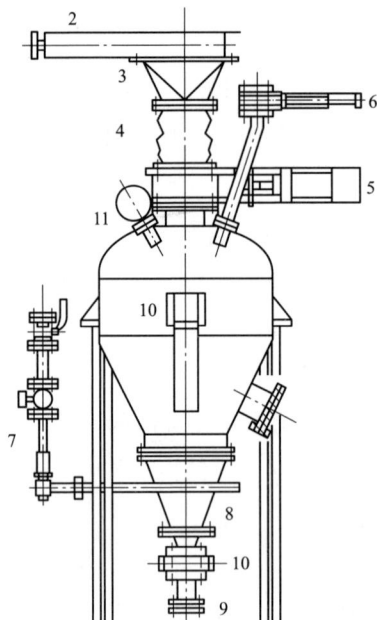

图 4-7 下引式仓泵结构原理图

1—仓泵本体；2—手动插板阀；3—方圆节；4—伸缩节；5—进料阀；6—排气阀；

7—进气组件（含手动调节阀、气动进气阀、止回阀）；8—流化锥；9—出料管；10—出料阀；11—料位开关

下引式仓泵所用的压缩空气分为三路：第一路由流化锥接入，作为流化下料、防止物料剩余之用，称为一次气；第二路是从仓泵顶部送入，用于平衡仓泵内压力，使仓泵内的灰容易流出，称为二次气；第三路从仓泵的出料管后水平方向管道接入，用来调节输送灰气混合比，同时使灰粒加速，称为三次气。

在输送过程中必须保证一、二、三次气的适当比例。从系统运行的情况来看，仓泵所需的一、二、三次气之间的比例与系统出力、输送距离以及灰的物理特性（如密度、粒径、水分、黏附性）等因素有关，如调节不当，将会发生输灰管道堵塞现象。一次气对输送出力和输送浓度的影响较大，如一次气过大，出料的速度过快，过多的灰分进入管道，无法及时输送就会造成堵管。

二、阀门设备

1. 进料阀

进料阀安装在灰斗的下部、仓泵的顶部，开启时飞灰通过重力直接落入仓泵。进料阀大致有两种，一种是圆顶阀，另一种是旋转闸板阀，前者无论从密封性还是使用寿命都优于后者，广泛用于火力发电厂正压气力输灰系统。

如图 4-8 所示，圆顶阀阀芯是一个球面圆顶。圆顶阀在开关过程中阀芯 4 与密封圈 3 密封口处保持有 1mm 间隙，使之可以以无接触的方式运动，其目的使阀芯与阀体之间不产生摩擦。圆顶阀的气动元件为全密封曲轴气缸结构，直接驱动半球阀转动，有效地防止出现灰尘进入其中造成的磨损、泄漏等问题。当圆顶阀处于密封状态，橡胶密封圈充气膨胀以后紧紧地压在球面阀芯上，使之形成一个非常可靠的密封环节。在正常工作条件下，使用寿命为 50 万次，另外，维护简单，更换密封圈容易。

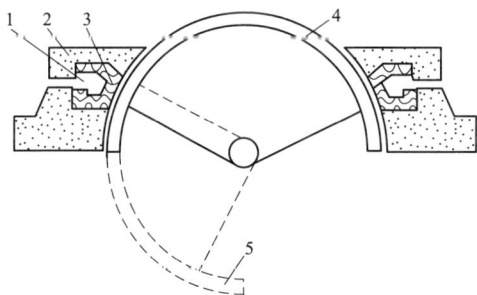

图 4-8　圆顶阀原理示意图

1—进气口；2—阀体；3—密封圈；4—半球阀芯；5—半球阀芯旋转 90°后的新位置

进料阀的常见问题是内漏和卡涩。圆顶阀内漏可以从运行时密封圈内压力是否过低来判断，处理方法是更换橡胶密封圈，这是圆顶阀优于旋转阀的主要原因。卡涩的原因是灰斗内异物落下卡在阀瓣上，其关键在于预防，除尘器内部检修时要使用工具袋，检修结束后必须清理灰斗，确保不留任何异物。

2. 进气阀

仓泵进气阀通常为气动蝶阀或气动球阀，还有近年从国外引进的气动角阀，运行可靠性较高。在进气阀到仓泵之间的气源管上，通常安装有压力表、压力变送器和止回阀。压力变送器把系统的实时压力传到控制系统和上位机，作为系统运行状态的最主要的参考量。止回阀的作用是防止飞灰返到压缩空气系统，只让压缩空气单向吹到仓泵内。

3. 排空阀

排空阀又称排气阀、平衡阀，安装在仓泵的上部，通常为圆顶阀或气动插板阀。作用是在仓泵进料过程中，把仓泵内的空气不断排出去，消除阻碍物料流动的反向阻力。当进料阀开启和关闭时，排空阀同步开启和关闭。因排出的空气不可避免的含有少量飞灰，排空阀出口管一般接至灰斗上部。

4. 出料阀

出料阀安装在仓泵出口管上，如果是多个仓泵的串联系统，则安装在最后一个仓泵的出口。其作用是物料输送前在仓泵内憋压，使物料气化。出料阀因长时间受到高速的两相流体冲刷，磨损严重、内漏频繁。随着下引式仓泵的推广和气力输灰的发展，无须先将灰在泵内气化，很多系统都取消了出料阀。

下引式仓泵的主要阀门分布如图4-9所示。

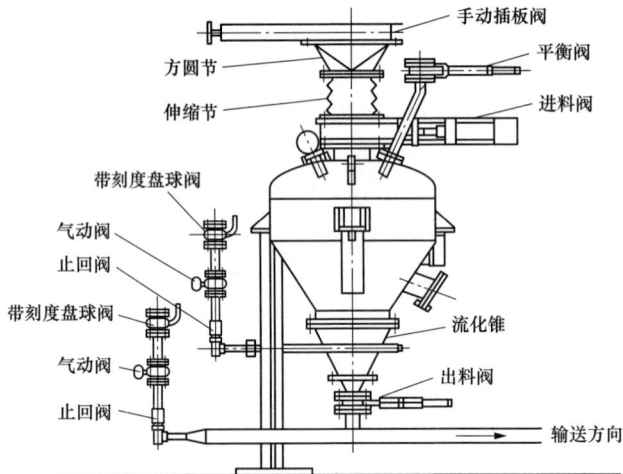

图 4-9　下引式仓泵的主要阀门分布

三、仓泵组

仓泵组气力输灰系统不同于常规的单仓泵或双仓泵系统，它是由3~8个仓泵串联组成的一个输送单元，设置一组进气阀组件、一个出料阀。在输送过程中，同一输送单元的仓泵采取同步运行的方式，一个输送单元为一个运行整体，其控制方式与单台仓泵的控制类似。仓泵组正压气力输灰系统如图4-10所示。

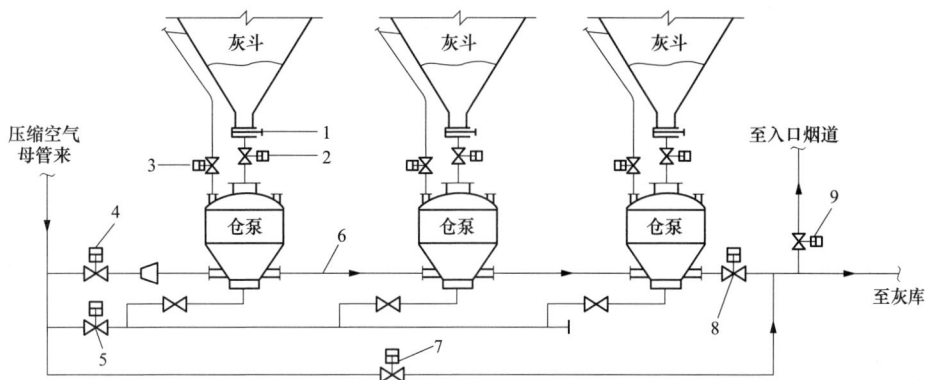

图 4-10 仓泵组正压气力输灰系统

1—手动插板阀；2—进料阀；3—排空阀；4—主进气阀；5—辅助进气阀；

6—泵间管道；7—管道助吹阀；8—出料阀；9—排堵阀

仓泵组正压气力输灰系统具有以下特点：

（1）系统配置简单，减少了出料阀的数量，使系统运行更加可靠、安全；

（2）各仓泵之间运行切换相对较少，系统出力较高；

（3）系统配置简单，因而使维护工作量及维护费用都相对较少；

（4）适用于大型机组干除灰系统。

四、管路系统

管路系统主要由输灰管道、耐磨弯头、助吹管、排堵阀和切换阀等组成。输灰管道直管可采用厚壁无缝钢管，弯管应采用陶瓷、碳化硅等耐磨材料制成的复合管。对于较难输送的大颗粒灰，可在输灰管道上每隔4m左右装一道助推器。

1. 紊流双套管

为有效解决低速浓相输送过程中容易堵管的问题，德国汉堡莫勒公司（MOLLER），经过多年的研究，于20世纪80年代中期成功地推出了紊流双套管输灰系统（简称TFS）。

紊流双套管气力输灰系统属于正压气力输灰方式，该系统的工艺流程和设备组成与常规正压气力输灰系统基本相同，即通过压力发送器（仓式泵）把压缩空气的能量（静压能和动能）传递给被输送物料，克服沿程各种阻力将物料送往储料库。但是，紊流双套管系统的输送机理与常规气力输灰系统不尽相同，主要不同点在于该系统采用了特殊结构的输送管道，沿着输送管的输送空气保持连续紊流，这种紊流是采用第二条管来实现的，即管道采用大管内套小管的特殊结构形式，小管布置在大管内的上部，在小管的下部每隔一定距离开有扇形缺口，并在缺口处装有圆形孔板。紊流双套管的工作原理如图4-11所示。

正常输送时大管主要走灰，小管主要走气，压缩空气在不断进入和流出内套小管上特别设计的开口及孔板的过程中形成剧烈紊流效应，不断挠动物料，低速输送会引起输送管

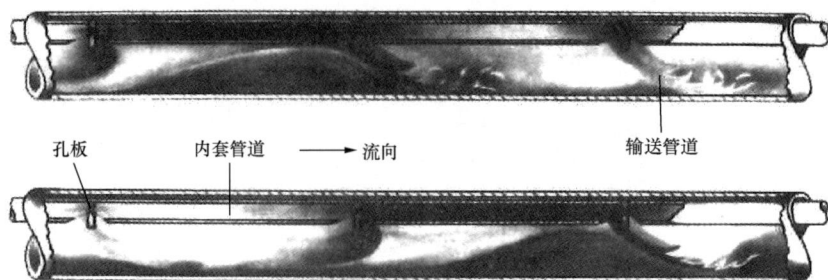

图 4-11　紊流双套管的工作原理

道中物料堆积，这种堆积物引起相应管道截面压力降低，所以迫使空气通过第二条管（即内套小管）排走，第二条管中的下一个开孔的孔板使"旁路空气"改道返回到原输送管中，此时增强的气流将吹散堆积的物料，并使之向前移动，以这种受控方式产生扰动，从而使物料能实现低速输送而不堵管。

紊流双套管正压气力输灰系统具有如下优点：

（1）系统适应性强、可靠性高。紊流双套管系统独特的工作原理，保证了输灰系统管道不堵塞，即使短时的停运后再次启动时，也能迅速疏通，从而保证了输灰系统的安全性和可靠性。该输灰系统输送压力变化平缓，空气压缩机供气量波动小，系统运行工况比较稳定，从而改善了输灰空气压缩机的运行工况，延长设备使用寿命，比常规的单管气力输灰系统性能要好。

（2）低流速、低磨损率。紊流双套管系统的输灰管内灰气混合物起始流速为 2～6m/s，末速约为 15m/s，平均流速为 10m/s。而常规输灰系统起始速度为 10m/s，末速约为 30m/s，平均流速约 20m/s。由于磨损量与输送速度的 3～4 次方成正比，这表明紊流双套管输灰管道的磨损量仅为常规气力输送系统的 1/8～1/16，也就是说紊流双套管系统的输灰管道寿命为常规系统的 8～16 倍。

（3）投资省、能耗低。由于紊流双套管输灰系统灰气混合物流速低、磨损小，所以不需采用耐磨材料和厚壁管道，这样便可大大降低输灰管道的投资和维护费用。同时由于输送浓度高，相应的空气消耗量也减少，库顶布袋除尘器过滤面积减小，设备投资费也减少。由于紊流双套管输灰系统输送浓度高，输送空气量减少，设备配套功率减少，能耗降低。多年的实际运行表明，其动力消耗要比常规的气力输灰系统低 30%～50%。据有关资料统计，稀相气力输灰系统单位电耗一般为 7～10kWh/(t·km)，而紊流双套管系统一般为 4～6kWh/(t·km)，年运行费用因此而降低。

（4）输送出力大、输送距离远。通常，随着输送距离的增加，浓度将降低，系统输送出力也就降低。而紊流双套管输灰系统出力可达 100t/h 以上，输送距离可达 1000m 以上，这是其他气力输灰系统难以实现的。

虽然双套管技术具有很多优点，但是也存在以下一些局限性：

（1）双套管的适应性。双套管的内管口径、扇形口间距和扇形口中间嵌入的圆形孔板都是固定的，而不同物料的输送需要不同的输送速度和压力，因此，当双套管系统一经设计好后，它只能适应一定范围内变化的粉煤灰输送，当粉煤灰颗粒粒径和堆积密度等物性变化超出此范围后，如某些电厂粉煤灰堆积密度由 $0.7t/m^3$ 增加到 $1.0t/m^3$ 以上时，中位径由 $40\mu m$ 左右增大到 $80\mu m$ 时（煤种改变或除尘器停运时会出现这种状况），双套管系统往往出现频繁堵管、出力下降、磨损加剧的现象。

当粉煤灰变重后，其颗粒往往较粗，流动性能也较差。输送时，当主输送管道出现堵塞时，压缩空气从堵塞下游的开口以较高的速度喷出后，由于粉煤灰变粗、变重，堵塞处的粉煤灰阻力也变大，因此，这部分空气产生的压力只能吹通堵塞处上部的粉煤灰，管道下部粉煤灰则仍然沉积在管道中。由于每次只能吹通一部分堵塞的粉煤灰，因此，系统的出力下降。此时，单纯增加输送气量对增加出力效果并不明显，这是由于输送阻力加大后，增加的气量很大一部分从内管中流走，所以增加气量对输送的作用不明显，并且由于气流中携带有一定量的粉煤灰（相当于小管在输送），气流速度增大，反而带来内管的磨损。这一点在输送管道末端更为明显。

（2）内套小管易磨损脱落，双套管实际变单管输送。双套管系统并不是想象的那样永不堵管，使用不当反而存在严重堵管、管道磨穿、双套管脱落的现象。使用双套管的电厂往往在灰库设备运行时，还发现脱落的双套管小管卡在灰库的给料机里，造成灰库卸灰器的卡壳、烧毁，影响了灰库的正常卸灰。同时，在管道检修时，发现有些双套管小管已经脱落，由于一般没有备件可换，直接使用普通的 20 号无缝钢管，发现系统照样能够正常输灰，没有影响，且系统耗气量也没有增加。对于省煤器和空气预热器的灰斗灰输送，经常有杂物落入仓泵和管道中，杂物极易进入双套管的小管中或者与小管撞击，造成小管脱落，从而使双套管的功能失效，系统堵管。事实上，不少双套管系统经过一段时间后也变成了单管输送。

（3）制造安装要求高，对接处容易磨损。双套管的制造及安装精度要求非常高，对接时小管必须保证在同一直线上，由于制造时法兰及小管的相对位置偏差，造成安装后小管不在同一直线上，运行时后端的小管就阻碍了输送的顺畅，局部造成了强烈的紊流，导致运行中在对接法兰的后端 1m 内磨损严重。而采用单管方式输送，其管道对接安装精度容易保证，因此，不存在对接处的磨损问题。

（4）关于双套管的清堵。采用双套管输送，理想的状态是双套管中物料的运行可以看成堵管—疏通—再堵管—再疏通的反复循环。但一旦输送管道中某处发生物料堵塞时，进入小管的就不再是气流，粉料一样会进入小管而造成小管堵塞，从而整个管道堵塞而失去了双套管的作用。特别是在弯头部分，由于弯头没有设置双套管，而进入弯头后物料流速降低而浓度增加，物料出弯头后容易进入小管，造成小管磨损或堵塞。如果双套管确实能够防止物料堵塞就无须配置清堵装置了，但国内双套管厂家也配置了清堵装置，只是大部分为手动清堵装置，操作非常不便。采用单管输送，配置可靠的正压充气负压反抽的清堵装置就能解决异常情况下的堵管。

双套管技术国产化以后，由于加工精度、安装精度以及设计上的缺陷，再加上中国电厂煤质多变，系统问题频繁发生，从而催生了市场回头追求系统简单的单管技术，而管道变径技术的引入解决了单管后端的磨损问题，从而使单管技术在国内也得到了广泛应用。

2. 助吹管

常规的助吹管是沿输灰管道加装一条伴气管道，在输灰管道上每隔几米加装一个助吹器，可以起到加强扰动、防止大颗粒沉降在管底的作用。助吹管可以随主输送气同步打开，也可以设定为当输灰压力高时打开阀门往输灰管道内补气，以消除堵管。在遇到大密度的物料时，还可以加大管路助吹的压力和风量。管路助吹的缺点是通过管路补气方法，增加了管道内物料流速，对弯头、管路系统造成了较大的磨损。

3. 排堵阀

排堵阀通常为气动插板阀，安装在输灰管道的起始位置，出口接至入口烟道或灰斗上部。粉煤灰为半流体物料，进入输灰管道后，尤其是距离较远的，可能因各种原因导致堵管。当输灰系统堵塞、压力长时间不降，就需要关闭进气阀、打开排堵阀，将带压灰气排入灰斗，系统泄压后再次打开进气阀吹扫。如一次未排通，可重复多次直至吹通。

4. 切换阀

切换阀通常为气动插板阀，可分为管路切换阀和库顶切换阀两种，前者是多个仓泵组公用一根输灰管时相互切换，后者是输灰管到达灰库顶部时落入不同灰库时使用。

五、正压气力输灰系统的工作流程

在锅炉正常运行时，飞灰累积在除尘器灰斗。仓泵采用间歇式自动控制方式循环运行，系统按照设定的频率间歇输灰，以达到设计的输送出力。每个输送过程可分为四个阶段，由感应信号及程序控制。

1. 进料阶段

仓泵的排空阀开启，所有进料阀打开，进气阀、出料阀、助吹阀等全部关闭，飞灰在重力作用下落入泵中。在进料期间，排空阀打开使置换的空气排出，出料阀关闭防止空气由于电除尘器的负压通过管路被吸入。每个仓泵上装有料位计，指示是否填充物料。当料位计被覆盖时，经过一个短延迟，使泵被完全填充，进料阀和排空阀关闭。

2. 加压流化阶段

所有进料阀和排空阀都关闭后，控制系统检查是否有充足的输送压缩空气。如果输送空气不足，此系统进入等待队列，直到输送空气可用。当输送空气可用，进气阀开启，压缩空气通过流化盘进入仓泵，飞灰流化。当仓泵内压力升高到某一数值时，出料阀打开，结束加压流化。

3. 输送阶段

进气阀继续开启，打开出料阀，如果需要可打开管路助吹阀。灰气混合物进入输送管道，此时仓泵内保持平稳的输送压力。当物料被排入灰库，输送压力降低。当仓泵内压力降到某一数值时，结束输送状态。

物料通过库顶切换阀引入灰库，每个灰库上的料位计会指示灰库是否充满。如果充满，控制系统将切换至另一灰库，或禁止仓泵进一步运行。灰库中的压缩空气通过布袋除尘器排入大气。

4. 吹扫阶段

助吹阀开启，进气阀、出料阀仍保持开启状态，压缩空气清扫仓泵及管道内的残余飞灰，以利于下一循环输送。吹扫结束后，进气阀、出料阀、助吹阀关闭，排空阀、进料阀开启，仓泵恢复到进料状态。

六、瑞金电厂二期气力输灰系统

1. 系统概况

瑞金电厂二期每台炉各设1套独立的正压浓相气力输送系统，每套输送系统的额定出力为150t/h。

气力输灰系统厂家为国电富通，主要技术特点是输灰管采用双套管，即在输灰管内部装设有一直径较小的内管，内管每隔一定的间距开有特定的开口，当输送管道中某处发生堵管时，堵塞前方的压力增高而迫使输送气力流入内管，进入内管的压缩气流从堵塞下游的开口以较高速度流出，从而对该处堵塞的物料产生扰动和吹通作用，保证管内物料正常输送。采用双套管可提高灰气比、降低能耗。

每台炉配2台三室五电场静电除尘器，一、二、三、四、五电场各有6台整流变压器，每台整流变压器对应2个灰斗，每个灰斗对应1个仓泵。气力输灰系统如图4-12所示，除尘器一电场每4个仓泵组成1个输灰单元，共3个输灰单元，每单元单独设1根输灰粗管；除尘器二、三、四、五电场中每个电场分为A、B两侧，每侧6个仓泵组成1个输送单元，每侧4个输送单元共用1根输灰细管。每台炉的输送系统由11个独立的输送单元和5根输灰管组成。在一电场有故障、二电场灰量大时，二电场输灰单元可通过手动切换门走一电场粗灰管进行输灰。

电除尘器一电场的灰可进入原灰库，也可进入粗灰库；电除尘器二、三、四、五电场的灰可进入原灰库，也可进入细灰库。

输灰用气来自输灰压缩空气储罐，各气动门动力气源来自仪用压缩空气储罐，灰斗气化风来自灰斗气化风机，灰斗气化风电加热器出口风温度不小于90℃，灰斗气化风系统如图4-13所示。

2. 输灰系统主要技术参数

瑞金电厂二期输灰系统主要技术参数见表4-3~表4-8。

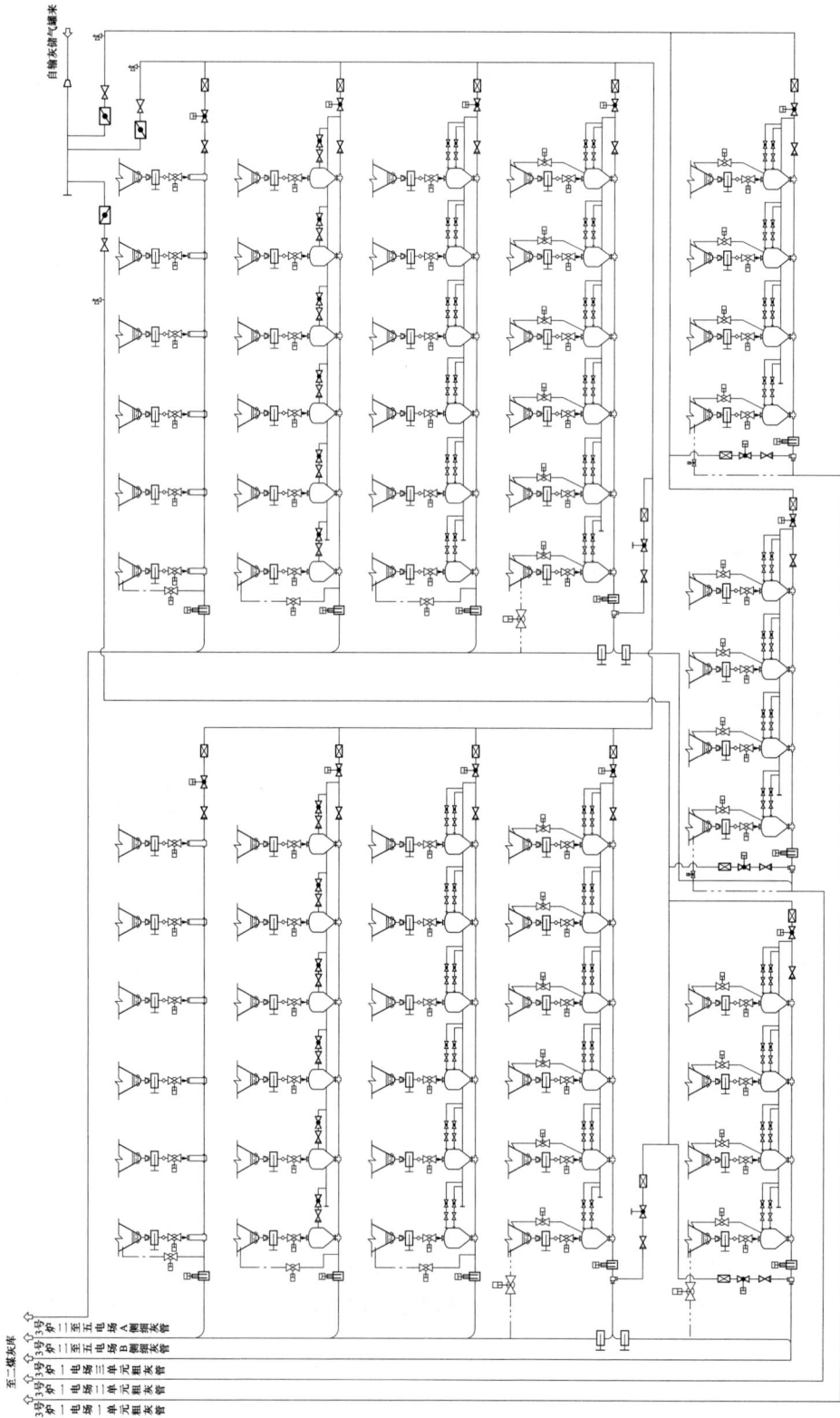

图 4-12 气力输灰系统

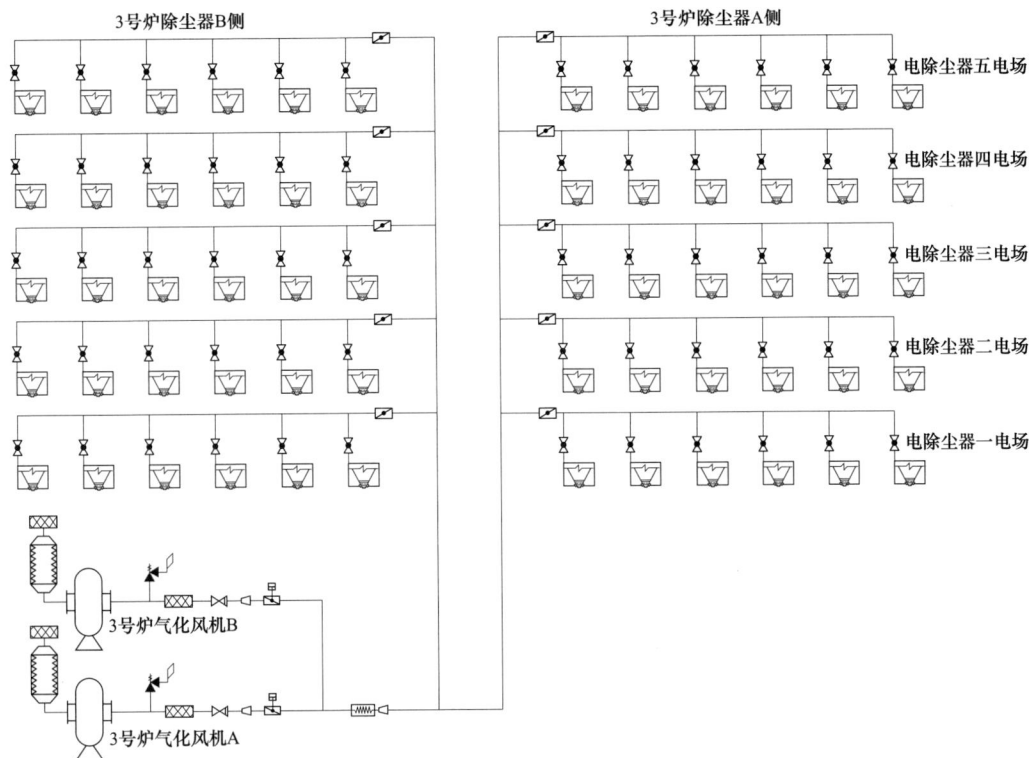

图 4-13 灰斗气化风系统

表 4-3 输灰系统设计参数

序号	名称	单位	参数
1	飞灰输送系统出力	t/h	150
2	每个电场的灰斗数量	只	6
3	每台炉总的灰斗数量	只	60
4	电除尘器入口烟温	℃	≥85
5	电除尘器灰斗排灰灰温	℃	≤120

表 4-4 电除尘各电场理论排灰量

序号	电场名称	正常运行（t/h）	一电场停运（20%自然沉降）（t/h）
1	一电场（12个灰斗）	83.34	18.52
2	二电场（12个灰斗）	7.43	59.48
3	三电场（12个灰斗）	1.57	12.52
4	四电场（12个灰斗）	0.22	1.78
5	五电场（12个灰斗）	0.03	0.25

表 4-5   **电除尘器各电场飞灰分配比例**

序号	电场名称	正常工况（理论排灰量）	一电场失电工况
1	一电场（12 个灰斗）	约 80%（83.34t/h）	约 10%
2	二电场（12 个灰斗）	约 16%（7.43t/h）	约 72%
3	三电场（12 个灰斗）	约 3.2%（1.57t/h）	约 14.4%
4	四电场（12 个灰斗）	约 0.64%（0.22t/h）	约 2.88%
5	五电场（12 个灰斗）	约 0.16%（0.03t/h）	约 0.72%

表 4-6   **输灰系统性能汇总表**

序号	项目		单位	参数
1	系统出力（总的）		t/h	150
2	库顶布袋除尘器效率		%	99.95
3	混合灰气比			约 35
	电除尘器一电场			32
	电除尘器二电场			33
	电除尘器三电场			35
	电除尘器四电场			37
	电除尘器五电场			37
4	耐磨部件寿命	输灰管线	h	50 000
		飞灰系统阀门	h	30 000
		所有阀门的密封件	h	15 000
5	仓泵的容积	电除尘器一、二电场	m³	3
		电除尘器三电场	m³	1
		电除尘器四电场	m³	0.5
		电除尘器五电场	m³	0.2

表 4-7   **输灰系统性能保证值**

序号	项目	3 号炉保证值	4 号炉保证值
1	飞灰输送系统额定出力（t/h）	150	150
2	额定出力下，输送用正常耗气量（N·m³/min）	55.25	55.25
3	单个设备运行时，距设备 1m 处噪声 dB（A）	80	80
4	飞灰输送系统单位能耗（kWh/t）	1.2	1.2
5	飞灰输送起始速度（m/s）	5	5
6	飞灰输送进灰库前末端速度（m/s）	12	12
7	输送系统平均灰气比（kg/kg）	35	35

表 4-8 输送单元输送能力

项目	数量	装灰时间(min)	每个输送周期所需时间(min)	每个输送周期输送能力(t)	每小时输送次数	输送单元小时出力(t/h)	初速度/末速度(m/s)	灰气比(kg/kg)	输送管径(DN)	管道输送能力(t/h)
一电场输送单元	3	2	10.64	8.2	4.9	40	5/12	32	219	46/根
二电场输送单元	2	2	31.93	12.2	0.98	12	5/12	33	159	23/根
三电场输送单元	2	1	10.64	4.1	0.59	2.4	5/12	35	159	23/根
四电场输送单元	2	0.5	2.13	0.8	0.59	0.48	5/12	37	159	23/根
五电场输送单元	2	0.5	2.13	0.8	0.15	0.12	5/12	37	159	23/根

第四节 气力输灰系统运行

一、输灰系统启动前的准备

（1）检修工作结束，检查系统管路连接完整，现场工完料尽场地清，工作票已终结。

（2）开启各灰斗手动闸板门。

（3）检查仪用气源正常，压力不小于 0.45MPa，每个电磁阀箱内的手动球阀都在开启状态。

（4）检查输灰气源正常，压力不小于 0.45MPa，各输送气手动门都在开启状态。

（5）所有空气管道都必须进行分段吹扫干净；输灰管道和空气管道都必须进行充压，检漏。

（6）各灰斗、仓泵内无杂物，无堵塞。

（7）输送仓泵内流化喷嘴牢固、无堵塞。

（8）将每个仓泵的加压阀和流化阀全部打开（特殊情况时阀门的开度可以进行适当调整），开度为 100%。

（9）所有排堵阀都在关闭状态。

（10）热工各开关表计、报警保护及程控均准确、可靠，并已投运；所有阀门的反馈正常；所有灰斗、仓泵的料位开关工作正常，均无报警信号。

（11）所有阀箱内的转换开关都在远程状态，阀箱内的所有电磁阀都在关闭状态。

（12）对所有气动阀进行传动，确认开关灵活、状态正常。

（13）对每个输送单元进气至 300kPa 做气密性试验，确认各阀门无内漏，气压下降趋势正常。

（14）检查灰斗气化风系统正常。

1）灰斗气化风机系统完整，检修工作结束，工作票已终结；

2）管线系统阀门位置正确，去各输送单元及灰斗的阀门打开；

3）气化风机及电动机完好，电机接地线完好，地脚螺栓牢固，皮带轮牢固、皮带齐全，松紧适当；

4）气化风机出口压力释放阀校验合格；

5）气化风机入口滤网无堵塞；

6）油质良好、油位在观察镜（3/4）位置；

7）电加热器控制柜各表计、开关完好，参数设置正常，柜内接线牢固；电加热器外形完整，测温元件安装牢固，接线完好；

8）气化风机及加热器已送电；

9）管线保温完好，支吊架牢固。

（15）输灰管线至灰库进灰阀在全开位置，各灰库无高料位报警，库顶布袋除尘器投入并运行正常。

（16）灰库卸灰设备可正常使用。

（17）投入灰斗蒸汽加热，确认灰斗加热正常。

二、输灰系统启动

（一）启动步骤

（1）启动灰斗气化风系统。

1）打开灰斗气化风机出口气动门；

2）启动灰斗气化风机，检查风机运行正常，风压正常；

3）投运灰斗气化风电加热器；

4）检查电加热器的各仪表工作正常，温度控制正常。

（2）选择各电场输送单元输送路径，并切换至进料的灰库。

1）在输灰系统主画面单击各输送系统按钮，进入输送单元分画面；

2）在输送单元分画面单击灰库路径选择按钮，进入灰库路径选择分画面；

3）在灰库路径画面中单击"启用"或"禁用"按钮，选择要进料的灰库；

4）选择完毕，返回主画面。

（3）检查各输灰单元设定的参数均正常，投入各输灰单元，检查各阀门的动作正常，输灰程序运行正常。

（4）根据灰量情况调整进料时间。

（二）输灰程序

正常情况下，投入输灰系统自动运行，由设定的程序控制各阀门联锁动作进行输灰，手动运行参照自动程序执行。

1. 除灰控制逻辑

启动→排气阀开→（仓泵无高料位信号，延时 5s）进料阀开→装灰 120s→关排气阀→仓泵料位高（或装灰时间到）→关进料阀→开出料阀，延时 5s→开进气阀→开始输灰，延时 90s→输送压力降到设定值，延时 5s→关进气阀，延时 15s→关出料阀→输灰结束（完成 1 次循环）。

2. 输灰单元具体输灰过程

（1）进入自动输灰的前提条件。

1）在"程控"状态下；

2）对应输灰母管的灰库切换阀门必须打开；

3）输送气压力大于 300kPa（在输灰过程中，如果输送气压力小于 300kPa 不能停止输灰，待一个循环输灰结束后，下 1 次输灰前判断）；

4）控制气源压力不小于 450kPa。

（2）输灰过程。

1）首先打开仓泵的排气阀，等排气阀开到位后，延时 5s，如果仓泵没有高料位信号，打开进料阀开始进灰（进灰时间可以由运行人员根据现场具体情况在"参数设定"画面进行设定）。

2）进料阀打开 120s 后，关闭排气阀（如果进料不到 120s 有高料位，或者进料设定时间小于 120s，则此时排气阀也必须与进料阀一起关闭）。

3）进料设定时间到或在进料过程中，出现仓泵高料位信号，关闭进料阀，此时进料过程结束，进入输灰过程。

4）当所有排气阀和进料阀的关反馈到，且自动输灰的前提条件满足，判断输灰母管上有无其他单元在输灰，如没有，延时 2s，打开出料阀；若有单元在输灰，等待；如果同时有多个单元在等待输灰，则按等待时间越长的管道越先输送，以此类推。

5）出料阀开到位延时 3s，再打开进气阀，此时该电场进入输灰过程；进气阀打开后 90s，采集输灰管路压力与画面设定输灰结束压力进行比较，若小于，延时 5s 后，关闭进气阀；若大于，继续输灰（在此过程中，如果输灰管路压力大于补气阀门开启设定压力，即开启补气阀；待小于补气阀结束设定压力，关闭补气阀门）；在输灰的过程中，输灰时间由灰管压力决定，输灰时间可以进行设定，若输灰时间大于设定值（15min），则在画面显示"输灰超时报警"。

6）进气阀关闭后，延时 15s 关闭出料阀，此单元一个循环输灰过程结束，进入循环等待时间，继续进行下一个输灰过程。

（3）堵管程序。

1）如果单元输灰时间大于 15min 或者输灰压力 p 大于 0.4MPa，且持续 3min 仍未有下降趋势，系统发出"堵管"报警，应手动执行清堵步骤；

2）把该单元所在输灰管道上的其余单元的控制方式切换到"手动"；

3）关闭该单元进气阀和出料阀；

4）手动打开补气阀，继续输送，并观察输灰管路的压力变化，结合就地该管道中的气流声判断输灰管路是否完全堵塞；

5）如果管路没有完全堵塞，用补气继续输送并用手锤敲击堵塞管道附近（敲击管道时应由输灰出口端开始向单元进气端方向逐步进行排敲），观察输灰管路的压力变化，到系统要求的压力值为止；

6）如果管道完全堵塞，则需要关闭补气阀并迅速打开手动排堵阀，持续1min左右；

7）输灰管道压力 p 小于0.08MPa后，关闭排堵阀；

8）重新打开补气阀，观察输灰压力的变化；

9）如果输灰管路压力上升缓慢且经过一段时间后，压力 p 小于0.08MPa达到额定值，则管道疏通，清堵结束；

10）如果压力下降后，又迅速回升，再重复2）～6）步骤，观察压力变化情况；

11）反复几次后，输灰管路的压力仍然不下降，关闭补气阀。开启该单元或该条输灰管路上下一单元的进气阀，将输送罐加压，然后关闭进气阀，再开启出料阀和排气阀，这时输送罐内的压力会迅速下降。当输送罐内压力下降至0.1MPa时，关闭出料阀和排气阀。重复这一步骤若干次，再打开补气阀，重复2）～6）步骤，直到输灰管路的压力下降到0.06MPa，清堵结束；

12）把该单元所在输灰管道上的其余单元的控制方式切换回"自动"；

13）打开报警单元的出料阀和进气阀，用手动方式把该单元剩余的灰输送完；

14）将"堵管"报警复位；

15）继续运行中断的输灰程序。

（三）程序设定

（1）输灰结束的唯一条件：进气阀打开90s后输灰管路压力小于设定输灰结束压力。

（2）同时允许3根和2根母管输送的程序（按时间优先排序），按画面按钮完成操作。

（3）每个单元的手动和自动互锁。

（4）每个仓泵上的料位开关，进料阀和排气阀都可以在画面设定为"解列"（即单个阀门或料位计仅出现电气或线路故障，而阀门本体必须开关正常，在这种情况下，可以人为屏蔽，从而达到不影响整个单元的正常运行），若设定为解列后，不影响整个单元的进料和输灰过程。料位计和排气阀在设定为"解列"后，都应处于关闭状态。

（5）进料时间、输灰起始压力、输灰结束压力、排气阀打开时间、输灰超时报警、循环等待时间、补气阀门开启压力以及补气阀门关闭压力均可在"参数设定"画面中进行设定。

（6）补气阀既能自动开关，又可以手动单操。

（7）输送气压力小于 300kPa、仪用气压力小于 500kPa、阀门开关反馈不到位，画面显示报警。

（8）每个单元输送画面可显示进料时间、输灰时间、循环等待时间以及程控与就地状态。

三、输灰系统运行监视与调整

（一）运行监视与检查

（1）监视各输灰气动阀门的反馈信号指示正常；

（2）监视灰斗、仓泵、灰库料位正常，遇到高料位报警及时确认并处理；

（3）监视输灰程序运行正常，按设定值执行；

（4）监视仪用气和输灰气母管压力正常无报警；

（5）检查气化风机及电加热器运行情况，监视气化风温、风压正常；

（6）检查灰斗蒸汽加热运行正常，加热温度正常；

（7）1h 查看 1 次输灰趋势图并进行分析，及时发现输灰异常情况；

（8）运行过程中要注意经常巡视仓泵和灰斗，查看每个仓泵进料时下灰是否正常，输灰时每个仓泵的灰是否都能清空，以及检查灰斗有无积灰情况。查看时一般通过温度和用小锤敲击听声音的方法来判断。如果出现灰斗下灰不畅、输灰不尽、灰斗积灰严重等情况及时进行处理；

（9）检查输灰系统是否有漏灰、漏气情况；

（10）定期对压缩空气储罐进行疏水，发现水量过大汇报值长安排检查和处理；

（11）运行过程中要经常巡视库顶布袋除尘器，以防其跳闸，造成灰库压力过高、管路输灰不畅甚至堵管，严重时会造成布袋除尘器堵塞，库顶压力释放阀开启，灰尘排出库外污染环境。

（二）运行调整

（1）根据机组的负荷、煤种灰分含量、输灰趋势图、灰斗灰位情况等适时对输灰系统的进料时间、等待时间进行合理的调整，灰量多时可减少进料时间，缩短输送循环间隔，灰量偏少时延长进料时间，减少输灰系统能耗；

（2）对下灰、输灰不畅导致灰斗积灰较严重甚至高料位报警的灰斗应人工疏通并手动进、出料单独输灰，尽快降低灰斗料位；

（3）对输灰趋势异常的单元及时进行气密性试验、压力变送器与就地压力表核对等检查，查找原因处理故障，尽快恢复正常输灰；

（4）输灰系统一般按程控方式运行，当系统出现"堵管"报警，需要进行手动清堵，或者程控出现其他问题而不能按程控方式运行时，应采用手动方式运行；

（5）当灰库出现"灰库高料位"报警时，需要将输灰系统自动程控停运，然后逐个单元清管。清管结束后，系统所有阀门处于初始（关闭）状态，再将输灰管道切换到相应的备用灰库。

（三）运行注意事项

（1）输灰系统运行方式分为手动和自动两种方式；手动方式所有阀门只能实行单个操作；自动方式（程控方式）所有阀门按照预先编好的程序自动运行；从输灰单元由手动切换至自动方式时，该单元所有阀门都必须在关闭状态；切换为自动方式后，输灰程控都是从进料开始的。

（2）输灰系统采用同一根母管的各单元按先后次序和单元等级，逐一输送运行，不得同时有 2 个或 2 个以上单元同时进行输送；二电场优先于三电场，三电场优先于四电场，四电场优先于五电场。

（3）当输灰单元的运行方式从自动切换到手动，应在系统非输送状态下进行，切换后应及时将仓泵内余灰输送完；同样，当运行方式从手动切换到自动，也应在系统非输送状态下进行。

（4）输灰单元在输灰过程中，禁止进行该管路上灰库库顶切换阀的切换。

（5）输灰单元程控启动时，应预选灰库，确定输灰进库管线。

（6）如果发现仓泵进灰时间过长，应及时到现场查看容器是否已经装满，如果进料过少，应继续查看落灰斗以上设备是否工作正常，落灰通道是否畅通，料位计是否故障，禁止使用输送气源对输送容器进口以上设备进行反吹。

（7）当控制气源压力小于 0.45MPa 时，禁止动作进料阀，防止阀门开关不到位，进而磨损进料阀。

（8）手动排堵时，必须把该输灰管上的其他输灰单元切换为手动方式。

（9）调节阀的开度按设计要求调节：补气调节阀的开度 50％，一、二电场输灰单元的进气手动调节阀开度为 60％～70％，三、四、五电场输灰单元的进气手动调节阀开度为 50％。

（10）注意经常监视运行画面上输灰管路压力，以防输灰时压力在 1min 之内不能升起而出现错误判断输灰结束，若不及时处理就会造成输灰管堵塞。

（11）输灰系统的任何单元进行输送时，都是以输灰管路上压力变送器的压力值来判断输灰何时结束（压力变送器是在单元进气阀打开后延时 1min 开始判断的，输灰结束压力为：50～60kPa）；如果实际输灰时间超过输灰报警设定时间，系统保持原来状态，画面出现输灰超时报警。

（12）禁止在输灰过程中开关进料阀和排气阀，否则灰气将损坏进料阀和排气阀，甚至造成灰管堵管。

（13）手动运行时，装灰时间、输送时间等都由运行人员控制，料位计也只进行料位指示（不参与控制）；手动运行时，一定要根据实际情况控制好装灰时间、输送时间、输送压力，否则会造成灰管堵管。

（14）就地操作阀门和动力设备时，应严格遵守以下操作步骤：

1）进料阀和排气阀必须全部在关闭时进气阀才能打开；装灰时出料阀和进气阀必须在关闭状态，否则影响其他单元输灰，并且也会影响下灰；

2）装灰的操作顺序：出料阀和进气阀在关闭状态，先开排气阀，再开进料阀；

3）输灰的操作顺序：进料阀和排气阀在关闭状态，先开出料阀，再开进气阀；

4）控制气源压力大于输送气源压力时，打开出料阀和进气阀进行输灰；若控制气源压力小于输送气源压力时，禁止打开出料阀和进气阀进行输灰，否则会损坏进料阀；

5）禁止输灰过程中打开排气阀或进料阀，否则会损坏进料阀和排气阀，甚至会造成输灰管堵管；

6）启动灰库气化系统时必须先启动库顶布袋除尘器，否则长时间运行将会造成除尘器的滤袋堵塞而失去对外排气能力；

7）气化风机和电加热器运行时，严禁关闭加热器的出口阀；

8）启动气化系统时必须先启动气化风机，气化风机运行正常后才能启动电加热器；气化风机停运时严禁启动电加热器，以防烧坏电加热器。

四、输灰系统停运

（一）输灰系统停运步骤

（1）电除尘停运后输灰系统必须运行至灰斗内无积灰方可停运；

（2）停运各输灰单元；

（3）停止灰斗蒸汽加热运行；

（4）停止灰斗气化风机及电加热器运行；

（5）若长时间停运，关闭输送气手动总门和仪用气手动总门。

（二）气力输灰系统在上位机的停运

（1）在 DCS 画面打开各输送单元窗口；

（2）单击窗口内的"控制"按钮，弹出控制分画面；

（3）在控制分画面中单击"停止"按钮，停运相应的输送单元；

（4）停运完毕返回主画面。

（三）灰斗气化风机、电加热器的停运

（1）在气化风系统 DCS 画面中点击停止，气化风机、电加热器自动停止运行；

（2）气化风机出口阀关闭；

（3）关闭各气化风机出口象限阀控制气源手动门。

（四）输灰单元停运注意事项

（1）输灰系统出现严重的泄漏、冒灰立即停运；

（2）运行灰库出现故障，不能正常进灰停止输灰；

（3）发生危及系统或设备安全运行的其他紧急情况时立即停运；

（4）输灰系统停运时间较长时，将除尘器灰斗及仓泵积灰完全排尽后方可停运。

五、输灰系统异常与故障处理

（一）进料阀故障

1. 现象

（1）进料阀卡涩，阀杆转动不灵活，开关不到位；

（2）进料阀不动作；

（3）进料阀动作但反馈信号不到。

2. 原因

（1）阀杆与其配合部位有损伤或者积有污物，或者阀体与密封面间有损伤或积有污物，或者阀杆润滑不好；

（2）电磁阀故障或电气故障；

（3）反馈装置、线路或接头故障；进料阀的压力开关损坏、整定值偏高或者控制气源压力偏低（控制气源压力大于 0.45MPa）

（4）进料阀 O 形圈安装位置不正确；

（5）进料阀球体位置不对中、进料阀的快排阀损坏或者密封圈破损；

（6）气源压力过低，控制气源压力 p 小于 0.45MPa，或者气动装置进排气口漏气；

（7）输送单元余压过高，进料阀打开受阻。

3. 处理

（1）检修阀门，提高控制气源压力；

（2）检查电气部分，更换电磁阀；阀门控制气源管的开关接反（一般阀箱内的电磁阀在关闭状态时，有气输出的那根管接气缸的关，另 1 根管接气缸的开）；

（3）检修接近开关和磁性开关，检查反馈回路；重新整定压力开关，整定值为：0.42～0.44MPa；

（4）调整 O 形圈的位置；

（5）调整气动装置，使球体位置处于正中时气动装置处于"关"位，如果密封圈破损，则更换密封圈；

（6）调整气源压力，检修气动装置，检修轴承；

（7）将该单元切换到手动，打开出料阀排除余压。

（二）仓泵部分故障

1. 现象

（1）"仓泵故障"报警；

（2）仓泵内有余压，打开排气阀后不能卸压。

2．原因

（1）仓泵料位计失灵；

（2）仓泵喷嘴故障；

（3）仓泵输灰故障；

（4）单元输灰管堵塞；

（5）灰斗内积灰过多，超过排气管出口高度，使排气失效；

（6）仓泵内进水。

3．处理

（1）检查清除料位计探头上吸附的余灰、校准料位计，确认仓泵料位计正常；

（2）打开该单元出料阀，用其他单元的仓泵的排气阀卸压，并及时清理灰斗内的积灰；

（3）若故障无法解除，用隔离挡板将故障仓泵隔离；

（4）汇报值长及时联系检修处理。

（三）输灰管路部分故障

1．现象

（1）显示器画面显示输灰管输灰"堵管"报警；

（2）单元输灰压力 p 大于 0.4MPa；

（3）输灰单元自动停运；

（4）就地仓泵压力 p 大于 0.4MPa。

2．原因

（1）锅炉受热面泄漏，导致灰潮湿结块；

（2）灰中有较大体积的异物；

（3）输灰供气量或压力过低；

（4）灰颗粒过粗；

（5）输送空气品质降低，含油，含水，导致灰黏结；

（6）输灰单元出料阀门误关。

3．处理

（1）检查烟冷器有无泄漏，若泄漏及时停运；

（2）将单元仓泵的排气阀开启，释放仓泵内残压后将之关闭；

（3）手动吹扫堵灰管路；

（4）多次吹扫无效后，联系检修人员处理；

（5）若是一电场堵管且需拆管处理，适当降低停运单元对应电场的出力，提高后序电场出力，并敦促检修尽快处理防止灰斗满灰。

（四）输灰堵管

1. 现象

输灰过程中，在设定的输送周期内，仓泵输送压力未达到设定的下限值或在某一压力限位停滞，则判断为灰管堵塞，DCS画面输灰曲线显示为1条直线，一般曲线压力较高。

2. 原因

（1）系统参数设定的影响。一般将仓泵的输送压力设定为0.10~0.25MPa。如果输送压力值过高，容易造成灰残留在灰管或仓泵内，由于初速高，阻力增大，易造成堵管。仓泵压力下限值需合理设定，若下限值设定较高，则必须将输送的时间给予延长，防止管道中残余的粉煤灰对下1次输送或其他仓泵造成影响。

（2）气源的影响。

1）气源压力不够，气源压力必须克服仓泵的阻力、管道的阻力以及灰库的压力，如果压头不够，则容易发生堵管。

2）气量不足，使气灰比增大，输送浓度过大，造成管道阻力增大，易发生堵管。

3）气源有杂质、含油含水量大，造成灰黏性大，易发生输灰、卸灰不畅。

（3）灰源的影响。

1）沉降灰：沉降灰是指烟气经过未投运的电除尘时，一部分重力大于烟气浮力而降落于灰斗的灰。包括锅炉点火阶段煤油混烧沉降的灰和电除尘故障停运后沉降的灰。电除尘故障停运后沉降的灰一般颗粒粗大，表面粗糙，易造成堵管。煤油混烧灰黏性大，在输送过程中，灰粒逐渐沉降，也易发生堵管。此时应在容易发生灰沉降时将各仓泵的进料料位整定和进料时间进行调整：控制进入仓泵的灰量约为仓泵体积的1/3为宜，采用少量下料多次输送的输灰方式。

2）灰温低：粉煤灰的表面有很多孔隙和裂缝，孔隙最大可达60%~70%。该结构对水的吸附作用很强。在灰温低时，黏附在飞灰表面的水蒸气容易结露，使灰的黏性增加（燃烧神华煤，氧化钙含量大易板结）造成内摩擦增大，流动阻力增大、流动性差，易造成堵管。

（4）管道泄漏的影响。

1）直管段的接合处。为了补偿管道热胀冷缩，一般直管段的连接使用密封胶圈及卡环。安装过程中密封圈错位、卡环受管道输灰的震动而松动，造成泄漏；同时若两直管对接错位，会造成后面的管道严重磨损，加剧管道泄漏。

2）弯头部位在运行过程中，逐渐磨损泄漏。

3）灰库分料阀或灰管路的隔离滑阀关闭不严，造成灰管路泄压。

4）由于分料阀或灰管路的隔离滑阀的不严、泄漏均会使管道泄漏点处的压头降低，造成泄漏点后部灰的推力不足，导致堵塞。如果泄漏大，从表计上是反应不出来的，所以运行值班员在巡检中心应特别注意。

（5）仓泵本体故障的影响。

1）流化管、阀泄漏：雾化管主要使压缩气体较均匀的进入仓泵，达到气灰混合均匀的目的，实现单位体积浓度接近平均值。如雾化管由于磨损泄漏导致进气速度加快造成灰气混合程度较差，当进入输灰管道后，在管道中各处阻力相差大，造成流速不稳定，当某一处的灰的浓度大，而使阻力大于对其的作用力时，就发生堵管。因此，雾化装置应定期检查更换。

2）喷射阀与下料门开启顺序不对：如果喷射阀与下料门开启顺序调整不当，下料阀先开启而喷射阀滞后超过 5s 开启，会达不到气灰混合均匀的目的。

3）喷嘴磨损或喷嘴位置不正：喷嘴磨损或喷嘴位置不正都会导致气灰混合不均匀。

（6）灰库的影响。

1）灰库的分料阀调整不当或操作错误会造成阻力过大，引起堵管，所以应及时校正好位置，而操作错误主要表现在倒库时误关或先关后开。

2）灰库满灰：进灰量大于卸灰量是造成灰库满灰的原因。当灰库满灰时，多余的灰就会堵塞在管中发生堵塞。

3）布袋除尘器故障：因布袋除尘器布袋积灰堵塞，造成排气量减小，库压升高，使仓泵与灰库压差降低，压头不足而堵管。

（7）热工表计的影响。

1）料位计故障：由于料位计准确性较高，如调得过于灵敏，会造成仓泵进灰量过少；如灵敏度调得不足，则造成仓泵进灰过多，使仓泵内流化空间减少，灰的浓度比较大，容易发生堵管。仓泵的进灰量由时间继电器与料位计控制。为了实现输灰量大化。从节能和降耗等角度考虑，优先选择料位控制。

2）压力表故障：仓泵上的压力表的正常与否，直接影响系统的运行和故障的判断。在运行过程中，该压力表限制其上限压力，同时控制出料阀的开启；在输送过程中，监视输送中的压力变化，表明管中飞灰输送中的压力变化，表明管中飞灰输送的状态是否稳定连续运行；当管道压力降低到下限值时，输送过程结束。因此，压力表直接或间接影响到阀门的开、关。

（8）其他影响。

1）出料阀、密封圈材质不合格，出料阀选型不合理。

2）输灰管道爬坡和弯道过多，影响了管道中灰的流态稳定。

3）锅炉三管泄漏的影响：锅炉三管泄漏造成灰的水分增大，一旦灰温低，烟气容易结露，使输送阻力增大，发生堵管。

3. 处理

（1）堵管处理原则，运行人员先行排堵，排堵无效后联系检修人员处理。

（2）排堵方式有两种，一种是管路憋压后由仓泵组排堵阀进行排堵，另一种是管路憋压后由仓泵上排气阀进行逐一排放。一般情况下，考虑环境卫生，采取第一种方式。

（3）当某一仓泵组堵塞后，立即将该仓泵组停运。

（4）打开堵塞仓泵组排堵阀，当输灰曲线压力下降为 0 后，改为吹扫进行疏通。

（5）如输灰压力仍不下降，可就地尝试打开仓泵的排气阀进行卸压，但需要注意排灰对环境的污染。

（6）排堵的过程中，可以对仓泵进行敲打，辅助输送。

（7）如仍无法解决短时间内需立即联系检修人员处理。

（五）灰斗不下灰

1. 现象

（1）敲打灰斗，声音沉闷有积灰；

（2）灰斗高料位报警；

（3）相应仓泵冰凉，执行完下料程序后，仓泵内无灰或灰很少；

（4）仓泵内灰堵死，执行完输送程序后，仓泵内仍然满泵灰；

（5）灰斗内有板结、搭桥现象，下部无灰，上部有灰。

2. 原因

（1）灰斗漏风严重；

（2）气化风气化不良；

（3）油灰混合物在灰斗壁挂灰严重；

（4）灰斗保温不良、蒸汽加热异常；

（5）烟气中水分过大，灰潮；

（6）仓泵流化不良；

（7）烟冷器泄漏。

3. 处理

（1）消除灰斗漏风点；

（2）疏通气化风管，调整气化风加热器正常运行；

（3）联系检修处理保温不良、蒸汽加热异常缺陷；

（4）通知锅炉检查是否受热面、烟冷器是否有泄漏；

（5）处理仓泵流化不良缺陷；

（6）若灰斗板结严重，下灰不畅，停运灰斗对应电场，提高后序电场出力，打开事故放灰口或下料口，进行灰斗敲打和灰块清理。

第五章 灰库与干灰分选系统

灰库作为燃煤电厂除灰系统的终端设备，用来接收并储存仓泵输灰系统管道送来的飞灰，经卸料设备装车后外运，送至用灰地点。在灰库设计干灰分选系统，可以实现粉煤灰的综合利用，减少电厂粉煤灰排放所产生的环境污染。

第一节 灰库系统的组成

一、概述

灰库外形为圆形，可分为锥底灰库和平底灰库两种，通常为钢结构，也可以是钢筋混凝土结构。

锥底灰库主要用于灰库容积在 $500m^3$ 以下的情况，600MW 及以下机组一般设计为锥底灰库。锥形部分呈倒圆锥形，斜壁与水平面夹角大于或等于 60°。此种结构的优点是锥形底部气化简单，下灰顺畅，卸灰方便，缺点是未充分利用占地空间。

平底灰库充分利用了占地空间，所需容积大于 $500m^3$ 时采用。平底灰库底部斜度一般为 6°～10°。平底灰库优点是容积大，缺点是易发生下灰不畅的情况。

通常，2×600MW 及以上机组设有三座灰库，其中两座粗灰库、一座细灰库，灰库之间可以相互切换，可满足两台机组同时满负荷运行 48h 排灰量的储存要求。灰库配置与灰的后续处理方式、场地条件和投资等许多因素有关。

大容量平底灰库的高度可达 25～30m、直径可达 12～15m，由上至下一般分为库顶层、储灰层、卸灰设备层和库底层等 4 个功能层，如图 5-1 所示。

1. **库顶层**

库顶层主要安装气力输灰管道、布袋除尘器或旋风分离器、库顶切换阀和干灰分选设备等。此外，还有压力真空释放阀、料位计、配气箱、起重设备等附属装置。

2. **储灰层**

储灰层即灰仓，干灰由顶部落入仓内自然沉降堆积。为了保证灰库干灰顺畅排出，灰仓底部设置气化风。气化风从灰库下部卸灰设备层的环形母管接入，气源由罗茨风机产生，经电加热器加热后供给。储灰层下部侧壁一般设有检修用的人孔门。

3. **卸灰设备层**

灰仓底部一般分成 4 个象限，预留有 4 个下灰口，分别安装有干灰散装机、湿式搅拌

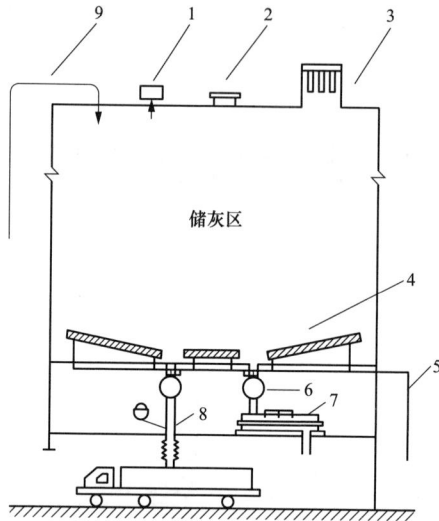

图 5-1　灰库系统示意图

1—料位计；2—压力真空释放阀；3—除尘器；4—气化槽；5—气化风母管；

6—电动锁气器；7—湿式搅拌机；8—干灰散装机；9—输灰管道

机等卸灰设备。因此，此区域称为卸灰设备层。

4. 库底层

库底层即零米层，应具有足够的空间高度，便于大型自卸车、罐装车进出，或布置皮带机等输灰设备。

二、库顶排气系统

每座灰库库顶均布置有袋式除尘器、压力真空释放阀、料位计等设备，以确保库内空气外排、日常监视和安全运行等功能。

为了维修方便，相邻灰库之间设有排气连通管及隔离阀，排气管路的阀门有开和关限位开关，因此，每个灰库都可以单独隔离，这使得一个灰库在维修时，其他输灰系统还可以继续运行。

1. 袋式除尘器

在运行时，灰库中存在大量空气，这些空气分别来自：①灰库中本身的空气；②输送飞灰用压缩空气；③系统的气化风等。为保障灰库内的空气排放时不污染环境，灰库顶部设有除尘过滤器，型式通常为脉冲反吹式袋式除尘器，气源取自仪用压缩空气。

脉冲袋式除尘器利用高压空气（0.5～0.8MPa）从袋内向外喷吹的方式进行清灰，可以通过调节脉冲周期来改变喷吹操作的持续时间和间隔时间，使滤袋保持良好的过滤状态。

在每一座灰库中，空气经袋式除尘器进行过滤，然后排放到大气中。在输灰系统运行过程中，除尘器必须连续进行反吹清洁。任何时候，除尘器都要保证工作在畅通无阻地对大气排放的状态。同时，还要保证泄漏到系统中的压缩空气或者由于温度升高引起膨胀的空气能够被安全排放。

2. 压力真空释放阀

压力真空释放阀安装在灰库顶部，由阀座、阀盖、挡环、真空环、隔膜等组成，如图5-2所示。其作用是调整灰库的工作压力在正常范围之内，使灰库不承受过高的正压或负压，从而保证灰库安全。该阀特点为动作可靠、密封严密、使用寿命长，是灰库系统中不可缺少的重要设备。

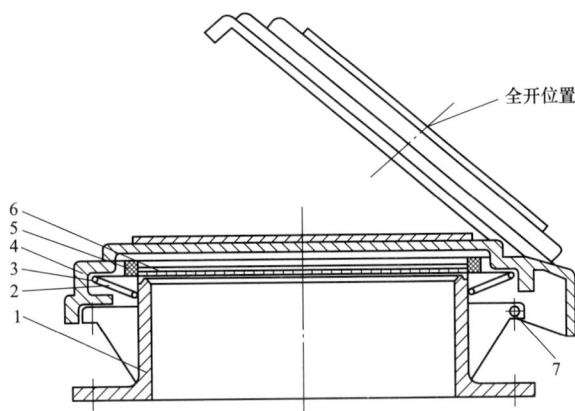

图 5-2　压力真空释放阀示意图

1—阀座；2—挡环弹簧；3—挡环；4—阀盖；5—真空环；6—隔膜；7—柱销

该阀正常运行中，阀盖与阀座保持密封状态；当灰库内压力升高达到设定的压力值时，克服阀盖的质量，将阀盖顶起释放压力；直到灰库内部压力下降到设定值以下时，阀盖回到正常位置。当灰库内压力低于大气压力，内部真空达到设定值时，大气压力作用到隔膜上举起真空环，此时空气进入库内；直到库内真空小于设定值时，真空环回到正常位置靠在隔膜上。

3. 料位计

料位计是灰库系统中重要的信号控制装置，常用的有射频导纳料位计和重锤料位计。射频导纳料位计作为高料位计，重锤式连续料位计可将细灰库的料位信号连续传送到电控室，两者均可实现高料位报警。通过料位计，准确显示灰库内灰位的高低，确保灰库正常、安全、可靠运行。

三、灰库气化风系统

灰库气化风的作用是用气化风机提供的气化风使灰库中的灰处于较好的流化状态，以防止系统堵塞，保证灰能自由的流进卸料系统。该系统的主要设备有库底气化设备、气化风电加热器、气化风机以及管道、阀门等附件。

1. 库底气化设备

平底灰库的气化装置是在斜度为 $6°\sim10°$ 的灰库底部呈放射形地铺设若干气化斜槽。气化斜槽均匀分布，其最小总面积不小于库底面积的 15%，并尽量减少死区。经电加热器加热的气化风，输送至平底灰库内的气化斜槽的气室，干燥的空气由斜槽下层以正压形式通过气化板的微细孔，分布于粉料之间，改变粉料的摩擦角，使粉料具有流动性，借重力作用，使其沿斜面下滑流至库内的中央灰斗内，达到输送目的。

锥底灰库的气化装置是在锥形底部靠近排灰门上方对称布置气化板，以保证顺畅卸灰。

灰库气化设备的布置如图 5-3 所示。

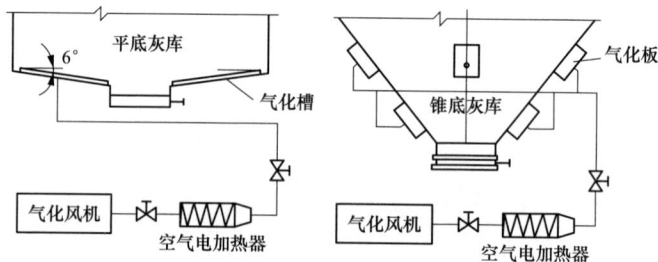

图 5-3　灰库气化设备的布置

2. 气化风加热器

气化风电加热器设置在气化风机的出口管道上以提高气化风的风温，从而提高灰的流动性，并防止由于系统中存在潮气可能造成的堵塞。加热器为温控启停，由温度开关作超温保护。如果温度超过预定值，就发出报警，加热器停运，气化风机继续运转。在加热器再次投入运行以前，风机不能停止运行。

3. 气化风机

灰库气化风的气源一般用罗茨风机提供，罗茨风机为容积式风机，输送的风量与转数成比例，三叶型叶轮每转动一次由两个叶轮进行三次吸、排气，如图 5-4 所示。风机两根轴上的叶轮与椭圆形壳体内孔面，叶轮端面和风机前后端盖之间及风机叶轮之间始终保持微小的间隙，在同步齿轮的带动下风从风机进风口沿壳体内壁输送到排出的一侧。风机内腔不需要润滑油，结构简单，运转平稳，性能稳定。

罗茨风机由于采用了三叶转子结构形式及合理的壳体内进出风口处的结构，所以风机振动小，噪声低。叶轮和轴为整体结构且叶轮无磨损，风机性能持久不变，可以长期连续运转。风机容积利用率大，容积效率高，且结构紧凑，安装方式灵活多变，轴承的选用较为合理，各轴承的使用寿命均匀，从而延长了风机的寿命，风机油封选用进口氟橡胶材料，耐高温，耐磨，使用寿命长。

罗茨风机一般由电动机驱动，通过皮带传动，其成套设备由电动机、传动皮带、主机、出入口消声器、安全阀、冷却水等组成，如图 5-5 所示。

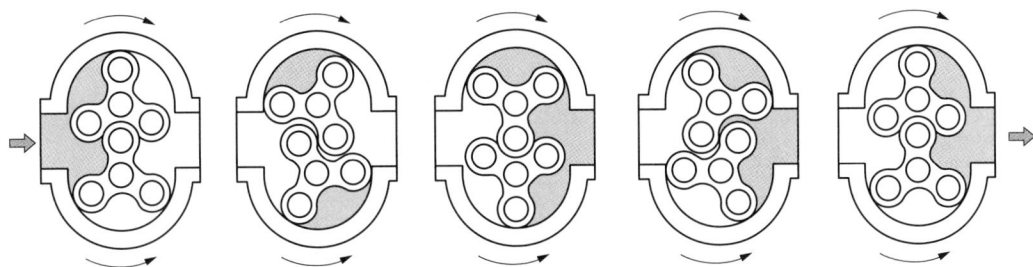

图 5-4　罗茨风机主机工作原理图

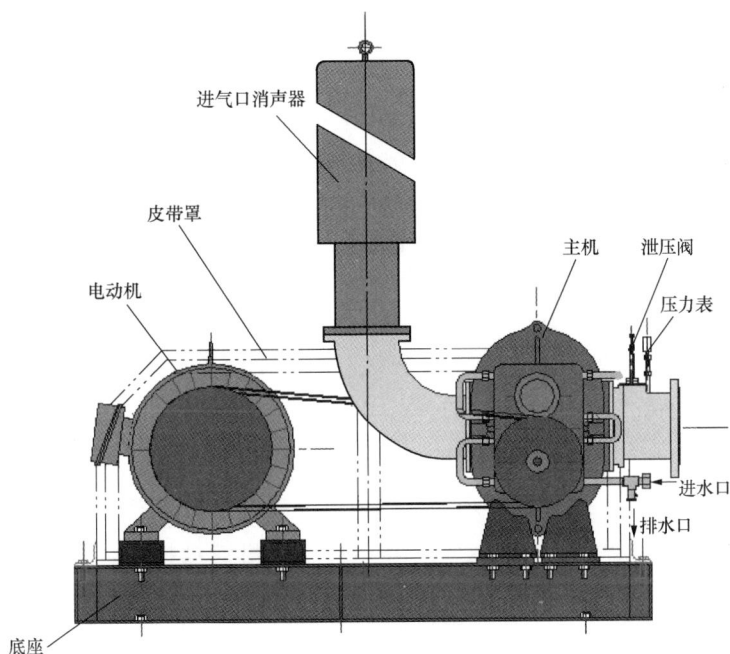

图 5-5　罗茨风机成套设备示意图

四、卸灰系统

灰库常见的卸灰设备有干灰散装机和加湿搅拌机，干灰经开启的手动插板阀和气动圆顶阀落入电动锁气器，由匀速转动的转子连续均匀地输送到散装机或搅拌机装车外运，气化风和压缩空气被隔绝在灰库内。

1. 电动锁气器

电动锁气器用作锁气及均匀给料。该设备主要结构由壳体、转子组件、传动机构、电动机及机械保护装置等组成，如图 5-6 所示。

电动锁气器的电动机与摆线针轮减速机直接连接，然后由链轮通过链条带动转子，由带有若干叶片的转子在机壳内旋转，物料从上部灰库落下到叶片之间，然后随叶片转至下端，使物料排出，实现定量给料。

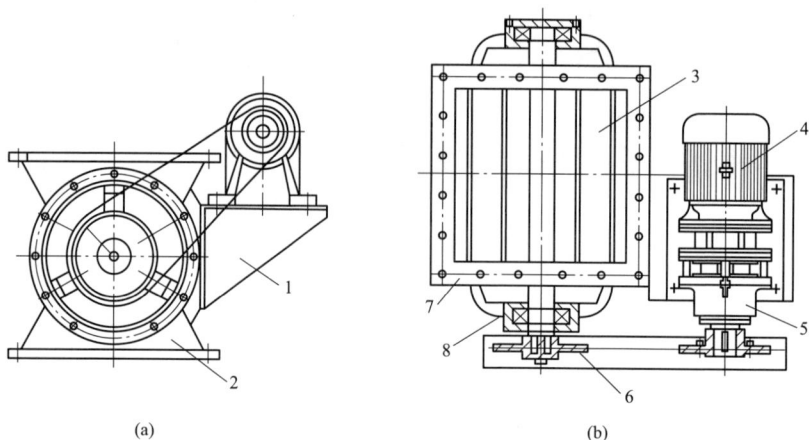

图 5-6　电动锁气器（正视和俯视）结构图

（a）正视图；（b）俯视图

1—电动机底座；2—锁气器壳体；3—转子；4—电动机；

5—减速机；6—传动轮；7—连接法兰；8—轴承室

2. 干灰散装机

干灰散装机是常用的灰库卸灰设备，安装在灰库下面，直接把干灰物料装入罐车。该设备主要由阀门启闭装置、升降驱动装置、散装头等部分组成，并配有电气控制柜，如图 5-7 所示。

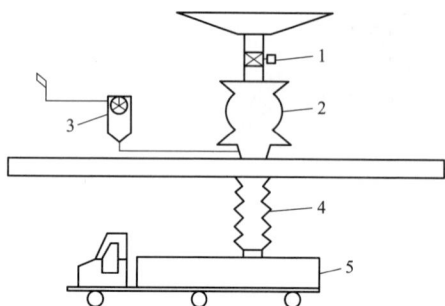

图 5-7　干灰散装机工作原理示意图

1—气动插板阀；2—电动锁气器；3—抽尘风机；

4—散装头（伸缩筒）；5—干灰罐车

当干灰罐车的进料口对正散装头下方时，按下抽尘风机启动按钮，然后按散装头下降按钮。当散装头接通罐口时，散装头下降自动停止，自动打开进料阀门并启动给料装置（电动锁气器）。当干灰罐车的料罐装满后，散装头上的料位器发出信号，下料装置停止工作，进料阀门关闭，散装头自动上升，到起始位置后自动停止，风机停转。然后整机停运，完成一次装车过程。

3. 加湿搅拌机

加湿搅拌机又称双轴搅拌机，由箱体、电动机及减速机、传动齿轮组、双轴及叶片、喷水加湿管及喷嘴等构成，如图 5-8 所示。

干灰经开启的气动阀进入电动锁气器，由匀速转动的转子将灰连续均匀地输送到搅拌机箱体内，随着两根搅拌轴作相向转动，使得干灰随之得到翻动搅拌。与此同时，喷嘴喷出的雾化水流不断将灰调湿。这样边调湿边搅拌边受螺旋叶片的推力作用，最终干湿均匀的调湿灰从出料口排出，落入自卸车或输灰皮带上。

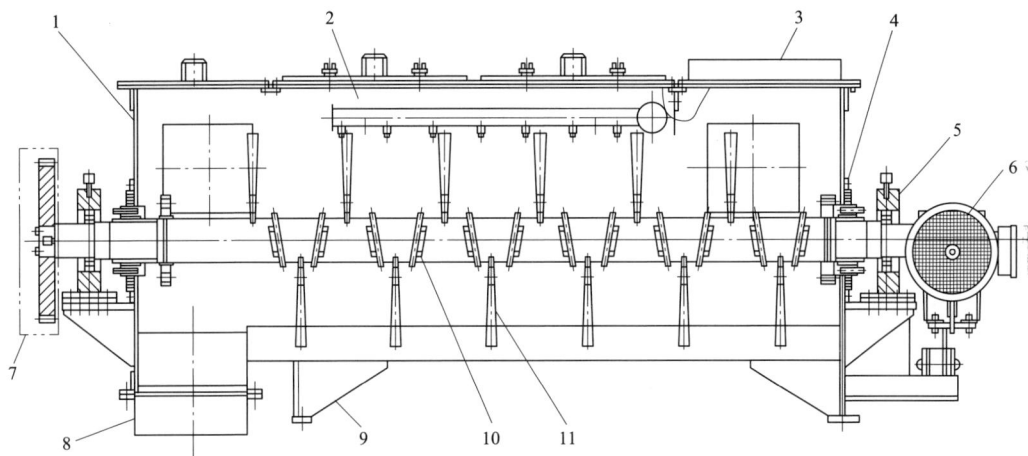

图 5-8　加湿搅拌机结构示意图

1—箱体；2—加湿水管；3—进料口；4—盘根室；5—轴承室；6—电动机和减速机；

7—传动齿轮；8—落灰筒；9—支撑；10—主轴；11—叶片

第二节　灰库系统运行

一、灰库系统

瑞金电厂二期锅炉灰库采用钢板卷制 LIPP 仓结构，仓壁和仓顶皆为钢结构。共设置 3 座灰库，分别为原灰库、粗灰库和细灰库，每座灰库直径为 15m，有效库容约为 3000m³，库顶高度约为 34m，灰库间距为 18m。原、粗和粗、细两座相邻灰库之间通过直径为 DN400 管道连通，管道上设 1 个手动蝶阀。每个库顶设有真空压力释放阀，灰库在充气、排气和不正常的温度变化时，真空压力释放阀保证灰库不受过量的正压和负压。

每个灰库侧设置人孔门，并设置相应的检修平台。灰库库顶设有料位计，持续检测灰斗实时料位，高料位时进行报警。

每台炉除尘器设 5 根灰管，3 根粗灰管（除尘器一电场每 4 个灰斗设 1 根粗灰管），2 根细灰管（除尘器二至五电场 A 侧、B 侧各设 1 根细灰管）。气力输送系统按粗细分排原则，正常运行时将除尘器一电场灰斗的飞灰作为粗灰输送至原灰库或粗灰库，二至五电场灰斗的飞灰送入细灰库，同时也可通过阀门切换，将飞灰送入原灰库。

灰库底部通过干灰分选、干灰装车、调湿灰装车等方式供综合利用或者用专用自卸车将调湿灰运至储灰场碾压堆放。

瑞金电厂二期 2×1000MW 锅炉灰库系统如图 5-9 所示。

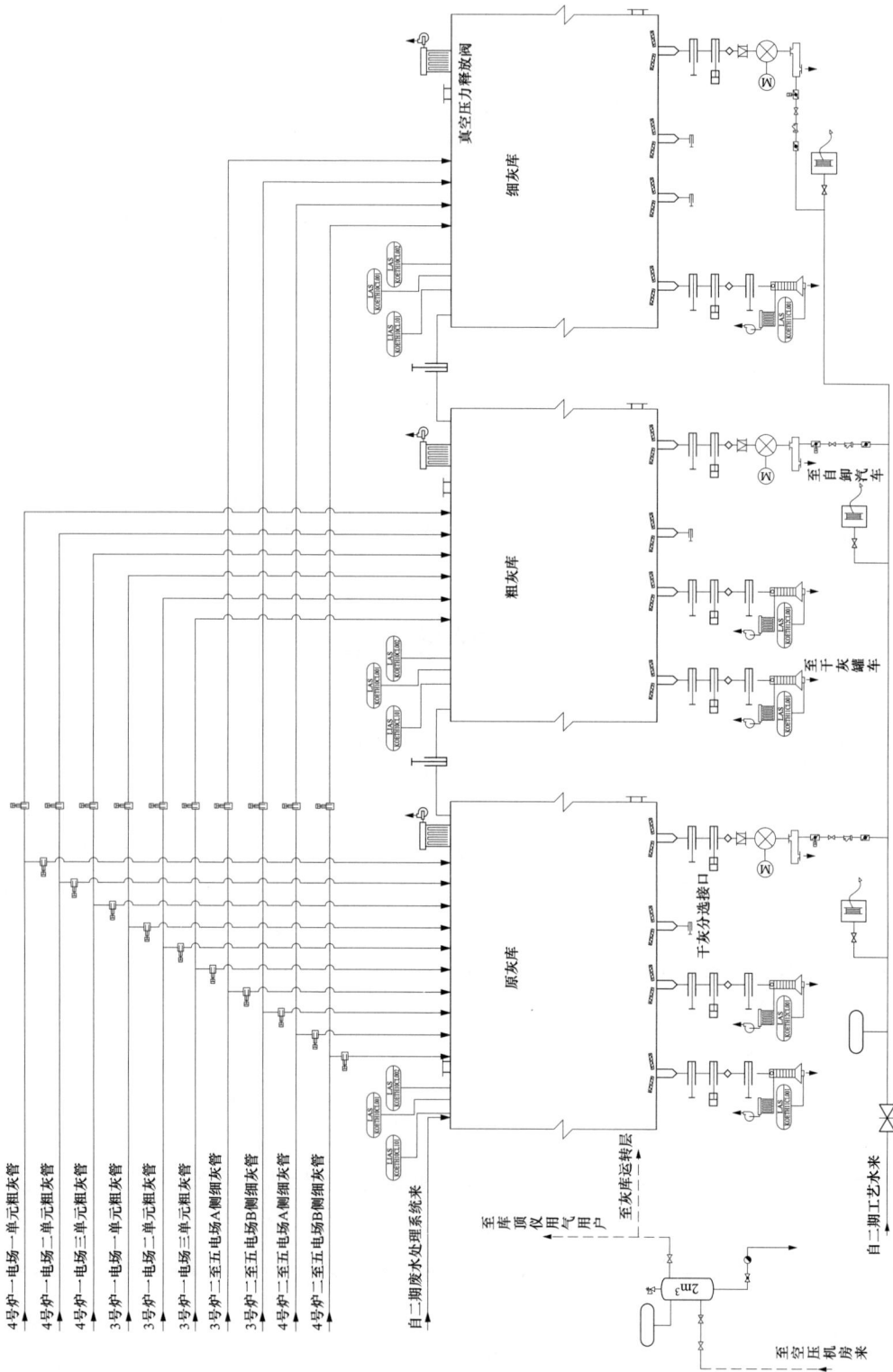

图 5-9　锅炉灰库系统

二、灰库系统主要设备

1. 干卸灰设备

（1）每座灰库下设 4 个排灰口，其中 1 个排灰口为预留。原灰库下排灰口分别接干灰散装机、双轴搅拌机、干灰分选系统。粗灰库下排灰口分别接 2 台干灰散装机和 1 台双轴搅拌机，细灰库与粗灰库相同；

（2）干灰卸料装置包括干灰散装机、落灰斗、卸灰管、手动调节阀及手动插板门、气动卸料阀、布袋除尘器及抽尘风机、料位计、膨胀节、控制柜、手操器、阀门等，干灰散装机装卸能力为 200t/h。

2. 湿卸灰设备

（1）每座灰库设 1 套将干灰调湿的加湿搅拌机，加湿搅拌机采用双轴搅拌机形式，出口调湿灰含水率为 15%～25%，用于干灰无法综合利用时调成湿灰用自卸卡车运至灰场堆放；

（2）加湿搅拌机配套落灰斗、卸灰管、手动插板门、气动卸料阀、电动给料机、膨胀节、控制柜、手操器、阀门等，加湿搅拌机装卸能力为 200t/h（干灰）。

3. 灰库气化风机及加热器

（1）为保证排灰通畅，灰库底部设气化装置，灰库底部设 4 台 10.7m^3/min 的罗茨风机，罗茨风机冷却方式采用风冷方式。并设有 3 台 30kW 的电加热器，把气化风机出口的空气加热到不小于 60℃供给对应的灰库；

（2）灰库飞灰气化采用分区气化。在灰库气化风管道布置时，将每座灰库分成 4 个供气单元，每个供气单元由 1 个气动阀控制，可向 1/4 灰库气化斜槽供气，运行时可同时向 2 个用气区供气，循环运行。

灰库气化风系统如图 5-10 所示。

4. 库顶布袋除尘器

（1）库顶布袋除尘器能处理 100%进入灰库的空气量。排气风机的风压能克服滤袋的最大阻力，并使灰库呈负压状态工作。除尘器过滤效率不小于 99.95%，排气侧粉尘排放浓度不大于 20mg/m^3，过滤风速不大于 0.8m/min。

（2）除尘器配有自动脉冲反吹装置，布袋反吹清扫系统为脉冲喷吹型，以清除灰尘。反吹气源为仪用气。

5. 灰库排污泵

灰库区设置 1 座 4mm×8mm×3.5m 的污水池，收集灰库的地面冲洗水。配置 2 台 100m^3/h 的排污泵，将灰库区污水排往煤泥沉淀池。

三、灰库设备技术参数

瑞金电厂二期 2×1000MW 锅炉灰库设备技术参数见表 5-1。

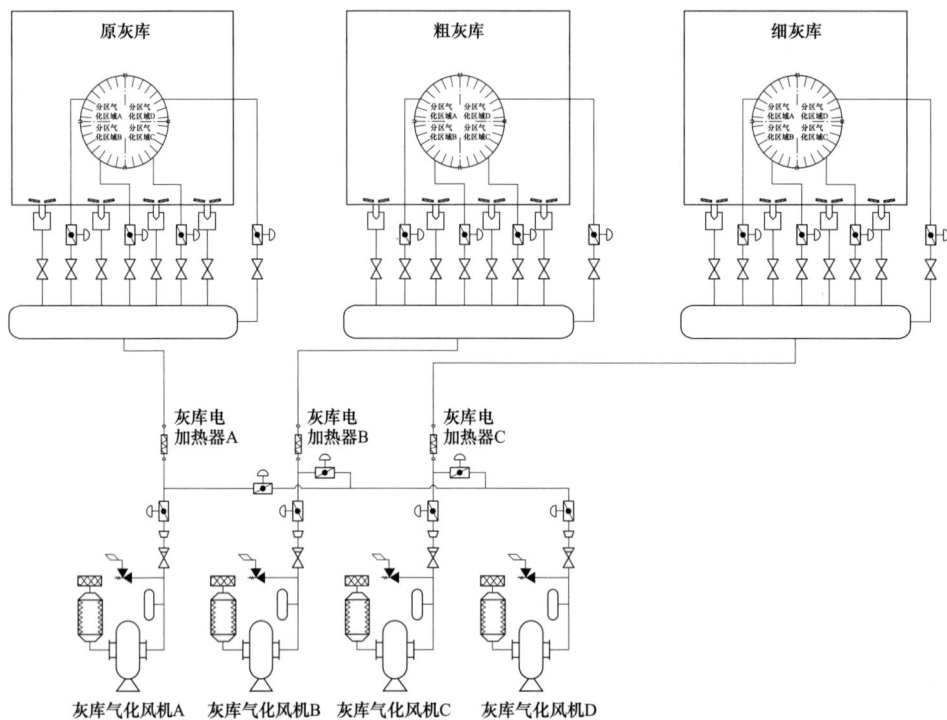

图 5-10　灰库气化风系统

表 5-1 　　　　　　　　　　　**灰库设备技术参数**

序号	项目		单位	参数
1	库顶布袋除尘器效率		%	99.95
2	耐磨部件寿命	灰库卸料阀门	h	20 000
		所有阀门的密封件	h	10 000
		除尘器的布袋	h	25 000
3	设备配置情况			
3.1	灰库气化风机			ZG-80N
	数量			4
	出力		m³/min	12
	压力		kPa	98
	功率		kW	30
	厂家			山东章鼓
3.2	灰斗气化风机			ZW-610
	数量			4
	出力		m³/min	22.54
	压力		kPa	58.8
	功率		kW	37
	厂家			山东章鼓

续表

序号	项目	单位	参数
3.3	灰库气化装置		QHB-150XL
	透气孔直径	μm	40-50
	透气能力（压力 2kPa 时）	m^3/min	0.73
	气化板材质		碳化硅多孔板
	抗压强度	kg/cm^2	≥300
	抗折强度	kg/cm^2	≥60
	使用温度	℃	≤200
	气化槽内气化板连接方式		搭接式＋704 硅胶密封
3.4	灰库气化风电加热器		DYK-30
	数量	台	3
	型式		管式
	功率	kW	30
	加热温度	℃	60
	厂家		无锡华电电力设备有限公司
3.5	灰斗气化风电加热器		DYK-80
	数量	台	2
	型式		管式
	功率	kW	80
	加热温度	℃	90
	厂家		无锡华电电力设备有限公司
3.6	灰库库顶布袋除尘器		DMC-240
	数量	台	3
	型式		脉冲式
	过滤空气量	m^3/min	144
	过滤面积	m^2	180
	过滤效率	%	99.95
	排气含尘浓度	mg/m^3	≤20
	布袋除尘器排气风机流量	m^3/h	9800
	布袋除尘器排气风机压力	Pa	1130
	布袋除尘器排气风机功率	kW	4
	布袋除尘器排气风机厂家		无锡华电电力设备有限公司
	风机型号		4-72NO4.5
	脉冲吹扫空气量	m^3/min	1.90
	脉冲吹扫空气压力	MPa	0.5～0.7
	布袋数量及尺寸	mm	240 条/ϕ120×2000
	布袋材料		PPS

序号	项目	单位	参数
3.6	通过除尘器布袋的空气速度	m/min	≤0.8
	布袋空气、布比率	L/(m^2·s)	150
	过滤阻力	Pa	1000～1500
	使用寿命	h	25 000
	厂家		无锡华电电力设备有限公司
3.7	过滤面积	m^2	180
	滤袋数量	只	240
	滤袋规格	mm	$\phi120×2000mm$
	过滤风速	m/min	≤0.8
	处理风量	m^3/h	8640
	工作温度	℃	120
	入口含尘浓度	mg/m^3	≤20
	除尘效率	%	99.95
	耗气量	m^3/min	1.9
	电机型号		YE2132S.2
	功率	kW	7.5
3.8	真空压力释放阀		SF508
	数量	台	3
	型号及尺寸	mm	$\phi508$
	最大正压值	Pa	769～2636
	最大负压值	Pa	220～880
	厂家		无锡华电电力设备有限公司
3.9	高、高高料位计		FTI55
	数量	台	6
	型式		射频导纳
	厂家		E+H
	连续料位计		PS69
	数量	台	3
	型式		高频雷达
	厂家		VEGA
3.10	灰库区排污泵		
	数量	台	2
	扬程	m	35
	流量	m^3/h	100
3.11	灰库仪用储气罐		
	数量	个	1
	容积	m^3	2

四、灰库卸料设备技术参数

瑞金电厂二期 2×1000MW 锅炉灰库卸料设备技术参数见表 5-2。

表 5-2 灰库卸料设备技术参数

项	目		技术规范
双轴搅拌机	型号/数量（2 台炉）		TSL-200/3 台
	制造商/原产地		无锡华电电力设备有限公司
	出力（干灰）（t/h）		200
	桨叶形式		可拆卸式
	桨叶材质		MQTMn7
	搅拌主轴材质		45 号钢
	壳体材质/厚度（mm）		16Mn/12
	含水率		15%～25%
	螺旋直径（mm）		800
	主轴转速（r/min）		42
	最大水量（m³/h）		55
	供水水压（MPa）		0.2～0.5
	喷嘴数量/直径（mm）		16 个/8
	电动机	型号/制造商	YE2 200L-4/西门子电机（中国）有限公司
		参数	30kW；4P；380V；50Hz
		传动方式	电机减速机＋链轮链条
	减速机型号		BWD7-23-30
	设备总质量（kg）		4800
干灰卸料装置	型号/数量（2 台炉）		TSZM-200/5 台
	制造商/原产地		无锡华电电力设备有限公司
	卸料出力（t/h）		200
	下料管直径（mm）		300
	卸料头行程（mm）		1500
	卸料头升降速度（m/s）		0.1
	料位计（型号/制造商）		压力式 GF-120/无锡华电电力设备有限公司
	电机	型号/制造商	YE2 80M2-4/西门子电机（中国）有限公司
		功率（kW）	0.75
	排气风机	型号/制造商	9-19NO.4/无锡华电电力设备有限公司
		风量（m³/min，标况）	23.5
		风压（Pa）	3500
		电机 型号/制造商	YE2 100L-2/西门子电机（中国）有限公司
		电机 功率（kW）	3
	布袋除尘器	型号/制造商	DMC-10/无锡华电电力设备有限公司
		过滤面积（m²）	10
	设备总质量（kg）		1600

续表

项　　目			技术规范
电动给料机		用途	搅拌机入口控制均匀给料
		型号	TG-200
		数量（2台炉）（台）	3
		制造商/原产地	无锡华电电力设备有限公司
		出力（t/h）	0～200
	电动机	型号/制造商	Y2132S-4/西门子电机（中国）有限公司
		功率（kW）	5.5
		设备总质量（kg）	850
		使用温度（℃）	≤200
		进料粒度（mm）	≤2
		进料口尺寸（mm）	600×600
		减速机型号	BWY4-35-5.5
		转速（r/min）	20～35
		外形尺寸（mm×mm×mm）	1200×1155×1155

五、灰库系统运行

（一）灰库系统启动前的检查

（1）灰库设备程控画面正常，数据显示正确。

（2）灰库检修工作结束，工作票已终结，安全措施撤除，各设备电源及卸灰装置操作台电源已送上。

（3）检查灰库区仪用储气罐压力正常，底部疏水排净，至各处仪用气管、气动阀气源无泄漏。

（4）检查灰库本体各人孔门关闭严密，各库顶进灰口、进灰管道及阀门、真空压力释放阀、各卸料管道及阀门等连接完好。

（5）检查灰库气化风管道连接完好，风机油位正常，气化风至灰库进风阀门开启，气化风机及加热器电源送上，气化风机出口气动门气源送上，传动正常。

（6）检查库顶布袋除尘器本体完好，除尘风机外观完好，电动机接线正常；布袋除尘器电磁脉冲阀及脉冲阀控制箱完好，反吹仪用气压正常，无漏气。

（7）灰库料位计完好，料位指示和库内实际灰量相符。

（8）检查灰库区排污坑泵管道、设备连接完好，沟道、地坑杂物清理干净，液位指示正常。排污泵出口电动阀已送电并传动正常。排污泵均已送电，并试启正常，运行泵联锁投入。

（9）干灰散装机、双轴搅拌器等设备试运正常。

（二）灰库系统的启动

（1）启动库顶布袋除尘器，检查除尘风机运行声音正常，风机及电动机本体振动、温度正常，电磁脉冲阀运行正常。

（2）开启气化风机出口阀，启动气化风机，检查风机运行正常后投入加热器，检查加热器运行正常，温度控制器正常，DCS温度显示正常。

（3）灰库进灰后观察灰位上升趋势正常。

（4）排污泵根据液位联锁启动后，出口压力正常，排污坑液位下降趋势正常。

（5）根据灰库料位情况启动卸灰装置卸灰，卸灰后观察灰位下降趋势正常。

（三）灰库系统运行中的检查

（1）检查气化风机运行正常，气化风管道无裂缝，无泄漏，气化风温、风压正常。

（2）检查布袋除尘器运行正常，脉冲吹灰正常，风机出口含尘浓度正常。灰库运行时不得打开布袋除尘器人孔门。

（3）检查灰库真空压力释放阀未动作、无漏灰。

（4）检查灰库区域输灰管无漏灰现象。

（5）运行中应及时关注各灰库料位变化，及时联系卸灰。卸灰时注意检查抽尘风机、散装机、双轴搅拌器等设备运行正常，发生堵灰、漏灰及钢丝绳脱轨、断裂、卸灰气动门动作异常等情况，及时处理。

（6）检查排污坑液位正常，排污泵启动后设备运行正常，出口压力正常，排污池液位下降正常。

六、卸灰系统的运行操作

（一）卸灰系统启动前的检查

（1）检修工作结束，工作票终结，安全措施已恢复，场地已清理。

（2）干灰卸料散装机入口气动插板门、抽尘风机及除尘器外观完整，电源投入。

（3）干灰卸料散装机对应灰库下入口手动插板门在适量开启位置。

（4）检查干灰下灰管道畅通。

（5）干灰卸料散装机减速机油位正常、油质合格。

（6）就地操作控制盘上各开关、指示灯完整，开关位置正确。

（7）各紧固件牢固无松动，各接线紧固无松动。

（8）双轴搅拌机给料机链条松紧适当，无断裂、脱落现象，润滑良好，防护罩紧固无松动，电机风扇罩紧固且风扇完好，上部检查孔密封良好，双轴搅拌机、给料机电动机绝缘合格。

（9）双轴搅拌机给料机进料手动阀打开，进水手动门开启，水压大于0.3MPa，各喷嘴无堵塞。

（10）灰库内气化风管道上各手动门处于开位，分区气动门正常开启，灰库气化风系统处于良好工作状态。

（11）照明、通风、消防设施齐全良好。

（二）干灰卸料散装机操作流程

（1）运载汽车就位后，散装头与汽车装料口的对位采用半自动控制机构，放灰员与灰车司机配合控制散装头下降准确对位后，准备进灰。

（2）放灰员监督灰车开盖人员佩戴好安全帽、挂好安全带，在灰车顶部将抽尘管与灰车抽尘口准确对位。

（3）待灰车开盖人员安全下灰车，且卸灰口下方无人时启动抽尘风机，开启入口阀，开度 50％左右，防止风机抽吸力太大而造成风机叶轮及机壳磨损。

（4）抽尘风机启动 3～5min 后开启散装机入口气动阀，开始向车内装料。

（5）当料罐装满时，散装头上的料位计发出"料满"信号，此时，自动关闭气动阀，延时 4～6s，抽尘风机停止，散装头自动提升，完成 1 次卸料过程。

（三）双轴搅拌机操作流程

（1）运载汽车就位后，加湿搅拌机出料口与汽车对位后启动加湿搅拌机，开启加湿搅拌机供水调节阀，检查供水正常。

（2）检查加湿搅拌机入口的手动插板阀开启，启动电动给料机。

（3）调节加湿搅拌机供水调节阀，控制给水量。打开下灰气动阀，调节电动给料机频率，控制灰的含水率在 15％～20％。

（4）检查运载汽车湿灰将满，关闭湿卸灰手动插板阀、下灰气动阀。

（5）确认出口已无料出，停止给料机运行。

（6）对双轴搅拌机冲洗至无明显灰水后关闭供水气动阀，停止双轴搅拌机运行。

七、卸灰注意事项

（一）卸干灰注意事项

（1）在装料操作时，务必把散装头下料管对准罐口，否则会发生溢料。

（2）当装料时，突然大量扬尘，说明排料不畅通，应马上停止下料，不要立即提升散装头。

（3）当散装头已下降，但钢绳松弛时，必须停止卸料机，以防止钢绳过于松乱发生溢料。因此操作时要注意：如果确认散装头已下降到规定位置（散装头已与料罐口密合后数秒钟），指示灯仍不亮，说明松绳开关已失灵，应立即停止给料，提升散装头，进行检修。

（4）当进行装料时，注意料位计是否失灵。装料已到满装时间，料位计仍不发出信号，应立即停止下料，提升散装头，如料已装满，说明料位计控制失灵，应立即进行检修。

（5）装料时如果发生溢料，应立即停止下料。

（二）卸湿灰注意事项

（1）在装料操作时，务必将车辆停在下料口正下方，且根据装料情况及时调整车辆停位，防止湿灰卸至地面。

（2）及时根据湿灰情况调整灰水比，防止过干、过湿污染环境。

（3）检查电动机、减速机、搅拌机、给料机各部位应无异声、无异常振动、无温度升高，地脚螺栓应紧固无松动现象，电动机和电气控制柜、动力盘无异常气味。

（4）检查各减速机油位正常，各轴承油质适量且合格，各轴承温度正常，设备无渗漏现象。

（5）检查控制气源压力不小于 0.45MPa，落料管无堵塞现象。

（三）紧急停止卸灰条件

（1）落灰管、散装头或搅拌机堵灰或漏灰。

（2）双轴搅拌机、散装机、给料机、布袋除尘器运行中威胁人身安全。

（3）搅拌机、给料机及其电动机减速机突然发生强烈振动时。

（4）双轴搅拌机、给料机及其减速机、电动机、风机有明显的异声。

（5）转动设备的各轴承及其电动机温度急剧上升且超过额定值时。

（6）电机及其控制柜冒烟着火时。

八、卸灰常见故障及处理

（一）干式卸灰不下灰

1. 原因

（1）灰库气化风不足或流化板损坏；

（2）灰板结。

2. 处理

（1）检查灰库气化风系统；

（2）暂停此灰库进灰，联系检修处理。

（二）干式卸灰下灰时冒灰

1. 原因

（1）散装机下灰口料位计损坏，灰满；

（2）下灰口未与罐车口连接紧密；

（3）抽尘风机管道或布袋除尘器布袋堵塞；

（4）灰库气压大。

2. 处理

（1）停止卸灰，联系检修料位计；

（2）紧密连接处；

（3）疏通抽尘落灰管道，清理抽尘布袋；

（4）检查库顶布袋除尘器脉冲吹扫电磁阀，清理库顶布袋除尘器布袋；

（5）调整输灰频次，减少灰库进灰量；

（6）加强放灰，降低灰库灰位。

（三）干灰散装头无法升降

1. 原因

（1）电动机损坏；

（2）散装头堵塞；

（3）钢丝绳断裂。

2. 处理

（1）检修电动机；

（2）清理散装头；

（3）处理或更换钢丝绳。

（四）布袋除尘器排气含灰量大

1. 原因

（1）布袋破损；

（2）布袋安装不当；

（3）仪用气压力不足；

（4）脉冲反吹程序异常；

（5）布袋除尘器电磁阀工作异常。

2. 处理

（1）更换破损布袋；

（2）重新安装布袋；

（3）处理漏气处，调节仪用气压；

（4）调整脉冲反吹程序；

（5）更换故障的电磁阀。

（五）湿灰不均匀

1. 原因

（1）水量不足；

（2）灰水比调整不当；

（3）喷嘴缺失或堵塞。

2. 处理

（1）检查水源手动门和电动门开度，确认水路通畅；

（2）合理调整灰水比；

（3）补充缺失的喷嘴并疏通堵塞的喷嘴。

第三节　干灰分选系统

粉煤灰（干灰）是燃煤发电厂排出的电力工业固体废弃物。我国是一个以煤为主要能源的国家，电力工业 70％以煤为能源。随着我国经济的迅速增长，对能源的要求迅速增加，粉煤灰的产生量也迅速增长。粉煤灰占地问题、二次污染问题尤为凸显。因此，粉煤灰资源化已成为我国急待解决的问题。

原灰的利用价值较低，而符合一定质量标准的细灰是优质水泥和混凝土的掺合料，尤其是达到《用于水泥和混凝土中的粉煤灰》（GB 1596—2017）所规定的 I 级灰，可代替部分水泥使用以改善混凝土性能，具有良好的经济效益。

目前，我国有三分之一的燃煤发电厂均采用分选粉煤灰的方式生产商品粉煤灰，收到良好的社会效益和经济效益。随着分选粉煤灰在水利工程、建筑工程等各工程领域的广泛应用，分选粉煤灰技术在我国的燃煤发电厂得到了广泛的应用和发展。

一、分选工艺

粉煤灰分选系统可分为开路系统和闭路系统两类。开路系统是指高压离心风机前的分选设备及管路与风机出口的尾气排放管路各自独立；闭路系统是指高压离心风机前的分选设备及管路与风机出口的尾气排放管路直接连在一起，形成闭路循环。

开路系统设备布置简单，操作和调试方便，但尾气处理投资较大，同时系统受环境温度和湿度的影响大，故目前已较少采用。

闭路系统经过多年研发和实践，技术基本成熟，根据分选压力分为正压分选和负压分选两类。负压分选具有无粉尘外逸、可实现多点供料等优越性，目前在绝大多数装置中均被采用。

负压分选系统包括供料、分选、收集、回风、排风等几部分，主要由给料机、粒度分选机、旋风分离器、高压风机及相应管路组成，工艺流程如图 5-11 所示。

1. 供料

原灰由原灰库的下灰口经手动蝶阀和电动蝶阀卸下，进入变频调速的星型给料器，由其均匀地将物料喂入负压输送管道。取灰点后设手动蝶阀作为吹堵装置。

2. 分选

原灰与管内负压气流均匀混合成一定浓度的气固两相流，在负压的作用下沿输送管道进入粗灰库顶部的粒度分选机中。进入分选机的原灰在涡流离心力的作用下进行粗细灰分离，分选下来的粗灰通过分选机的二次风幕，经下部的舌板锁气阀落入粗灰库中。

为调节产品细灰的细度，粒度分选机设有二次风进口，二次风取自系统回风管路，二

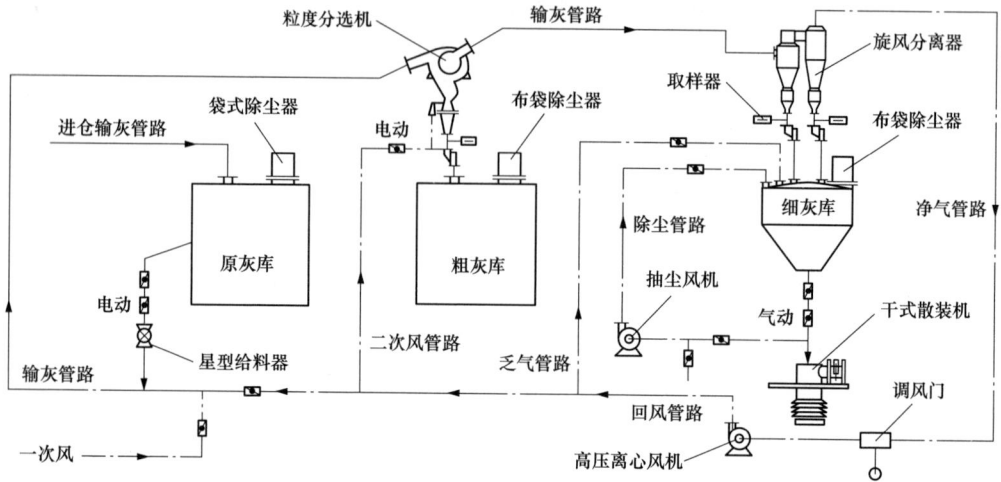

图 5-11　粉煤灰分选系统工艺流程

次风进口设电动蝶阀，用于远程调节分选系统的细灰筛余量。

为了在装置运行时方便取样测验，粒度分选机的下部设有手动取样装置。

3. 收集

经粒度分选机分离后的细灰和从二次风管路吹回的细灰在负压气流的作用下，进入细灰库顶部的旋风分离器，收集下来的细灰经其下部的舌板锁气阀落入成品细灰库。

为了在装置运行时方便取样测验，旋风分离器的下部设有手动取样装置。

旋风分离器的进出口设真空表就地显示系统压力。

4. 回风

含有微量粉尘的尾气通过高压离心风机后，绝大部分沿回风管路回到星型给料器下料口后的输送管道入口处，与星型给料器卸下的原灰混合后进行下一个循环。

在回风管路上引出二次风，经二次风阀送入粒度分选机，以调节产品细度。

高压离心风机入口设置调风门，采用电动执行器调节其开启度，以实现系统风量的远程在线调节。

高压离心风机的进出口设真空表就地显示系统压力；在风机出口设压力变送器和温度变送器，均连接到控制室的 PLC 上，分别用于显示系统压力和进入风机的气流温度。

5. 排风

在回风管路上设乏气排出管，手动蝶阀调节乏气管排气量，使约 5% 的乏气排入细灰库，经细灰库顶部的袋式除尘器（配抽尘风机）净化后排空。

二、主要设备

1. 分选机

涡流离心式分级机主要由入风口、出风口、排灰口、上下导叶、外壳、二次风门组成。离心分选机的工作原理类似旋风除尘器的原理，携带物料的气流以一定的速度从分选机一次进风口进入，经急转弯处的离心力和内部挡板的作用，使之初步分离。二次风由底部入口进入，粗颗粒由重力作用使之沉降在分选机底部，而中等和细颗粒随涡流螺旋轨迹运动，颗粒主要受到重力 F_g、离心力 F_c 与气流曳力 F_d 的作用（见图 5-12）。较细的颗粒由于 $F_d > F_c$ 而向内运动，由分选机中部两侧排出，经旋风分离器收集成为细产品；较粗颗粒由于 $F_c > F_d$ 而向外运动，在周边处减速，受重力作用而沉降在分选机底部。

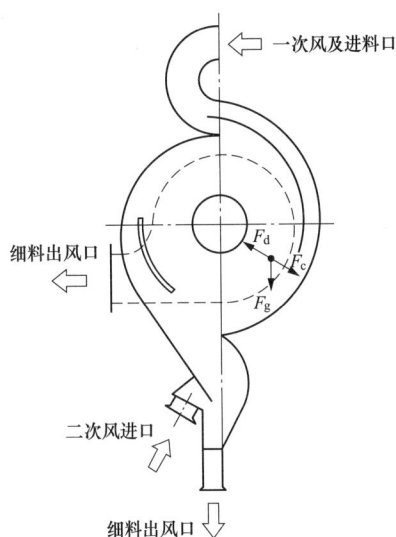

图 5-12　离心分选机的工作原理

分级粒径的主要调节手段有以下方法，且只需选用其中的 1～2 种方法，即可确保成品灰细度达到《用于水泥和混凝土中的粉煤灰》（GB 1596—2017）粒级的要求。

（1）系统风量可通过高压离心风机进口调节风门进行调节。

（2）通过分选机的二次风门进行调节。

（3）调节分选机导流板位置。

（4）调换分选机涡流孔板。

（5）通过系统设置的调节门进行调节。

2. 旋风分离器

旋风分离器的收集效率直接影响细灰产量和通过高压风机的含尘量。为了提高分选系统中处理较大风量时旋风分离器的效率，一般可由两台旋风分离器串联或并联运行。

这两种做法各有优缺点：并联方式在不改变分选系统总压力损失的前提下，能实现处理大风量时的收集效率，但对设备制作和系统调试的要求均较高；串联方式较易实现预定的收集效率，且若降低一级旋风的入口速度，可降低一级旋风的磨损，经一级收尘后的气流进入二级旋风的入口浓度相对较低，磨损自然较小，降低的一级旋风的收尘效率可由第二级旋风补偿，但系统阻力增加。

两级分离器的内部结构尺寸完全不同，分别处理不同粒径的粉尘，第一级主要处理 $15～45\mu m$ 的粉尘，第二级主要处理小于 $20\mu m$ 的粉尘，第二级分离器的出口粉尘质量浓度低于 $15g/m^3$，从而最大限度地减少对风机的磨损。

3. 高压离心风机

分选系统采用闭路循环，因此风机的首要问题是解决磨损问题。高压离心风机属高压耐磨风机，其叶轮采用 16Mn 表面热喷涂高耐磨碳化钨，机壳采用 16Mn 钢板制作。

三、分选系统的调节与控制

由原灰给料点至高压离心风机入口管道为主风管，完成灰气输送功能。风机入口调节风门可以调整风机的电流、流量、风压，管内为负压状态。

由高压离心风机出口至原灰给料点管道为回风管，风机出口至风机出口调节门段表现为正压状态，风机出口调节门后至给料机下为微负压状态。风机出口调节门可以调整回风管内的负压临界点。

在高压离心风机出口调节门前，由回风管上引出至细灰库中的一段管道称为排风管，在入细灰库前设置蝶阀为排风调节门，排风调节门与高压离心风机出口调节门配合使用调整回风管的负压临界点。

在涡流离心式分级机的二次风幕入口处，打开二次风调节门后，一部分气流进入分级机下部，形成二次风幕，把粗灰中的一部分细灰重新吹回涡流区参与再分级，从而提高分选效率、增加细灰的筛余量。

控制系统采用 PLC，并设有常规配电盘，若 PLC 系统出现故障，可在常规配电盘上对设备进行手动控制，就地也设有控制箱。系统的被控设备主要有高压离心风机、电动执行器、电动星型给料器。高压离心风机采用 6kV 电压启动，电动星型给料器采用变频控制。

操作人员可在控制室内对整个系统进行启/停控制，系统运行时可在工控机及配电盘上显示电流、电压、温度、压力，当电流过大、电压欠压、入口压力过大、入口温度过高时，实现报警和系统联锁停车保护；被控设备出现故障时，能实现设备故障报警和联锁保护控制。为了操作方便和显示直观，在配电盘上装有电动执行器、电动阀门控制器来实现风门的启/停可开度显示。

第四节　干灰分选系统运行

瑞金电厂二期锅炉在灰库设计了 1 套干灰分选系统，以减少电厂粉煤灰的排放，实现粉煤灰的综合利用。干灰分选系统采用闭式循环，其功能是将原状粉煤灰分选出符合国家标准 GB 1596—2017 规定的 I 级灰（细度 45mm 筛余量不大于 12%）或 II 级灰（细度 45mm 筛余量不大于 25%）。系统出力为 80t/h，干灰分选原状灰细度 45μm 方孔筛余量小于 55% 时，分选出 I 级灰不小于 29t/h，II 级灰不小于 33t/h。

粉煤灰分级标准：I 级—45mm 方孔筛筛余量不大于 12%；II 级—45mm 方孔筛筛余量不大于 25%；III 级—45mm 方孔筛筛余量不大于 45%。

一、干灰分选系统工艺流程

原灰经调速给料机进入系统主风管内，与管道中的空气混合后在负压作用下进入粗灰库顶 GFX-80 Ⅶ型涡流离心式分级机。

进入分级机的原灰在涡流离心力的作用下进行原灰的粗、细分离，分离后的粗灰穿过分级机的下部的二次风幕，经下部的锁气卸料阀进入粗灰库。分离后的细灰和从二次风幕吹回的细灰，因离心力无法克服涡流区的负压而被吸入分级机的两侧涡壳，随气流进入细灰库顶 CZT17.0 型高效旋风分离器实现灰气分离。

由旋风分离器收集的细灰经锁气卸料阀进入细灰库，而失去粉尘的气流在旋风分离器顶部抽力的作用下，进入高压离心风机入口。

95％左右的气体经高压离心风机排出、经过风机出口调节门、回风管返回主风管下灰点，形成闭路循环系统。另外 5％左右的含尘气流经放风管、放风调节门进入细灰库，并经库顶布袋除尘器除尘，达到排尘要求后排向大气中。

瑞金电厂二期锅炉灰库干灰分选系统如图 5-13 所示。

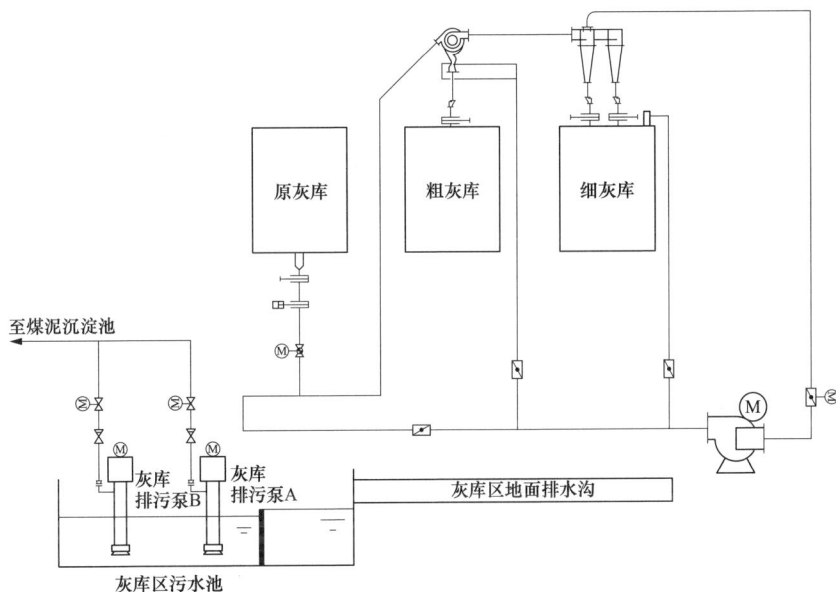

图 5-13　干灰分选系统

二、干灰分选系统主要设备

（1）高压离心分选风机。风机进口调节阀加装智能电动执行机构，可对系统的风量实现远程在线调节。

（2）涡流离心式分级机。分级机分级效率（分选的细灰/原灰中的细灰）不小于 85％，当原灰筛余量大于 55％或原灰细度波动较大时，分选效率将下降。

（3）高效旋风分离器。旋风分离器由分级机二侧蜗壳出来的含尘气流在负压的作用下高速进入旋风分离器后，由于受蜗壳的限制，气流急剧改变方向，由直线运动变为圆周运动。旋转的气流将粉尘甩向侧壁，在摩擦作用下，粉尘失去动量，在重力的作用下沿筒壁下落，经下部排灰口排出。失去大部分粉尘的气流在锥体的作用下集中向中部运动，旋转气流在顶部抽力的作用下，自下向上作螺旋流动自顶部出风口排出。

（4）锁气卸料阀。涡流离心式分级机与粗灰库之间、旋风分离器与细灰库之间设具有无动力、无转动部件的锁气卸料装置，既可有效隔离分选系统与库内之间的气流互串，又可保证分选系统不受灰库内气压影响使灰顺利排入灰库，保证密封严密，防止运行中灰库内气漏入分离设备影响分离效率。

（5）调速型电动锁气给料机。给料机具有给料均匀、下灰通畅、锁气性能好等特点，能有效地隔离系统和灰库间的气流互窜。

（6）其他设备。包括主风管、回风管、放风管、二次风调节门等。

干灰分选系统排入细灰库的乏气量不大于 $60m^3/min$，空气净化任务由细灰库布袋除尘器完成，不单独另设分选系统布袋除尘器。

三、干灰分选系统技术参数

瑞金电厂二期锅炉干灰分选系统技术参数见表 5-3。

表 5-3　　　　　　　　　　　　干灰分选系统技术参数

序号	名称	技术规范
1	飞灰分选系统	
	数量（套）	1
	原状灰处理能力（t/h）	≥80
2	分级机	
	型号	GFXⅡ
	数量（台）	1
	制造厂商	浙江高达机械有限公司
	处理量（t/h）	≥80
	分级效率（%）	≥85
	气流速度（m/s）	19～21
	平均灰气比（kg/kg）	1.1
	分选主要调节手段	（1）风量可通过高压风机进口电动调风门来调节 （2）调节分级机的二次风风量 （3）调节分级机导流板位置 （4）调换分级机涡流孔板 （5）原灰处理量可通过改变调速锁气给料机的频率进行调节
	主要部件材质	（1）顶盖板采用 Q235A，内表面贴耐磨陶瓷片 （2）固定导叶、活动导叶采用 Q235A，表面贴耐磨陶瓷片 （3）蜗壳主侧板采用 Q235A，内表面贴耐磨陶瓷片 （4）其他部件均采用 Q235A
	重量（t）	7.5
	外形尺寸（mm×mm×mm）	3092×3271×5490

续表

序号	名称	技术规范
3	旋风分离器	
	型号	CZT-17.0
	数量（台）	2
	制造厂商	浙江高达机械有限公司
	效率（%）	≥92
	处理风量 [m³/(h·台)]	33 000～37 000
	主要部件材质	蜗壳圆弧部分及进口内侧 Q235A 内贴耐磨陶瓷片 其他部件均采用 Q235A
	质量（t/台）	2.67
	外形尺寸（mm×mm）	ϕ1722×6000
4	耐磨分选风机	
	型号	GDMⅡ-14D
	数量（台）	1
	制造厂商	浙江高达机械有限公司
	风量（m³/h）	76 572
	风压（Pa）	9045
	风机转速（r/min）	1450
	风机总重（t）	4.5
	风机冷却方式	风冷
	风机轴承制造厂商	SKF
	风机叶轮材质	16Mn 表面热喷涂高耐磨碳化钨
	电动机型号	LVX-355X-4
	额定功率（kW）	315
	额定电压（V）	690
	额定电流（A）	317
	额定转速（r/min）	1440
	防护等级	IP55
	绝缘等级	F 级
	轴承型式	滚动轴承
	轴承润滑方式	油脂润滑
	轴承冷却方式	风冷
	电动机总质量（t）	3.0
	系统循环的含尘空气量（m³/h）	76 572
	排入飞灰库的含尘空气量（m³/h）	≤3600

续表

序号	名称		技术规范
5	调速型电动锁气给料机		
	型号		DSG500-100
	数量（台）		1
	制造厂商		浙江高达机械有限公司
	处理量（t/h）		0～100
	功率（kW）		4.0
6	管道		
	主风管	管径×壁厚（mm×mm）	螺旋管 1120×10
		主风管材质	Q235A
	回风管	管径×壁厚（mm×mm）	螺旋管 1120×8
		回风管材质	Q235A
	输灰管弯头型式及材质		Q235A，易磨损处 （如弯头、三通、变径管）内衬高耐磨陶瓷（分选专用）
	焊接要求		密封
	防磨抗磨措施		输灰管段的弯头、变径、三通等管件内侧贴 3mm 厚高耐磨陶瓷片
	输灰管内介质速度（m/s）		19～21

四、分选系统性能保证值

瑞金电厂二期锅炉干灰分选系统性能保证值见表 5-4。

表 5-4　　　　　　　　干灰分选系统性能保证值

序号	项目		保证值
1	分选系统原状灰处理能力（t/h）		≥80
2	分级机分级效率（%）		≥85
3	旋风分离器效率（%）		≥95
4	成品灰产量（原状灰细度 45μm 方孔筛余量小于 55% 时）	Ⅰ级灰（t/h）	≥29
		Ⅱ级灰（t/h）	≥33
5	单个设备运行时，距设备 1m 处噪声 dB(A)		≤85
6	易损件寿命	耐磨风机叶轮	≥30 000
		耐磨风机机壳	≥30 000
		耐磨风机轴承	≥50 000
		分级机易损件	≥50 000
		旋风分离器易损件	≥50 000
		电动锁气器壳体和叶片	≥30 000
		阀门	≥50 000
		分选系统耐磨弯头、三通	≥50 000
		分选系统管道及阀门	≥50 000

续表

序号	项目	保证值
7	系统额定工况下运行能耗（kWh/t）	3.38
8	粉煤灰与空气混合物在输送管出口速度（m/h）	19～21
9	分选系统额定工况下功率（kW）	319.17
10	成品灰细度（45μm 方孔筛余量）	3%～25%可调

五、干灰分选系统运行

（一）干灰分选系统启动前的检查

（1）检修工作结束，检修工作票已终结复役，设备完好备用。

（2）检查风机轴承油位正常（1/3～1/2 位置），油质合格无漏油现象，加油孔、盖完好。

（3）检查电机接线盒完好无破损，电机接地线完好，电机绝缘合格，地脚螺栓牢固可靠、无松动。

（4）风机地脚螺栓牢固可靠无松动，靠背轮、防护罩完整牢固。

（5）风机轴盘动灵活无卡涩。

（6）风机进口电动风门动作灵活，处于全关位。

（7）检查风机出口风门、放风门、二次风门、导叶的位置。高压离心风机出口风门、放风门、二次风门、导叶的开度在系统调试后已定位，运行中不允许随意改变。

（8）负压管畅通无堵塞，负压管上疏通孔盖完整无泄漏。

（9）粗灰分离器畅通无堵塞，无泄漏，下部锁气器转动灵活。

（10）细灰分离器畅通无堵塞，无泄漏，下部锁气器转动灵活。

（11）取样门开关灵活并处关位。

（12）检查细灰库顶布袋除尘器正常运行。

（13）楼梯走道畅通，栏杆扶手完整，现场照明完整充足。

（14）操作盘仪表、指示灯、操作按钮完好，指示正确。

（15）设备电源已送。

（二）干灰分选系统的启动

（1）DCS 按下"启动"按钮，此时风机启动，确认旋转方向正确。

（2）检查风机及电动机运转正常。

（3）待风机电流回落至 240A，开启风机入口风门。

（4）入口风门开到位 15min 后启动调速给料机。

（5）开启下料气动插板门。

（6）待下料气动插板门开到位后，打开手动插板门约 1/3。

(7) 调整给料机转速，注意风机电流变化。

(8) 风机电流稳定在 220～270A，检查风机及电动机运转正常。

(9) 检查粗、细灰分离器下灰正常，系统无泄漏。

（三）干灰分选系统的停止

(1) 关闭气动插板门。

(2) 停止变频调速给料机运行，15min 后关闭入口风门。

(3) 停止风机。

(4) 如分选系统长时间不运行，应关闭给料机上部手动插板门。

（四）分选系统联锁

(1) 分选风机未运行、入口风门未开到位、调速给料机不允许启动、气动插板门不允许打开。

(2) 系统运行中如分选风机故障停机、入口风门开到位信号消失，联锁跳调速给料机，关闭气动插板门。

(3) 分选系统在正常运行时如某一台设备误操作停机应联锁跳停相应的后级设备。

(4) 风机已运行、入口风门开到位，风机运行电流小于 220A 延时 5s 停止给料机运行、关闭气动插板门。

(5) 分选风机已运行、入口风门开到位，风机运行电流大于 270A 延时 5s 停止给料机运行、关闭气动插板门。

(6) 分选风机轴承温度大于 80℃ 延时 3s 时停止风机运行。

（五）干灰分选工艺调节及运行注意事项

(1) 调节系统二次风量可调节粗、细灰细度，细灰细度随二次风量增加而变粗。且系统循环风量与回风量对细度也有一定的影响，但调节范围小，出口风门一般应开到 60%～90% 位置。

(2) 经常检查旋风分离器下部是否积灰，如堵住不下灰，则会因粉煤灰顺主风管到高压离心风机内，形成连续循环，从而造成管道和高压离心风机磨穿，此时现象为电流高于正常运行电流。

(3) 注意经常检查管道泄漏情况，防止阴雨天气潮气的吸入影响分选效率及堵管现象；阴雨天或长时间停机，在开机前和停机后都应打开锁气卸料阀板排尽阀内积灰。

(4) 系统运行过程中，如发现电流逐渐下降，一般为旋风分离器前端输灰管积灰所致，应停止给料，使内部循环风不断吹扫，直到电流回升为正常值；如发现电流逐渐上升，一般为分级机下或旋风分离器下的锁气卸料阀堵住而积灰所致，应及时排堵，直到落灰管内积灰清空，管壁发热。

(5) 设置分级机导叶处于最佳位置，一般 1～3 格之间细灰较细，在 1 格时最细，越往上调则细灰越粗。

（6）本系统的正常运行电流为 $220 \sim 270A$。

（7）系统为闭式循环系统，要求做好密封工作。

（8）长时间停运后，系统在启动前要仔细检查管路是否畅通、手盘风机转动是否灵活、各润滑部位润滑是否良好、电气部件设备耐压绝缘性能是否完好、各盘柜保护设定是否为原值等。确认一切正常后方能启动。启动初始时间内要认真检查各设备运转是否正常，发现问题及时处理。系统空机运转半小时以上再投料运行。

（六）干灰分选系统异常及处理

（1）运行中观察风机电流，当电流突降或波动较大时，应立即降低给料机转速，减少给料量甚至停运给料机，防止风道堵塞；

（2）分选细度不合格时检查分级机、旋风分离器卸灰情况及各风门开度情况，及时清理和调整；

（3）调速给料机过载，检查给料机中有无异物；

（4）分选风机过载，消除机械或电气故障后，再启动。

第六章　干式除渣系统

在燃煤电厂锅炉运行时,炉膛下部冷灰斗中的高温炉渣经渣井、液压关断门落到干式冷渣机的输送钢带上;在输送钢带向外输送这些高温炉渣时,利用锅炉炉膛的负压吸入适量受控的环境空气进入干式冷渣机对高温炉渣进行冷却;冷却后的炉渣经碎渣机破碎后送至渣仓储存。然后,渣仓中的炉渣通过渣仓卸渣设备卸炉渣于自卸汽车外运,去综合利用或至灰场堆放。

以上高温炉渣的输送、冷却和破碎过程基本没有用水,与水冷湿式除渣方式完全不同,所以称之为风冷干式除渣方式,相应的系统称为干式除渣系统。

第一节　干式除渣系统工作原理

干式除渣系统的核心设备是干式冷渣机,简称干渣机,用于对锅炉排出的热渣进行输送和冷却。1987 年,意大利马加尔迪(MAGALDI)能源公司研发网带式干式冷渣机(magaldi ash cooler,MAC),MAC 干式冷渣机的输送带由不锈钢网带加承载板组成,输送带下部设置链条刮板清扫系统,依靠炉膛负压自干式冷渣机头顶部及两侧吸入自然风对输送带上的热渣进行冷却。

1999 年网带式干式冷渣机在我国三河电厂首次被引进后,其网带结构和清扫系统在国内得到了改进,并添加了大渣挤压设备,从而使干式冷渣机变得更加完善,应用范围也变得更加广泛。干式除渣系统的工作原理如图 6-1 所示。

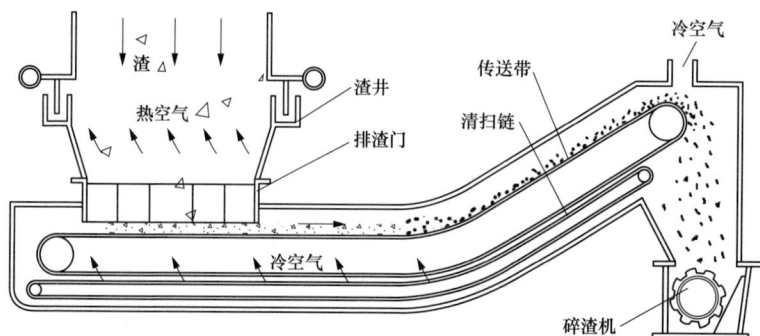

图 6-1　风冷干式除渣系统的工作原理

锅炉高温炉渣(800℃左右)经由炉膛底部渣井连续下落到干式冷渣机的输送钢带上,

高温炉渣由输送钢带低速向外输送。同时，在锅炉炉膛负压作用下，受控的少量环境冷空气逆向进入干式冷渣机内部，使炉渣在输送钢带上逐渐被风冷却，并逐渐完成完全燃烧。热渣输送到干式冷渣机头部时被冷却到100℃左右。

冷空气回收炉渣的热量，空气温度升高到300～400℃（相当于锅炉二次风温度），然后直接进入炉膛，从而减少了锅炉的排渣热损失。冷空气总量不超过锅炉总燃烧空气量的1％，并能根据排渣量和排渣温度进行调节，控制锅炉过剩空气系数在许用范围之内。

干式除渣系统的工艺流程如图6-2所示。

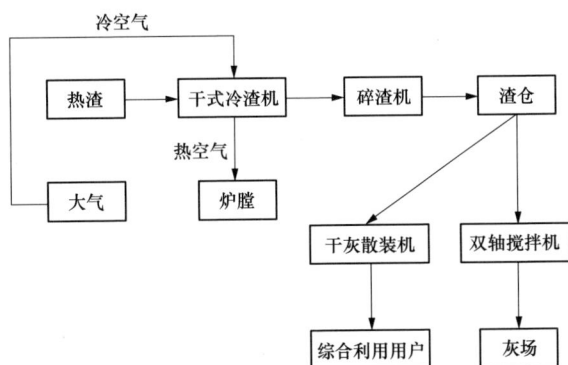

图6-2　干式除渣系统的工艺流程

锅炉干式除渣方式具有以下明显的优点：

（1）零用水量、无水资源消耗，无废水排放，有利于环境保护。

（2）少量自然风直接与炉渣接触，渣中未完全燃烧碳继续燃烧，热量被送回炉膛，减少了不完全燃烧热损失和物理热损失，有利于锅炉效率提高。

（3）炉渣燃烧充分、未燃尽碳含量低，未经水解而保持了活性，提高了综合利用价值。

（4）锅炉除渣系统简单，布置方便，占地面积小，节省了厂用地。

（5）液压破碎机拦截大块炉渣，待其燃烧充分后被破碎，有效保护下部设备。

（6）干渣无结冰之忧，即便在北方寒冷地区渣仓也无需考虑防冻措施。

第二节　干式除渣系统主要设备

干式除渣系统主要由渣井及密封装置、液压关断门、干式冷渣机、碎渣机、渣仓及卸渣系统、仪表及电气控制系统等几部分组成。

一、渣井及密封装置

1. 渣井

渣井位于锅炉炉膛水冷壁下联箱的下方，是锅炉炉膛下部冷灰斗与干式冷渣机之间的过渡连接部分，又称过渡渣斗。渣井上部与水冷壁下联箱形成密封连接，下部与液压关断门相连，呈锥形漏斗状。为了减少锅炉大焦滑落时对干式冷渣机网带及托辊造成冲击而损坏托辊，渣井设计成偏心结构。锅炉大焦落下时，首先接触渣井侧壁，从而起到缓冲作用，降低锅炉大焦对干式冷渣机网带及托辊造成较大冲击，保护干式冷渣机承托网带的托辊不受损坏，如图6-3所示。

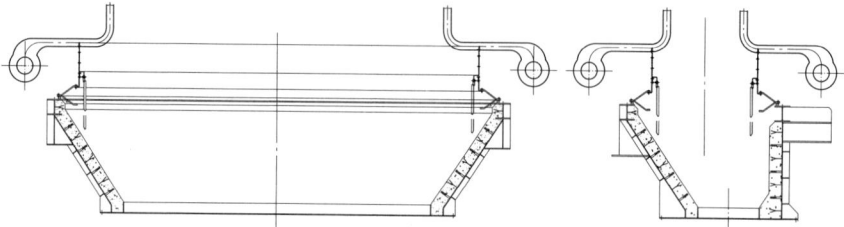

图 6-3　渣井示意图

渣井内衬耐火混凝土，可以耐不小于800℃的高温。当干式冷渣机出现故障需要紧急检修时，将液压关断门或挤压破碎装置关闭，以便对干式冷渣机等进行紧急检修。通常情况下，可以允许渣井底部的液压关断门关闭4h，渣井可储渣4h而不影响锅炉的安全运行。

渣井内设有炉渣预冷却装置，即在渣井设置空气预冷喷嘴，用于事故状态当液压关断门关闭时对热渣进行强制预冷却，并保证在冷却风量不大于锅炉总风量1%的前提下热渣得到有效冷却。

2. 密封装置

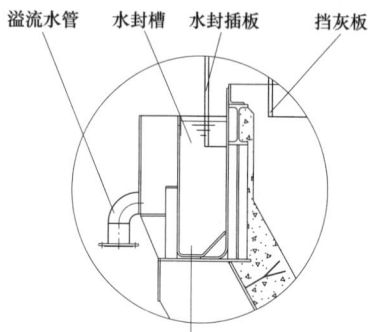

图 6-4　水封式密封结构

渣井通常采用独立支撑结构，并设有密封装置。密封装置用于渣井与锅炉连接处的密封，且能满足锅炉下部各个方向的热膨胀量。密封装置一般有水封式和机械式两种。

传统的密封装置为水封式结构（见图6-4），它利用水封插板插入水封槽液面以下形成水封。它结构简单、工作可靠、成本低、维护简便；但因锅炉辐射热的作用，会消耗少量的水。机械密封装置采用非金属膨胀节结构（见图6-5），其框架及挡板采用耐热不锈钢，其蒙皮及填充料为非金属材料，无水量消耗，在干式除渣系统中被较多采用。

二、液压关断门

液压关断门位于渣井与干式冷渣机之间，具有在事故状态下关闭排渣口，利用渣井储渣以便对下级设备进行检修，同时具有大焦预破碎功能。

液压关断门为油缸驱动的对开式门板结构。通常采用多组布置，每组由两扇门板对开、油缸驱动（见图 6-6）。为防止门板式挤压头跑偏，每扇门板采用双油缸驱动。

液压关断门下部设置有大焦拦截网（不锈钢格栅），大于 200mm 粒径的大渣会经过格栅的缓冲，不会对干式冷渣机网带及托辊造成大的冲击损坏；而且当格栅上堆积大渣块时，可启动挤压头（关断门门板），对大渣块进行挤压破碎至小于 200mm，这有利于提高渣的冷却效果，也有利于碎渣机的破碎。

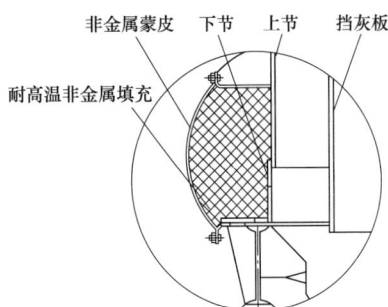

图 6-5 机械密封结构

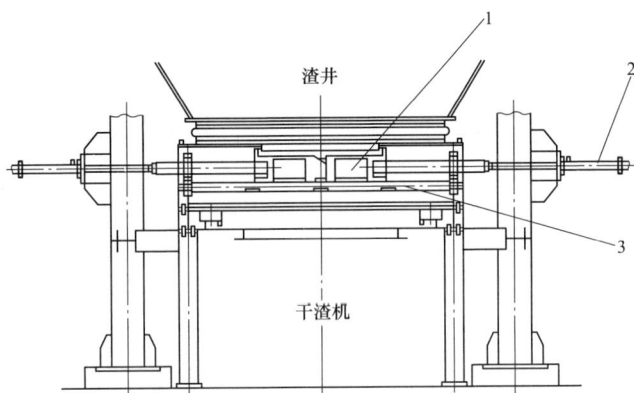

图 6-6 液压关断门结构示意图

1—关断门门板；2—油缸；3—不锈钢格栅

液压关断门水平运动，由液压缸驱动，并有两个行程开关传递位置信号。液压缸通过支撑横梁固定在渣井的立柱上，用销轴与关断门门板推杆连接。液压缸由液压泵站提供动力，液压阀控制换向，其间用油管连接。配有一套电气控制系统，两台油泵一用一备。

在液压关断门两侧安装有远程监控摄像装置。炉渣的下落及破碎过程，均能由摄像系统监视，监视信号直接接入到远程控制室。

三、干式冷渣机

干式冷渣机设置在渣井下部液压关断门的正下方，是干式除渣系统的关键设备。网带式干式冷渣机分上、下两层布置，上层布置输送带，下层布置链条刮板清扫系统。

1. 输送带

干式冷渣机的输送带是干式冷渣机的核心部件，是一条宽度和长度合适的闭合不锈钢金属输送带。它由不锈钢网带及承载鳞板组成，两侧边缘装有适当高度的侧板，整个输送带放置在支撑托辊上，用于承载从锅炉落下的炉渣并输送至后续设备。同时，在输送过中靠锅炉负压吸入空气对炉渣进行冷却。

输送带的不锈钢网带为耐热不锈钢材料的螺旋型编织输送网结构，左、右旋向不同的相邻螺旋体被串条相连组成了输送网带。承载鳞板与网带的连接目前普遍采用的连接方式如图 6-7 所示。承载鳞板互相搭接，单片鳞板呈倾斜状通过不锈钢螺钉及锁条固定在网条上。

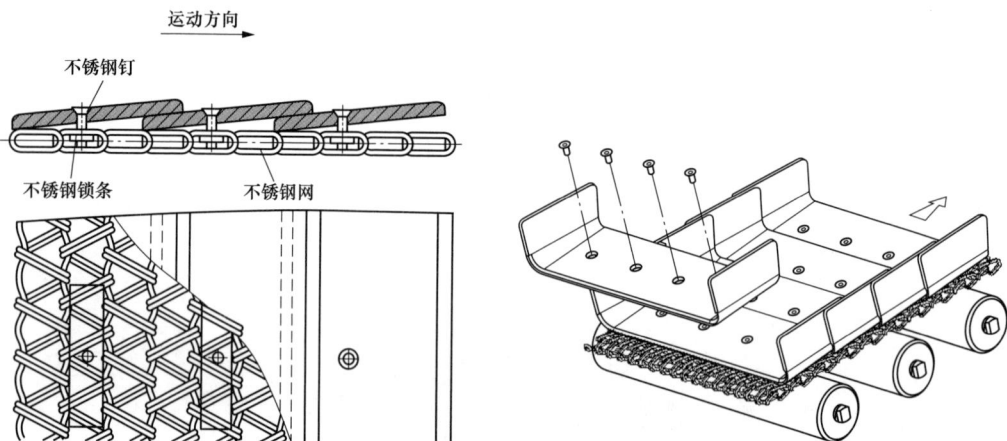

图 6-7　承载鳞板与网带的连接方式（一）

另一种连接方式如图 6-8 所示。鳞板为组焊结构，鳞板主体与网带成平面接触，锁条与鳞板平行，螺钉受力合理，固定可靠，这大大减小了在实际运行中鳞板脱落的可能性而影响干式冷渣机正常运行的现象。

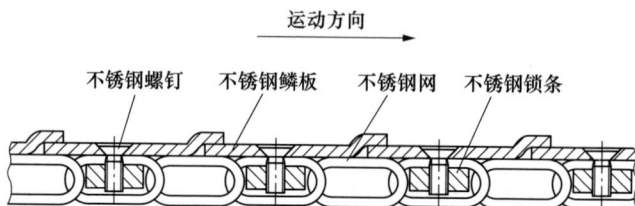

图 6-8　承载鳞板与网带的连接方式（二）

不锈钢网带传动有利于将炉渣传递给网带的热量很快地和冷却空气进行充分的热交换，具有耐高温的机械性能和承受大块炉渣撞击的能力，适用于干、热炉渣输送的恶劣运行条件；不锈钢网带具有很高的传动可靠性，在使用过程中，螺旋型的不锈钢丝即使有一处断裂，该不锈钢丝还和其他螺旋型不锈钢丝相连，不锈钢输送链还能继续运行；因其传动轮为滚筒，靠与传动滚筒间的摩擦力牵引完成输送，不会像链传动方式那样出现掉链、卡链等运行故障。

2. 清扫链

清扫链是干式冷渣机的关键部件，它直接影响干式冷渣机的运行。清扫链由环链与刮板组成。清扫链布置在干式冷渣机的底部，用以清扫网带输送过程撒落到底部的少量的细灰并将其输送到主钢带的出口处。环链采用耐磨合金钢材料制作，表面渗碳处理，耐磨损，使用寿命长。传统清扫链刮板与链条采用刚性螺栓连接，改进结构是刮板与环链间采用合金钢锻造连接环＋柔性转销连接，连接可靠，拆卸方便。当链条磨损一定程度时，清扫链还能正常运行。回链采用托轮承托，既减少磨损，又具有防跑偏功能。

3. 驱动机构

干式冷渣机有两套驱动机构，分别用以驱动输送带和清扫链。驱动电动机采用变频调速电机，通过变频器对运行速度进行调整，以对设备出力及冷却效果进行调控。

4. 壳体

干式冷渣机采用封闭式外壳，将输送带和清扫链完全封闭，在输送过程中渣灰不会向外泄漏。不锈钢输送带平铺在上部托辊上，热渣不直接与壳体接触。干式冷渣机壳体的最高温度一般不超过50℃，不会对人身造成伤害。

5. 尾部张紧与防跑偏装置

不锈钢输送带的尾部滚筒固定在张紧装置上，尾部张紧采用液压自动张紧装置，恒定的张紧力可及时吸收网带的热膨胀，保证传动滚筒在各种工况具有所需的张力，传动可靠不打滑。

在干式冷渣机壳体内，不锈钢输送带的输送段和回程段的两侧均设有防偏轮，防偏轮能防止不锈钢输送带跑偏。

6. 转动轴承

干式冷渣机的所有转动轴承均设在密封壳体外，壳体外的温度与环境温度差不多，所以轴承不受热。在检修过程中，由于轴承设在壳体外，更换方便、迅速。轴承座均设有注油孔，可随时加注润滑油。

7. 强冷喷雾装置

当干式冷渣机输送渣量较大时，在风量小于锅炉总风量1‰的条件下，已满足不了热渣冷却所需的风量要求，这时干式冷渣机的渣温将明显增高，影响整套系统的安全运行。为此，在干式冷渣机弯弧段设置强冷喷雾装置。在测得干式冷渣机出口渣温达到150℃以上时，电磁阀将自动开启，向热渣喷洒水雾，达到强制冷却的作用。

在干式冷渣机弯弧段及斜升段装设具有梳理功能的梳辊，在渣量较大时可以起到使热渣均匀分布的作用，从而使其快速得到冷却。

四、碎渣机

碎渣机位于干式冷渣机的出口下端，通常为单辊碎渣机，用于将炉渣破碎，以便系统后续设备的储运。单辊碎渣机主要由驱动机构（电动机、减速机）、碎渣机本体和底座框架组成，具有破碎能力强、结构紧凑、齿板耐磨损等特点。碎渣机进口渣块最大可为

200mm×200mm，出口破碎后的渣颗粒小于 35mm×35mm。碎渣机设置两台，一运一备。

如果碎渣机的后续输送系统采用气力输送型式，碎渣机须采用两级碎渣级组，即由一级碎渣机先将大块的炉渣破碎成中等块度的炉渣，再由二级碎渣机将中等块度的炉渣破碎成较细块度的炉渣。

五、渣仓

经冷却破碎后的干渣落入渣仓。渣仓的顶部设有料位计、真空压力释放阀和布袋除尘器，渣仓内的空气经布袋除尘器过滤后排入大气；渣仓的下部一般设置 2 个排渣口，如有需要还可以加设 1 个事故排放口，配有气动插板阀或圆顶阀；相应的卸渣设备分别为干灰散装机和双轴搅拌机。其中，干灰散装机（干式卸料机）用于干渣直接装车，供综合利用；双轴搅拌机用于干渣调湿后装车，供综合利用或送至灰场堆放。

六、仪表及电气控制系统

干式冷渣机和碎渣机采用程序自动控制，分为程序控制和就地控制两种方式，并设就地操作和远程操作转换按钮，选择权由操作员决定。干式冷渣机输送带和清扫链均采用变频电动机驱动，可根据渣量大小实现无级调速。渣仓卸料设备采用就地手动控制，液压关断门也采用就地手动控制。

第三节 干式除渣系统工艺流程

干式除渣系统的基本工艺流程是：锅炉炉渣经渣井落入干式冷渣机，被空气冷却后经碎渣机破碎，然后进入渣仓存储；被加热的空气带着炉渣的热量进入锅炉炉膛。

根据冷渣进入渣仓的方式不同，干式除渣系统可分为机械输送系统和气力输送系统两大类。其中，机械输送系统可分为一级干式冷渣机上仓系统、一级干式冷渣机＋斗式提升机上仓系统、两级干式冷渣机串联上仓系统和两级干式冷渣机串联＋斗式提升机上仓系统四种；气力输送系统可分为正压上仓系统和负压上仓系统两种。

机械输送系统的特点是：①锅炉炉渣从干式冷渣机的排渣口落入碎渣机破碎，出渣粒径为 0～50mm；②干式冷渣机是全封闭结构，周围环保条件好；③干式冷渣机的仰角可达 30°；④不需用水，系统简单；⑤运行及维护费用非常低；⑥可靠性高。

气力输送系统的特点是：①经碎渣机破碎的出渣颗粒大小可根据要求确定，一般经两级破碎后，出渣粒径小于 1mm；②两级破碎后的细炉渣可以正压或负压长距离输送至灰库，与飞灰一起储存并一起综合利用；③其他特点与机械输送系统基本相同。

干式除渣系统的具体形式应根据现场条件加以考虑和改变，如空间大小、最终炉渣去处、炉渣量、炉渣颗粒大小及其他特殊要求等。

一、机械输送系统

1. 一级干式冷渣机上仓系统

一级干式冷渣机上仓系统如图6-9所示。该系统设备简单，运行维护成本低，干式冷渣机长度较长，有利于干渣冷却，但占用空间较大，设备价格较高。该系统的工艺流程为：渣井→液压关断门→干式冷渣机→碎渣机→渣仓→装车外运，如图6-10所示。

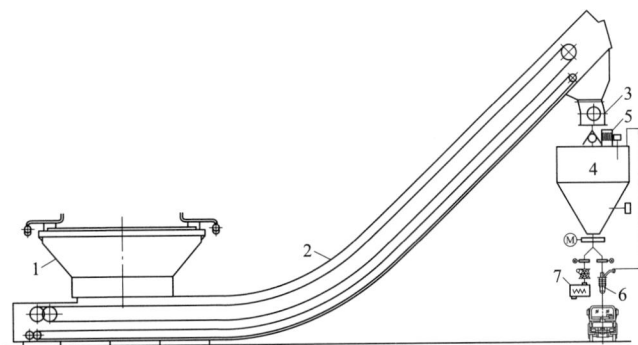

图6-9　一级干式冷渣机上仓系统图

1—渣井；2—干式冷渣机；3—碎渣机；4—渣仓；

5—布袋除尘器；6—干灰散装机；7—双轴搅拌机

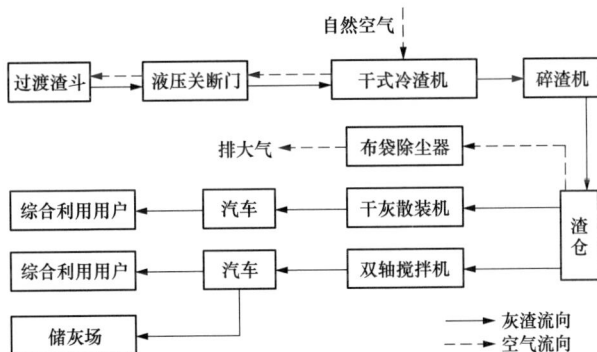

图6-10　一级干式冷渣机上仓系统工艺流程

2. 一级干式冷渣机＋斗式提升机上仓系统

一级干式冷渣机＋斗式提升机上仓系统如图6-11所示，每台锅炉需要配置斗式提升机2台，一运一备。由于系统采用了斗式提升机，布置空间紧凑，价格较低。该系统的工艺流程为：渣井→液压关断门→干式冷渣机→碎渣机→斗式提升机→渣仓→装车外运，如图6-12所示。

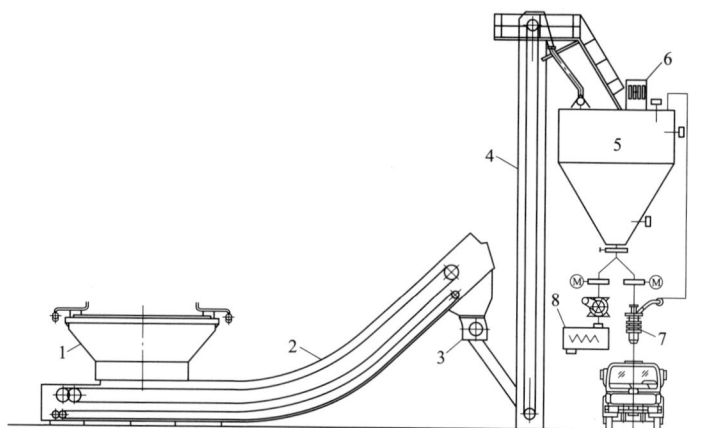

图 6-11　一级干式冷渣机＋斗式提升机上仓系统图

1—渣井；2—干式冷渣机；3—碎渣机；4—斗式提升机；

5—渣仓；6—布袋除尘器；7—干灰散装机；8—双轴搅拌机

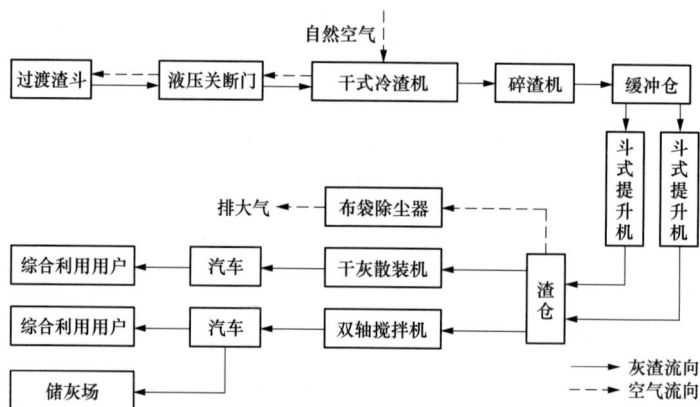

图 6-12　一级干式冷渣机＋斗式提升机上仓系统工艺流程

3. 两级干式冷渣机串联上仓系统

两级干式冷渣机串联上仓系统如图 6-13 所示。第二台干式冷渣机结构与第一台基本相同，具有进一步对渣进行冷却的功能，但价格较高。该系统的工艺流程为：渣井→液压关断门→一级干式冷渣机→碎渣机→二级干式冷渣机→渣仓→装车外运，如图 6-14 所示。

4. 两级干式冷渣机串联＋斗式提升机上仓系统

两级干式冷渣机串联＋斗式提升机上仓系统如图 6-15 所示。每台锅炉为一个输送单元，配置斗式提升机 2 台，一运一备。该系统的工艺流程为：渣井→液压关断门→一级干式冷渣机→碎渣机→二级干式冷渣机→斗式提升机→渣仓→装车外运，如图 6-16 所示。

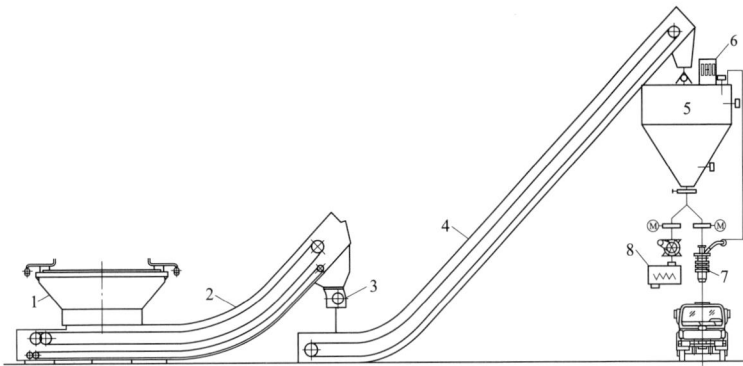

图 6-13 两级干式冷渣机串联上仓系统图

1—渣井；2——级干式冷渣机；3—碎渣机；4—二级干式冷渣机；

5—渣仓；6—布袋除尘器；7—干灰散装机；8—双轴搅拌机

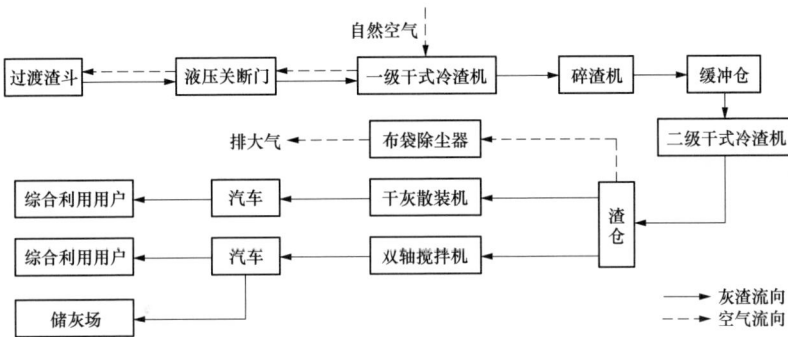

图 6-14 两级干式冷渣机串联上仓系统工艺流程

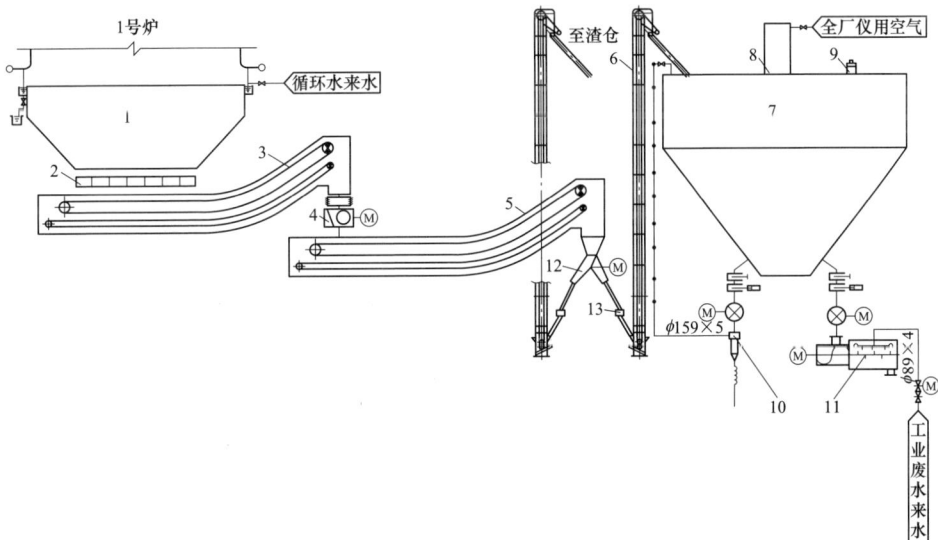

图 6-15 两级干式冷渣机串联＋斗式提升机上仓系统图

1—渣井；2—液压关断门；3——级干式冷渣机；4—碎渣机；5—二级干式冷渣机；6—斗式提升机；7—渣仓；

8—布袋除尘器；9—真空压力释放阀；10—干灰散装机；11—双轴搅拌机；12—电动三通；13—电动给料机

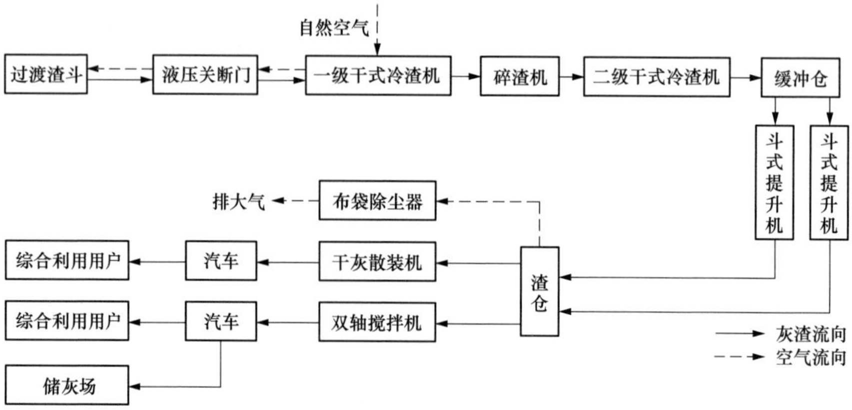

图 6-16　两级干式冷渣机串联＋斗式提升机上仓系统工艺流程

二、气力输送系统

1. 正压气力输送系统

正压气力输送系统如图 6-17 所示，其最终出口的炉渣颗粒大小根据系统要求确定，一般经两级粉碎后颗粒粒径小于 1mm。正压气力输送系统适合远距离输送，但系统的可靠性低于机械输送系统。

如图 6-17 所示，典型的系统流程为：渣井→液压关断门→干式冷渣机→一级碎渣机→三通→二级碎渣机→正压气力输送系统→渣仓→装车外运。

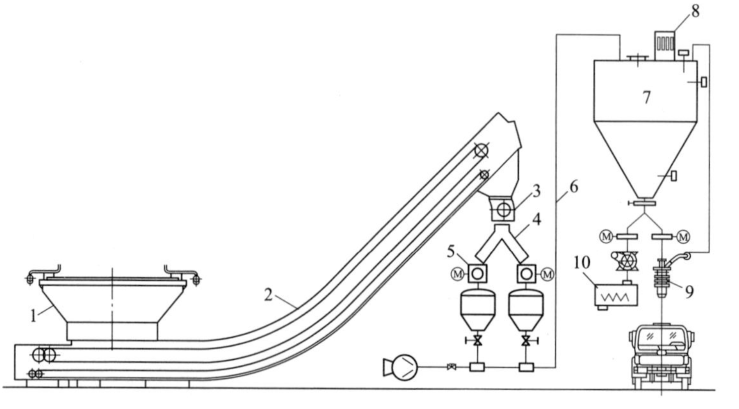

图 6-17　正压气力输送系统图

1—渣井；2—干式冷渣机；3—一级碎渣机；4—三通；5—二级碎渣机；

6—正压气力输送系统；7—渣仓；8—布袋除尘器；9—干灰散装机；10—双轴搅拌机

2. 负压气力输送系统

负压气力输送系统如图 6-18 所示，其特点除了输送系统是负压的，其他特点均与正压输送系统相同。由于系统承受负压的原因，负压气力输送系统的输送距离较正压气力输送系统近。

如图 6-18 所示，典型的系统流程为：渣井→液压关断门→干式冷渣机→一级碎渣机→三通→二级碎渣机→负压气力输送系统→渣仓→装车外运。

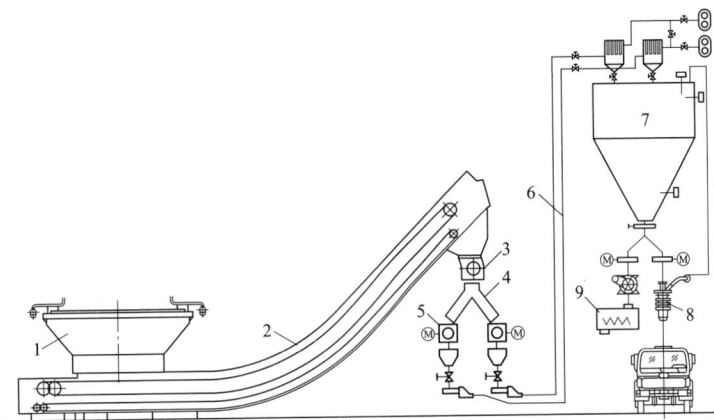

图 6-18　负压气力输送系统图

1—渣井；2—干式冷渣机；3—一级碎渣机；4—三通；5—二级碎渣机；
6—负压气力输送系统；7—渣仓；8—干灰散装机；9—双轴搅拌机

第四节　干式除渣系统运行

一、干式除渣系统的组成

瑞金电厂二期锅炉校核煤种 1 的灰中 CaO 含量高达 17.95%，易引起渣水系统的结垢，导致湿式刮板捞渣机除渣系统运行成本的增加，故采用一级干式冷渣机直接上渣仓系统。该系统占地少、可靠性高、投资省、炉渣综合利用有较大优势。

但需要注意的是，锅炉设计煤种为中等结渣特性煤种，校核煤种 1 为严重结渣特性煤种，校核煤种 2 为低结渣特性煤种，需要加强炉渣破碎，并适当提高系统出力。

风冷干式除渣系统如图 6-19 所示。

每台炉设 1 台干式冷渣机，炉渣在干式排渣过程中被空气冷却到 150℃ 以下。冷灰斗中的渣落到钢带上，由钢带输送至碎渣机，经碎渣机破碎后进入渣仓储存。部分细灰经清扫链带入细灰仓储存。

每台炉设一座直径 8m，总有效容积 $250m^3$ 的渣仓。渣仓本体、支架和平台扶梯等全部采用钢结构，仓壁采用耐磨和耐腐蚀的 304L 不锈钢钢板制成，内壁涂耐高温油漆。

渣仓顶设有人孔门、高料位计及连续料位计、真空压力释放阀和袋式除尘器。袋式除尘器仪用气源来自全厂仪用气系统。渣仓锥体部位安装 3 台仓壁振动器。渣仓的底部设有 2 个排出口，各接 1 个干灰散装机，供汽车向外运渣。

渣仓 4.5m 平台处设 1 个容积为 $1m^3$ 的不锈钢仪用空气储气罐，下方设若干负压吸尘

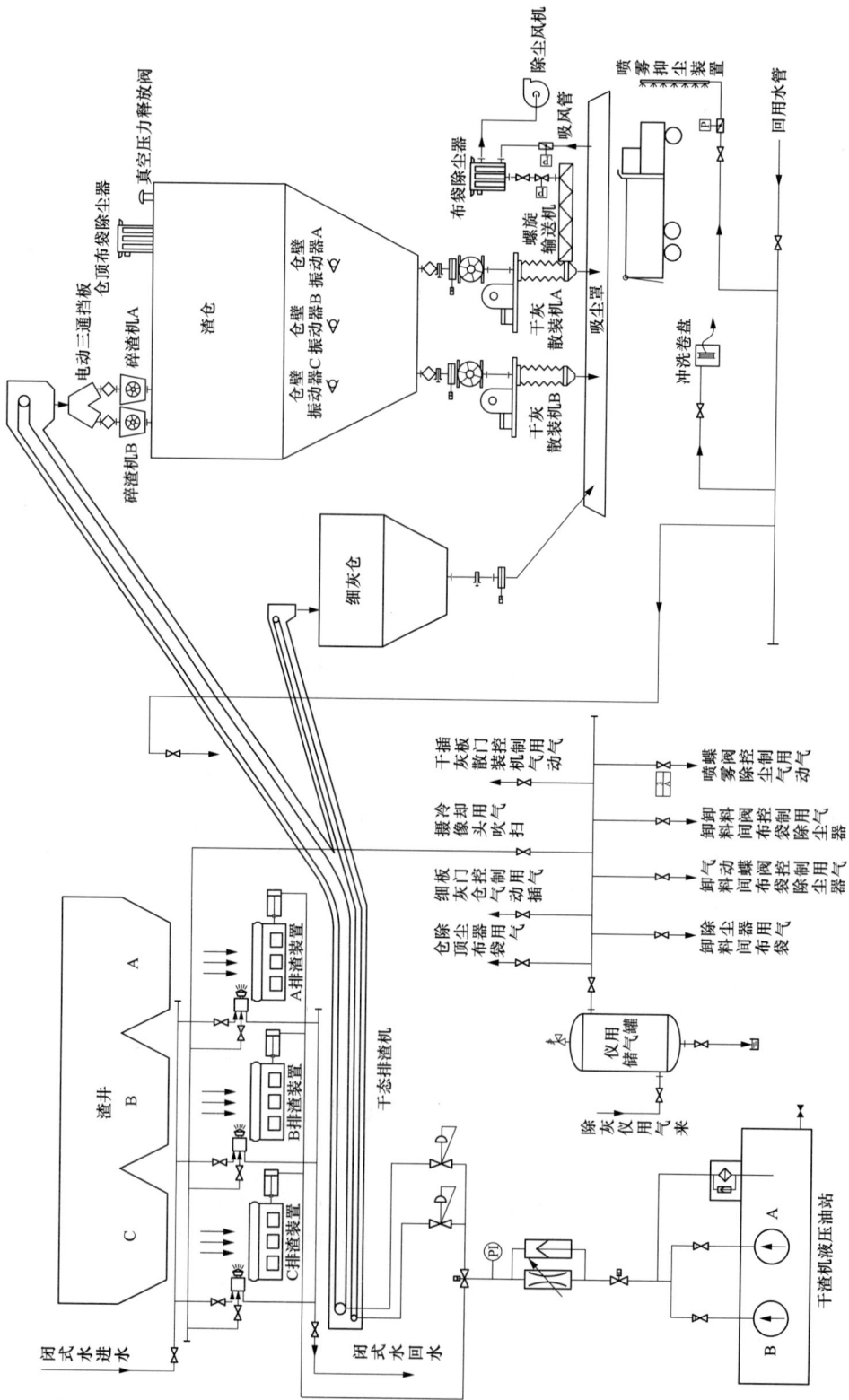

图 6-19　风冷干式除渣系统

口和喷雾抑尘装置。渣仓 3m 高度处设 1 个渣仓卸料控制室，放渣区域采用彩钢板封闭，并设卷帘门以减少渣仓区域扬尘。

二、技术参数与设备规范

瑞金电厂二期锅炉干式除渣系统技术参数与设备规范见表 6-1。

表 6-1　　　　　　　　　　　干式除渣系统技术参数与设备规范

参数名称	数值	单位	参数名称	数值	单位
过渡渣斗					
数量	1	个	储渣总容积	100	m³
耐温	900	℃	排渣口数量	3	个
排渣装置					
干式冷渣机挤压头	8	对	驱动方式	液压驱动	
干式冷渣机					
型号	GPZS14M.7		生产厂家	北京国电富通科技发展	
额定出力	15	t/h	最大出力	40	t/h
总水平长度	60	m	抬升高度	17	m
抬升段水平长度	约 37	m	张紧方式	液压张紧	
额定排渣温度	100	℃	额定输送带速度	2	m/min
最大排渣温度	150	℃	最大输送带速度	4	m/min
额定冷却风量	小于锅炉总风量 1%		驱动方式	滚筒驱动	
最大冷却风量	小于锅炉总风量 4%		清扫刮板形式	刮板＋阻燃胶条	
紧急喷淋降温水	2～5	t/h	紧急喷淋水压	0.5	MPa
电动三通					
型号	DST		数量	1	台
材质	Q235				
碎渣机					
型号	GDGS1400		数量	2	台
额定出力	40	t/h	破碎粒径	25×25	mm
渣仓					
数量	1	座	容积	300	m³
渣仓直径	8	m	渣仓长×宽×高	约 23×8×8	m×m×m
仓体壁厚	10	mm	渣仓本体质量	约 70	t
仓体材料	Q235＋304L				
仓顶布袋除尘器					
型号	DMC-36		数量	1	台
过滤效率	99.9	%	排气含尘浓度	<20	mg/m³

三、干式除渣系统运行

（一）启动

1. 除渣系统启动前检查

（1）按辅机检查通则确认除渣系统具备启动条件。

（2）钢带输渣机运行前，确认液压破碎机挤压头处于关闭状态。

（3）检查设备连接完整，所有配套的热工仪表、开关、控制线路完好。

（4）检查锅炉冷灰斗干净无积灰、无任何杂物。

（5）检查钢带输渣机、碎渣机、液压泵站的连接螺栓完好，各转动部件转向正确，转动灵活无卡涩，油箱油位正常，油质合格。

（6）检查钢带输渣机钢带及清扫链刮板运行方向正确。钢带位于承载托辊中间，钢带的各个钢片间距一致，钢片固定螺钉完好无松动或脱落。

（7）钢带及清扫链刮板张紧装置完好，钢带输渣机头部动力段及尾部张紧段检查门关闭严密。

（8）液压系统的1、2号系统溢流阀工作压力设置为13.5MPa，钢带张紧溢流阀工作压力设置为2.5MPa，清扫链张紧溢流阀工作压力设置为2.0MPa，所有液压系统截止阀旋至接通状态。

（9）检查设备上所有仪器、仪表、传感器和控制开关完好，所有配套设备、控制系统、热工仪表、开关、阀门都处于启动准备状态。

（10）启动前控制系统设置为程控，准备启动干式排渣系统。

（11）完成上述内容的检查后，启动钢带运行。

（12）确认渣仓及卸渣系统处于备用状态，且渣仓料位正常。

2. 除渣系统启动

（1）启动除尘风机，检查除尘风机运行正常。

（2）启动碎渣机，检查碎渣机启动正常，电流返回正常至13A。

（3）根据需要设定清扫链电机频率、钢带电动机频率。

（4）启动清扫链电动机冷却风机。

（5）启动清扫链运行，检查清扫链频率正常。

（6）启动钢带机冷却风机。

（7）启动钢带运行，检查钢带频率正常。

（8）试启液压油系统，检查系统油压正常，无泄漏。

（9）开启干式冷渣机挤压头。

3. 除渣系统程序启动

（1）在除渣系统画面单击"干排渣程启"按钮，弹出干除渣程序启动面板，按下自动启动，检查自动执行以下步序：

步序一：条件：A 碎渣机选择或 B 碎渣机选择；

指令：启动电动推杆。

步序二：条件：除尘风机具备启动条件；

指令：启动除尘风机。

步序三：条件：A 除尘风机已运行/B 除尘风机已运行；

指令：启动碎渣机。

步序四：条件：碎渣机已正转；

指令：启动清扫链电动机风扇。

步序五：条件：清扫链电动机风扇运行；

指令：启动清扫链电动机。

步序六：条件：清扫链电动机运行；

指令：启动钢带驱动电动机风扇。

步序七：条件：钢带电机风扇运行；

指令：启动钢带驱动电动机。

（2）钢带驱动电动机运行，程序启动结束。

（二）停止

1. 除渣系统停止

（1）锅炉停炉后无风机运行，钢带上无炉渣后可以停运除渣系统。

（2）停止钢带机、清扫链运行。

（3）停止钢带机、清扫链冷却风机运行。

（4）停止碎渣机运行。

（5）停止渣仓除尘风机运行。

（6）根据需要保持干式冷渣机挤压头开启或关闭，操作完毕后停运液压油系统。

2. 除渣系统程序停止

（1）在除渣系统画面单击"干排渣程停"按钮，弹出"干除渣程序停止"面板，按下自动，启动，检查自动执行以下步序：

步序一：条件：干排渣系统运行；

指令：执行挤压头自动关闭程序。

步序二：条件：挤压头关指令（360s），液压油站 1 号泵停止，液压油站 2 号泵停止；

指令：停止钢带电动机。

步序三：条件：钢带驱动电动机停止；

指令：停止钢带驱动电动机风扇。

步序四：条件：钢带驱动电动机风扇停止；

　　　　　指令：停止清扫链电动机。

步序五：条件：清扫链电动机停止；

　　　　　指令：停止清扫链电动机风扇。

步序六：条件：清扫链电动机风扇停止；

　　　　　指令：停止碎渣机。

（2）碎渣机停止，程序停止结束。

（三）设备操作

1. 碎渣机启停

（1）启动。

1）检查干除渣切换控制箱电源正常，各指示灯指示正常无异常；

2）将控制方式切至就地；

3）启动渣仓风机运行；

4）检查碎渣机控制箱电源正常，各指示灯指示正常无异常；

5）将控制方式切至就地；

6）按下正启按钮，检查碎渣机启动正常，电流正常；

7）根据需要按下反启按钮，碎渣机反转启动。

（2）停止。

1）碎渣机停运前检查钢带机已停运；

2）按下停止按钮，停止碎渣机运行；

3）切换控制箱停止风机运行。

2. 清扫链启停

（1）启动。

1）检查控制箱已送电，清扫链具备启动条件；

2）检查控制箱控制方式在就地；

3）按下风机运行按钮，检查冷却风机启动正常，运行灯亮；

4）按下电动机启动按钮，检查电动机启动正常，运行灯亮；

5）根据需要调整调速按钮控制转速。

（2）停止。

1）检查控制箱控制方式在就地，清扫链允许停止；

2）按下电动机停止按钮，检查电动机停止灯亮；

3）按下风机停止按钮，检查风机停止灯亮。

3. 钢带机启停

（1）启动。

1）检查控制箱已送电，钢带机具备启动条件；

2）检查控制箱控制方式在就地；

3）按下风机运行按钮，检查冷却风机启动正常，运行灯亮；

4）按下电动机启动按钮，检查电动机启动正常，运行灯亮；

5）根据需要调整调速按钮控制转速。

（2）停止。

1）检查控制箱控制方式在就地，钢带机允许停止；

2）按下电动机停止按钮，检查电动机停止灯亮；

3）按下风机停止按钮，检查风机停止灯亮。

4. 干式冷渣机挤压头启闭

（1）开启干式冷渣机挤压头操作。

1）启动一台液压油泵；

2）打开液压油站总回油路电磁阀 AA001；

3）检查液压油压 10.5MPa 左右；

4）打开总缩缸电磁阀 AA002，检查总伸缸电磁阀 AA003 在关闭；

5）逐个成对打开干式冷渣机挤压头进油电磁阀，检查干式冷渣机挤压头打开正常；

6）注意钢带机、碎渣机运行情况及钢带各段温度指示变化。

（2）关闭干式冷渣机挤压头操作。

1）启动一台液压油泵；

2）打开液压油站总回油路电磁阀 AA001；

3）检查液压油压在 10.5MPa 左右；

4）打开总伸缸电磁阀 AA003，检查总缩缸电磁阀 AA002 在关闭；

5）逐个成对打开干式冷渣机挤压头进油电磁阀，检查干式冷渣机挤压头关闭正常。

（3）干式冷渣机挤压头就地操作。

1）检查干式冷渣机挤压头就地控制箱各指示灯指示正常，无异常；

2）将控制方式切至就地；

3）启动一台液压油泵；

4）检查泵启动正常，运行指示红灯亮，液压油压力正常；

5）根据需要操作相应干式冷渣机挤压头旋钮至"开"或"关"，来开启或关闭干式冷渣机挤压头；

6）操作完毕，停止液压油泵；

7）将控制方式切至程序控制。

（四）运行维护及注意事项

（1）钢带输渣机启动前，检查无打滑报警和断带报警信号，绝不允许钢带出现打滑现象。

（2）启动过程中一旦发现报警信号，立即停止运行，查明原因、排除故障后，方可重新投入运行。

（3）进行蒸汽吹灰、燃煤掺烧、机组快减负荷等大幅扰动工况时，应提前采取措施，避免温度上升过多，可事先短时间关闭部分挤压头，然后视焦量情况缓慢恢复挤压头。

（4）干除渣系统发生故障跳闸，关闭全部挤压头，停止锅炉吹灰，待干除渣系统恢复正常运行后方可进行吹灰。

（5）钢带机需要停运检修时，如果非钢带机本身故障，应在关闭 3 个冷灰斗关断挤压头后，提高钢带机的运行速度，将钢带机内的炉渣输送完毕后，方可进行检修工作。

（6）临时检修挤压头关闭，钢带机停运时间不得超过 4h；若因处理缺陷长时间不能恢复运行时，将机组负荷减至 500MW，并联系检修部门尽量加快检修，及时恢复干除渣系统运行；必要时根据情况手动进行放灰，放灰结束后应立即联系检修将积灰清理干净。

（7）钢带输送机每次停运前都要将挤压头关闭，并检查确已关闭到位后才允许打开人孔进行检修工作，防止漏风对锅炉燃烧造成不利影响。

（8）在检修结束后，应先张紧钢带、启动钢带输送机，然后挤压头，具体操作如下：

1）在恢复干除渣系统运行过程中，应先将原钢带机上的炉渣输净后，再根据下渣量逐步开启挤压头，不能压住钢带机，并且根据渣量调整各设备频率。

2）开启挤压头过程中，就地必须设专人监视钢带机上渣量情况。

3）按由 A 冷灰斗向 C 号冷灰斗的顺序开启挤压头，每个冷灰斗中挤压头的开启顺序先开两侧、再开中间。

4）每次只允许开启一对挤压头，并且待钢带机所有炉渣输净以后方可开启下一对挤压头。

5）开启挤压头之前先检查挤压头上部的炉渣量，当炉渣量较大时采取慢开快关的方式逐渐开启挤压头，即挤压头开启一半以后立即关闭，待炉渣输走以后再重复操作，直至挤压头上方所有炉渣落下。

（9）运行中检查整机运行平稳，不可有不转动的托辊、托轮、压轮、压辊。

（10）运行中检查刮板清扫链行走应无跑偏现象，回程的清扫链链条应在所对应的托轮槽内，不允许脱落在托轮槽外。

（11）检查钢带输渣机的运行速度，驱动电动机的电流、转速，以及渣量增大时驱动电动机变频调速时的电流、转速，检查钢带有无打滑、裹灰、变形现象。

（12）检查钢带输渣机钢带和刮板清扫链张紧机构的液压张紧装置工作正常：

1）当张紧力低于设定值而不能联泵加载时要立即手动进行加载；

2）当张紧力过高时可以通过就地对应的泄油阀调整油压（调整油压时要避免油泵频繁启动）；

3）各张紧装置调整灵活，各张紧装置已利用的行程不应大于全行程的 70%；

4）发现张紧力变化异常时要及时进行分析，并联系处理。

（13）检查液压泵站液压泵的工作状况和工作压力、液压油液位、所有液压连接部位是否有渗漏油现象。检查碎渣机减速机油位正常，油质良好。各减速机无渗漏油现象。

（14）当液压破碎机液压头处有大块渣时，运行人员手动操作液压破碎机挤压头进行碎渣。

（15）钢带输渣机头部温度不正常升高时，应及时开大冷却风门。

1）正常情况下各钢带机检查孔应关闭严密，当在钢带机头部温度高于80℃时，可适量开启钢带机下部检查孔进行冷却（避免开钢带机爬坡段的检查孔，以免清扫链内的灰被吹回）。

2）当钢带机头部温度达到100℃时，应立即开启钢带机头部进风调节门，任何时候不要超过120℃，必要时可短时间关闭部分挤压头减少落渣量（但挤压头不要全部关闭）。

（16）通过观察窗检查清扫链内积灰是否严重，积灰较多时及时处理：

1）发现积灰情况有增大趋势（观察窗超过1/3），立即增大清扫链的频率，同时检查干除渣系统是否运行正常（锁气器动作情况；钢带机头部风门开度；清扫链刮板是否偏斜或刮不到底）；

2）若积灰较多时应短时间关闭挤压头，调整清扫链频率，注意监视，逐渐将积灰输出；

3）积灰非常严重时，应及时联系检修进行放灰。

（17）加强对渣仓料位的监视，当料位高于3m时汇报值长立即联系卸渣，记录炉渣运输情况，发现其变化不正常时要及时分析并联系检查。

（18）干除渣系统中钢带机频率要根据煤种和实际落渣量在20～50Hz之间进行调整。

（五）事故处理

1. 碎渣机跳闸

（1）原因。

1）热工原因；

2）电气故障；

3）人为误动。

（2）处理。

1）检查跳闸原因，联系检修处理；

2）渣仓料位高及时放渣；

3）有异物卡住，联系检修处理。

2. 钢带机跳闸

（1）原因。

1）碎渣机跳闸；

2）钢带断带；

3）钢带打滑；

4）电气原因；

5）人为误动。

（2）处理。

1）检查跳闸原因，若为人为切至就地，联系除渣人员及时恢复；

2）钢带断带，联系检修处理；

3）钢带打滑，联系检修调整钢带张紧力；

4）电气原因查明原因，联系检修处理；

5）超过 5min 无法启动则关闭干式冷渣机挤压头；

6）若超过 4~5h 处理不好先降负荷运行，必要时联系检修扒灰；

7）经扒灰仍未处理好时申请停炉。

3. 清扫链跳闸

（1）原因。

1）清扫链断带；

2）清扫链打滑；

3）电气原因；

4）人为误动。

（2）处理。

1）检查跳闸原因，若为人为切至就地，联系除渣人员及时恢复；

2）清扫链断带，联系检修处理；

3）清扫链打滑，联系检修调整钢带张紧力；

4）电气原因查明原因，联系检修处理；

5）若超过 2h 处理不了，联系检修扒灰；

6）注意钢带运行情况，若导致钢带卡涩跳闸按钢带跳闸处理。

（六）渣仓卸料系统运行

1. 渣仓卸料系统启动前检查

（1）检修工作已全部完毕，工作票已终结，各转动机械试转合格。

（2）楼梯栏杆完整，现场整洁，照明良好，各人孔门关闭。

（3）各电动机地脚螺栓牢固、减速机安装牢固，转向正确，接地良好。

（4）设备连接完整，仪用空气、油管路无泄漏。

（5）所有就地控制盘上"远方/就地"转换开关置于"远方"位。

（6）DCS 画面检查各电动机已送电，停用时间超规定，送电前要测量绝缘合格。

（7）电动门气动门的电源气源投入，并校验合格。

（8）热工各开关表计、报警保护准确可靠，并已投运。

（9）检查系统各设备无报警信号。

（10）渣仓顶部真空压力释放阀在闭合位置，上面无杂物、无阻碍动作的可能。

（11）布袋收尘器清洁、无破损、堵塞。

（12）检查渣仓内部已清空，渣仓排渣门关闭，外观完整，渣仓料位计已投入。

（13）渣仓仓壁振荡器安装牢固，接线完好，振荡频率正确。

（14）渣仓干灰散装机进口气动阀、排气风机完整，电源投入，进口手动阀在开启位置，散装头安装牢固，上、下升降灵活。

（15）渣仓卸渣就地控制开关箱电源指示正常，各开关位置正确。

2. 渣仓卸料系统操作流程

（1）干灰卸料散装机手动操作流程。

1）干灰运输车缓慢移动和干灰卸料口对准；

2）将渣仓卸干灰控制箱"手/自动"转换开关打到"手动"位；

3）启动渣仓干灰卸料散装机，让其下降到正确位置；

4）启动卸渣除尘风机；

5）启动渣仓干灰卸料散装机；

6）打开渣仓干灰散装机气动插板门；

7）开始落灰；

8）待干灰运输车灰满后，关闭渣仓干灰散装机气动插板门；

9）停止渣仓干灰卸料散装机；

10）启动渣仓干灰卸料散装机，让其上升到正确位置；

11）停止卸渣除尘风机。

（2）干灰卸料散装机自动操作流程。

1）干灰运输车缓慢移动至和干灰卸料口对准；

2）将渣仓卸干灰控制箱"手/自动"转换开关打到"自动"位；按卸干灰控制柜渣仓干灰卸料散装机"下降"按钮，让其下降到正确位置；

3）按卸渣除尘风机"启动"按钮，启动除尘风机；

4）渣仓干灰卸料散装机自动启动；

5）渣仓干灰散装机气动插板门自动打开；

6）开始落灰；

7）待干灰运输车灰满后，渣仓干灰散装机气动插板门自动关闭；

8）渣仓干灰卸料散装机自动停止；

9）渣仓干灰卸料散装机自动上升；

10）自动停止卸渣除尘风机。

第七章　压缩空气系统

在火力发电厂中，压缩空气作为一种重要的动力源，其主要作用是提供电厂热工仪表和控制、检修杂用和物料输送的用气。目前，随着火力发电厂发电机组单机容量的不断扩大以及干式飞灰输送系统的广泛应用，压缩空气系统作为空气动力源的建设规模也在不断扩大。压缩空气系统的设计与运行不仅对锅炉灰渣系统，甚至对发电机组的安全经济运行都有直接的影响，是火力发电厂不可或缺的公用系统之一。

为了获得洁净、干燥、压力平稳的压缩空气，压缩空气系统由空气压缩系统和压缩空气后处理系统两大部分组成。其中，后处理系统包括压缩空气的干燥系统和净化系统。

第一节　概　　述

一、压缩空气的分类与品质要求

在火力发电厂中，压缩空气根据其用途可分为以下三种：①仪用气，是供电厂仪表与控制（含布袋除尘器吹扫用气）使用的压缩空气；②厂用气，是供电厂检修、运行维护用的压缩空气；③输送用气，是供电厂气力输送各种物料（灰渣、石灰石粉等）用的压缩空气，通常为除灰专业输送用气。

以上三种压缩空气的品质不同。仪用气的品质最高，其压力和用气量需要维持基本恒定，用气不可中断；厂用气的品质最低，基本没有特殊要求，必要时甚至可以短时切断；而输送用气的品质则介于仪用气和厂用气两者之间，其压力和用气量波动相对较大，根据物料输送系统的运行方式，允许短时中断。

火力发电厂需要压缩空气的专业有热机、热控、除灰、脱硫、脱硝、上煤、化水等，各专业压缩空气的用气量、用气频率和用气品质不尽相同。某工程 2×1000MW 燃煤机组压缩空气用气参数见表 7-1（仪用气）和表 7-2（厂用气与输送用气）。

表 7-1　　　　　　　　某工程 2×1000MW 燃煤机组仪用气的用气量　　　　　　　（m³/min）

项目	热机控制	除灰控制	脱硫、硝控制	化水专业	合计	计算气量
1 台机组运行	22.5	2.5	1.25	0.75	25.5	28.54
2 台机组运行	45	5	2.5	1.5	51	57.08
用气频率	连续	连续	连续	连续		
品质要求	压力露点−40℃，含油量不大于 0.01mg/kg，含尘浓度不大于 0.01mg/m³，灰尘粒径不大于 1μm，压力 0.8MPa					

表 7-2　　　　　某工程 2×1000MW 燃煤机组厂用气与输送用气的用气量　　　（m³/min）

项目	检修用气	除灰系统（干灰输送）	计算气量总计	选型气量
1 台机组运行	20	56.35	84.39	93.38
2 台机组运行	40	112.7	168.78	186.76
用气频率	间断	连续		
品质要求	除灰系统：压力露点不大于 3℃；含油量不大于 1mg/kg；含尘浓度不大于 1mg/m³；灰尘粒径不大于 3μm；压力 0.8MPa。 检修用气：可以采用空气压缩机出口的未经后处理的原始压缩空气			

二、压缩空气系统的布置

1. 总体布置

火力发电厂压缩空气系统的布置可分为分散式与集中式两大类。分散式是指机务专业用气（全厂仪用、厂用压缩空气）和除灰专业用气（除灰气力输送和脱硫石灰石粉气力输送用压缩空气），各设置一座空气压缩机房。集中式是指全厂设置一座空气压缩机站，全厂压缩空气系统统一设计，全厂气源统筹考虑。

在同等条件下，集中式与分散式比较有以下明显优点：

（1）设备高度集中，所以运行管理便捷，设备维护、检修等工作量相对较小。同时，总体上减少了设备购置以及土建投资的费用。

（2）各空气压缩机出口汇入空气母管，空气压缩机的型式和容量配置相同，因此，空气压缩机可以互为备用，减少了设备备用率，提高了设备利用率。

（3）每年的运行费用比分散式降低 20% 左右，节水、节油、节能效果明显。

2. 后处理系统的布置

根据与空气压缩系统的管道连接方式，压缩空气后处理系统的布置通常有以下三种方式：

（1）空气压缩机出口管道与干燥机进口管道一对一连接，干燥机参数与空气压缩机的参数相匹配；

（2）空气压缩机出口管道通过母管与干燥机进口管道连接，干燥机数量与空气压缩机数量相同，单台干燥机参数与单台空气压缩机的参数相匹配；

（3）空气压缩机出口管道通过母管与干燥机进口管道连接，干燥机数量与空气压缩机数量不同，单台干燥机可处理多台空气压缩机的用气量。

上述第一种方式通常适合分散式压缩空气系统，系统相对简单；第二、三种方式适合于全厂集中式压缩空气系统。值得注意的是，电厂的用气量会根据负荷、煤质等情况变化，空气压缩机设计时一般会考虑调节气量的手段，而干燥机常规设计不考虑调节负荷的措施，所以采用第二种方式在系统控制上可实现空气压缩机与干燥机联锁，这有利于系统节能运行。

3. 储气罐的布置

储气罐的布置分为前置与后置两种方式。前置利于除水（储气罐前置可除去压缩空气中70％的饱和水）和降温，后置则利于储气和稳压。在实际工程设计中，推荐布置原则如下：

（1）对于仪用气，储气罐可采取后置的方式，目的是在全厂失电时，利用储气罐内的高压空气，提供5min容量的干燥气源，保证机组停机时的用气量需求；也可以采用前后置结合的方式，前置储气罐除水降温，后置储气罐储气、稳压。

（2）对于厂用气，推荐采用后置的方式，储气罐可单独设置，也可以利用输送用气储气罐，管路设计时采用管路上设置阀门来切换运行。

（3）对于输送用气，推荐采用前置的方式，兼顾除水、降温、削峰和稳压作用。

第二节　空气压缩系统

空气压缩系统的核心设备是空气压缩机（简称空压机），在火力发电厂空气压缩站（简称空压站）中，目前最广泛采用的是喷油螺杆式空气压缩机，本节仅对基于这种空气压缩机的空气压缩系统予以介绍。

一、喷油螺杆式空气压缩机

（一）基本结构

喷油螺杆式空气压缩机的基本结构如图7-1所示。它的气缸成"∞"字形，在气缸中平行地配置一对相互啮合的螺旋形转子。通常把具有凸齿的转子称为阳转子或阳螺杆，把具有凹齿的转子称为阴转子或阴螺杆。一般阳转子与原动机连接，由阳转子带动阴转子转动。因此，阳转子又称为主动转子，阴转子又称为从动转子。

转子上的球轴承使转子实现轴向定位，并承受压缩机中的轴向力；转子两端的圆柱滚子轴承使转子实现径向定位，并承受压缩机中的径向力。在压缩机气缸的两端，分别开设一定形状和大小的孔口。一个供吸气用，称作吸气孔口；另一个供排气用，称作排气孔口。

在喷油螺杆式空气压缩机设计中，转子采用对称型线和非对称型线两种。目前，国内转子的端面型线如图7-2所示。阳转子有四个凸而宽的齿，为左旋向；阴转子有6个凹而窄的齿，为右旋向。

（二）工作原理

螺杆空气压缩机的工作循环可分为吸气、压缩和排气三个过程，可用图7-3中一对啮合的沟槽说明。

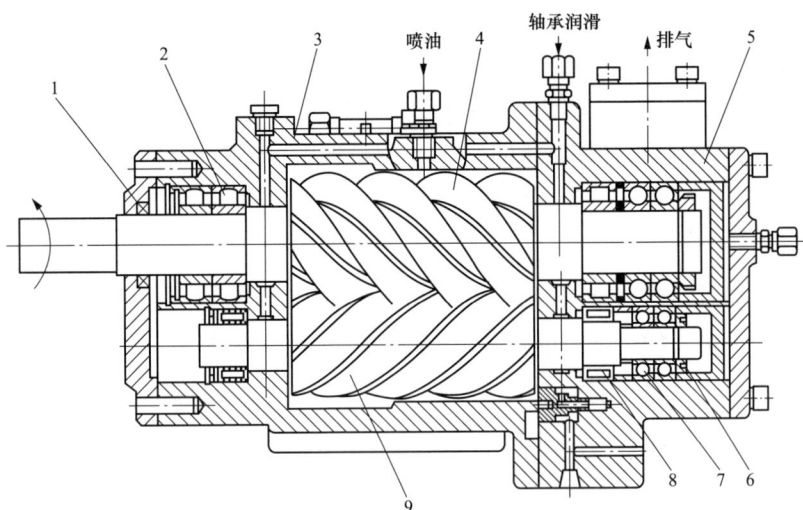

图 7-1　喷油螺杆式空气压缩机的结构图

1—轴封；2、8—圆柱滚子轴承；3—机体；4—阳转子；

5—排气端盖；6—锁紧螺母；7—角接触球轴承；9—阴转子

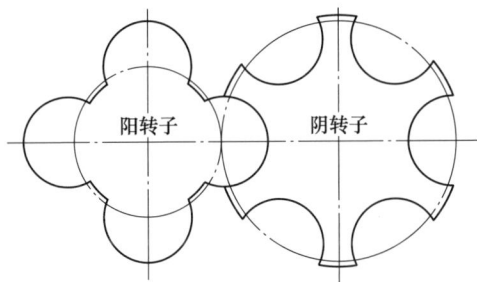

图 7-2　转子的端面型线

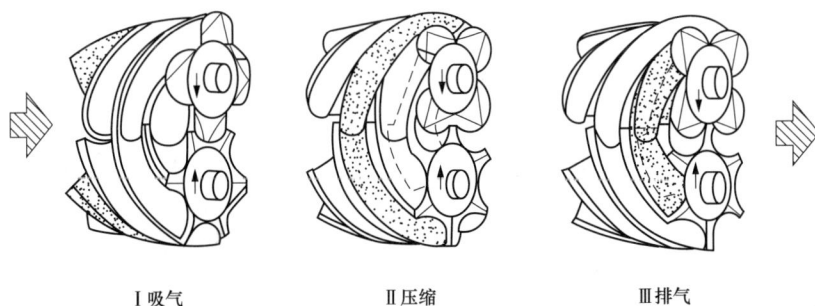

Ⅰ吸气　　　Ⅱ压缩　　　Ⅲ排气

图 7-3　空气的压缩过程

1. 吸气

阴阳转子的一对啮合的沟槽，与吸气管道连通，进行充分的吸气。

2. 压缩

这对吸气的沟槽在吸气端面上离开吸气孔口，即与外界隔绝，沟槽中的空气被开始压缩。阴阳转子继续旋转，阳转子的齿峰连续地向阴转子的齿谷（即沟槽）中填塞。同样，阴转子齿峰也不断地填塞对应的阳转子的齿谷。这样的相互填塞，使各自转子的沟槽容积逐渐减少，沟槽中运动着的空气分子之间的距离逐渐缩小，也就是说，空气压力逐渐地升高了。

3. 排气

当阴阳转子这对沟槽在排气端与排气孔口接通，空气的内压缩终了，排气开始。

在阳转子和阴转子的啮合线的一方齿槽进行压缩和排出，另一方进行吸入。这样，螺杆空气压缩机的工作类似往复式空气压缩机。

从上述工作过程可以看出，喷油螺杆式空气压缩机是一种工作容积作回转运动的容积式空气压缩机械。空气的压缩依靠容积的变化来实现，而容积的变化又是借助压缩机的一对转子在气缸内作回转运动来达到。它的工作容积在周期性扩大和缩小的同时，其空间位置也在变更。只要在气缸上合理地配置吸、排气孔口，就能实现压缩机的基本工作过程：吸气、压缩及排气过程。

（三）油气分离器

在喷油螺杆式空气压缩机的工作过程中，将大量的润滑油喷入空气压缩机的齿间容积，其作用如下：

（1）提供阳转子驱动阴转子所需要的润滑，降低噪声。

（2）带走空气压缩过程中所产生的压缩热，使压缩尽可能接近于等温压缩。

（3）密封阳转子和阴转子之间以及转子和气缸之间的间隙，使内部泄漏损失减少，即使在低转速下也能提高效率。

喷油螺杆式空气压缩机在压缩空气的同时，喷油和压缩空气形成的油气混合物在经历相同的压缩和排气过程后，被排到油气分离器中。油气分离器是喷油螺杆式空气压缩机系统中的主要部件之一，为了降低排气中的含油量和循环使用润滑油，必须利用油气分离器把润滑油有效地从压缩空气中分离出来。

1. 油气混合物的特性

在由压缩空气和润滑油形成的油气混合物中，润滑油以气相和液相两种形式存在。处于气相的润滑油，是由液相的润滑油蒸发所产生的，其数量的多少除取决于油气混合物的温度和压力外，还与润滑油的饱和蒸气压有关。油气混合物的温度和压力越高，则气相的油越多；饱和蒸气压越低，则气相的油越少。气相油的特性与其他气体类似，无法用机械方法予以分离，只能用化学方法去清除。通常是利用活性炭元件的吸附作用，清除处于气相的润滑油。经过吸附过程后，气体中的含油量可不高于 0.003×10^{-6}，这比普通大气环境中的含油量还要低。

显然，降低气相油含量的最有效方法是降低排气温度。但是，在喷油螺杆式空气压缩机中，排气温度不允许低到发生水蒸气被冷凝的程度。减少气相油含量的另一种方法，是采用饱和蒸气压较低的润滑油，合成油和半合成油往往具有相当低的饱和蒸气压力，所以在改善润滑性能的同时，能有效地降低空气压缩机排气中的含油量。

值得指出的是，在一般运行工况下，油气混合物中处于气相的润滑油很少。这是因为在通常的排气温度下，混合物中润滑油蒸气的分压力很低；另外，是由于润滑油从喷入到分离的时间很短，没有足够的时间达到气相和液相间的平衡状态。

处于液相的润滑油占了所有被喷入油中的绝大部分。这种液相油滴的尺寸范围分布很广，大部分油滴直径在 $1\sim50\mu m$ 的范围内，少部分的油滴可小至与气体分子具有同样的数量级，仅有 $0.01\mu m$。显然，大油滴和小油滴的性质会有较大的差异。

在重力作用下，只要油气混合物的流速不是太快，大的油滴最终都会落到油气分离器的底部。当然，油滴直径越小，其下落过程的时间就越长。对于直径很小的润滑油微粒，却可以长时间悬浮在气体中，无法在自身重力的作用下，从气体中被分离出来。

2. 油气分离的方法

按分离机理的不同，喷油螺杆式空气压缩机系统采用两种不同的油气分离方法：①机械碰撞法，即依靠油滴自身重力的作用，从气体中分离直径较大的油滴。实际测试表明，对于直径大于 $1\mu m$ 的油滴，都可采用机械碰撞法被有效地分离出来。②亲和聚结法，即通过特殊材料制成的元件，使直径在 $1\mu m$ 以下的油滴，先聚结为直径更大的油滴，然后再分离出来。在油气分离器中，通常把利用机械碰撞法的分离器称为一次分离器，把利用亲和聚结法的分离器称为二次分离器。

喷油螺杆式空气压缩机的油气分离器结构如图7-4所示，该结构把一次分离器和二次分离器组合为一体。油气混合物进入分离器后，首先撞击分离器中设置的挡板壁面，利用机械碰撞法进行一次分离。然后，油气混合物以较低的速度进入过滤元件，利用亲和聚结法进行二次分离。通过过滤元件底部的回油管，可将过滤元件分离出的润滑油引出。

值得指出的是，为了使过滤元件便于维护，把一次分离器和二次分离器分开布置的方案也得到了广泛的应用。

（四）排气量的调节

喷油螺杆式空气压缩机属于容积式压缩机械，其排气量不受背压的影响，所以必须采取有效的调

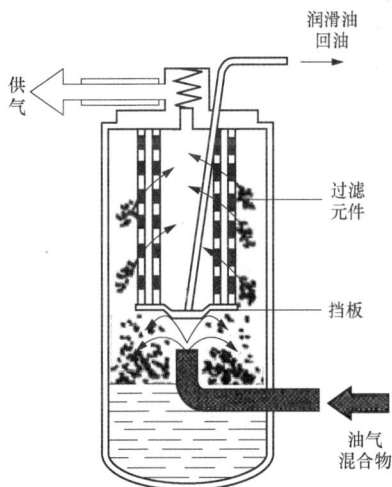

图 7-4 喷油螺杆式空气压缩机的油气分离器

节措施以防止超压而引起爆炸事故。排气量的调节方法有：变转速调节，吸入节流调节、停止吸入调节、空转调节、滑阀调节等。在实际应用中，可以同时采用上述两种及两种以

上的调节方法。

1. 变转速调节

排气量与转速成正比关系，改变压缩机的转速可以达到调节排气量的目的。

变转速调节方法主要优点是：整个压缩机装置的结构不需作任何变动。而且，在不同的转速时，气体在压缩机中的工作过程基本相同。

如果不考虑相对泄漏量的变化，压缩机的功率下降是与排气量的减少成正比例的，因此，这种调节方法的经济性较好。但是，随着转速的降低，其气体泄漏量增加，效率降低，所以，通常的调节范围是额定转速的60%～100%。

2. 停转调节

当用气负荷变小时，管网压力将不断上升，这时利用压力继电器等电控元件切断电动机电源，使压缩机停止运转，从而达到间断调节排气量的目的。事实上，由交流电动机驱动的中、小型压缩机组成的空气压缩站，以及用气负荷变化较大的空气压缩站，均可采用停止部分机组供气的方法来调节排气量。

这种调节方法的缺点是：管网系统需配备较大容量的储气罐以避免机组频繁启动。

对于大功率压缩机组，一般采用电动机与压缩机脱开，使电动机空转、压缩机停转的运行方式。但在电动机和压缩机之间必须加装结构复杂的离合器。

3. 进气节流调节

这种调节方法是在进气管上加装一个节流阀，使吸入气体节流后降低压力和比重，从而达到调节排气量之目的。

进气节流调节的特点是，压缩机的指示功率在排气量减少时非但不下降，反而上升。另外，由于外压力比增加会使排气温度升高。根据以上特点，这种调节方法一般仅用于小型压缩机及工况基本稳定的机组。

4. 停止吸入调节

在压缩机进气管路上加装一套调节装置，当储气罐内（或排气管内）压力达到某一预定值时，调节装置在气压的作用下自动切断进气管路。当储气罐中压力因耗气而下降至某一规定数值时，调节装置动作使压缩机恢复正常供气。采用这种方法调节时，压缩机停止吸入，处于空转状态，因而只能进行间断调节。

停止吸入调节的特点是，指示功率下降幅度并不很大，为了进一步降低空载功率（占额定功率的50%～60%）可采用如下措施：

（1）加装油量调节阀，使其在调节工况时减少机器的供油量。

（2）加装自动开关阀，在进气调节装置动作时开启自动开关阀，用回收油泵将排气止回阀前的油抽至储气器并降低背压。

采用上述两项措施后可使空载功率进一步降低到额定功率的18%，因而，获得日益广泛的应用。

5. 进、排气管道连通调节

为了改善停止吸入调节造成真空的缺点，在压缩机排气管路上装设一个调节装置，当储气器压力达某一规定数值时，调节装置在气压作用下自行动作，使进、排气管连通。从而达到调节供气量的目的。

进、排气管道连通调节的特点是，压缩机在调节工况时功率比额定功率小得多。而且，机器的内压力比越低，空载功率也越低，所以，比较适合内压力比低的压缩机组。

6. 空转调节

它实际上是停止吸入和进、排气管道连通调节联合使用的一种综合调节方法。即采用一减荷阀，在进气管道被切断的同时，能使进、排气管道连通。

采用空转调节时，吸入管道产生一定的负压，排出压力为大气压。功耗不大于额定负荷的 30%，因而经济性较好。特别是用于高压比机组效果更佳，是最为常见的方法之一。

7. 滑阀调节

它是利用一个能在气缸轴线方向平行来回移动的滑动调节阀，使齿间容积在接触线从吸入端向排出端移动的前一段时间内仍与吸入口相通，并使这部分气体回流至吸气口。实际上，就是减少螺杆的有效轴向长度达到调节排气的目的。

装有滑阀调节装置的螺杆空气压缩机的典型结构如图 7-5 所示。

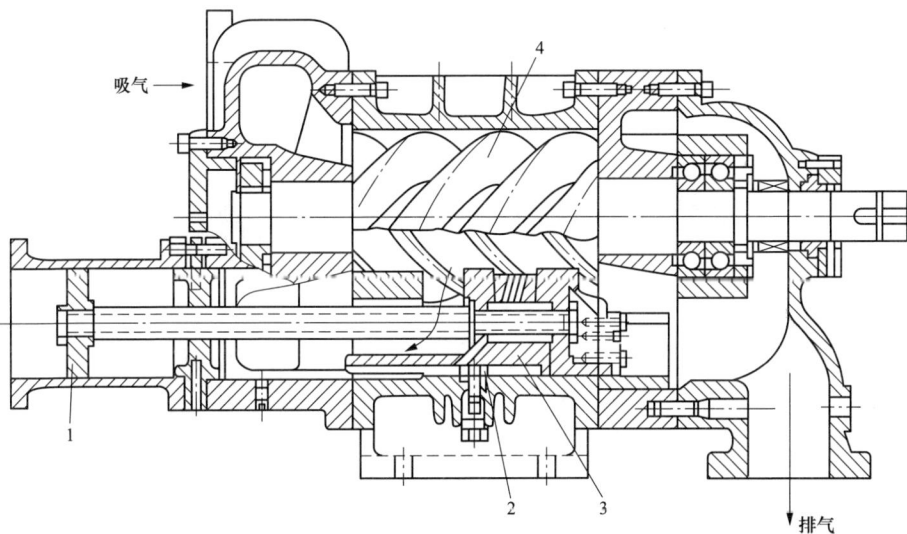

图 7-5　滑阀调节装置结构

1—油压活塞；2—导键；3—滑阀；4—转子

滑阀调节的主要特点是，调节范围很广，可在 10%～100% 的排气量范围内进行无级自动调节。50%～100% 的排气量范围内，调节的经济性很好，原动机消耗的功率几乎可与压缩机排气量的减少成正比例下降。但在排气量低于额定排气量 50% 以下时，螺杆的有效工作长度很短，内压力比降低较大，因而等容压缩到排出压力的这一部分功增加，所以，原动机功率的降低并不显著。另外，装有滑阀调节装置的压缩机还可实行卸载启动，特别是在闭式系统中。

由于以上所述的许多优点，滑阀调节得到广泛的应用。需要指出的是：对空气压缩机来说，由于一般要求排气量调节时不改变压力比，所以，经济性远不如用在制冷装置中，只有较大排气量（$\geqslant 40.0 \mathrm{m}^3/\mathrm{min}$）的机组才采用这种调节方法。

二、喷油螺杆式空气压缩机系统

喷油螺杆式空气压缩机系统（风冷）如图 7-6 所示，主要由空气系统、润滑油系统、冷却系统、传动系统和电控与调节系统组成。其中，冷却系统的作用是冷却压缩机排出的压缩空气及润滑油，冷却压缩空气的称为后冷却器，冷却润滑油的称为油冷却器。冷却方式有风冷和水冷两种，风冷通常使用的是板翅式冷却器，全部由铝合金材料焊接制成，而水冷通常使用的是高效铜质列管式冷却器。

喷油螺杆式空气压缩机通过空气过滤器吸入周围的空气，使之进入压缩主机内。阴阳转子通过啮合运动来改变主机内的容积。同时，主机腔内不断喷油，润滑和冷却螺杆。升温升压后的油气混合物通过排气单向阀进入油气分离器。大多数的油在油气分离器内与压缩空气进行分离，经冷却后回到主机循环利用。当油气分离器内的空气达到所需最低压力时，最小压力阀开启，高温压缩空气进入后冷却器被冷却下来，得到所需要的压缩空气。

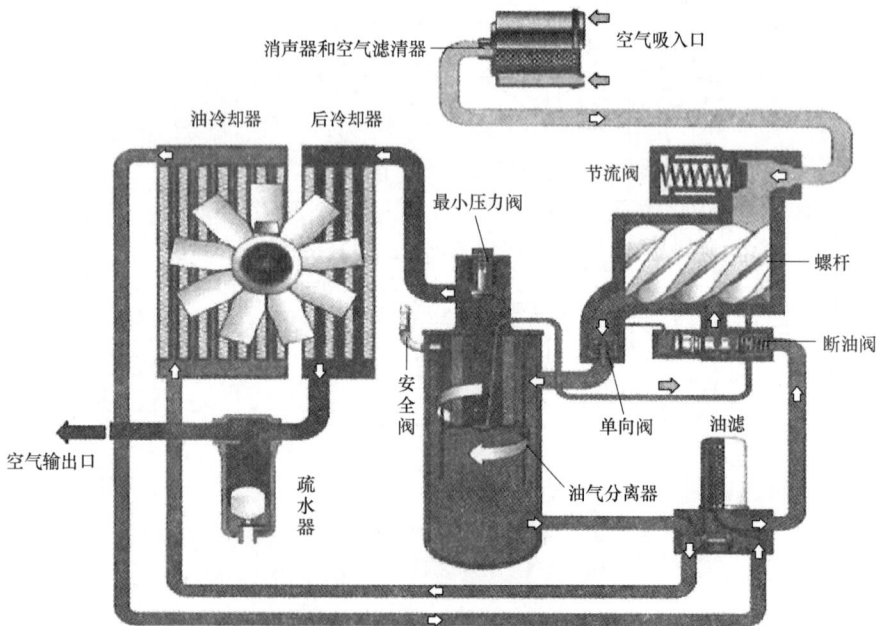

图 7-6　喷油螺杆式空气压缩机系统（风冷）流程图

（一）空气系统

空气系统的主要组成部件是空气过滤器、空气进气阀、压缩机主机、单向阀、油气分离器、最小压力阀、后冷却器和气液分离器等。

1. 空气过滤器

灰尘和其他杂质大量进入空气压缩机后，将使各机械运动表面磨损加快、密封不良、排气温度升高、功率消耗增大，因而压缩机的生产能力相应减少，压缩空气的质量也大为降低。因此，空气在进入空气压缩机之前，必须经过空气过滤器以滤清其中所含的灰尘和其他杂质。一般要求通过过滤器后空气中所含灰尘量小于 $1mg/m^3$，空气过滤器的终阻力不大于 $30mmH_2O$ 水柱。

空气过滤器在构造上主要由壳体和滤芯组成。因滤芯材料不同，如纸质、织物、泡沫塑料、玻璃纤维和金属网等，过滤器具有不同的名称。此外，过滤器按照滤芯涂油或不涂油分别称为黏油过滤器或干式过滤器，黏油过滤器通过在滤芯表面上涂以薄层粘油以增加其除尘效果。

空气过滤器使用一定时间后，由于尘埃和其他杂质的积累，过滤器的阻力将逐渐增大。如阻力超过规定值时，空气过滤器宜加以清洗或更换。黏油过滤器的清洗是将过滤层浸入温度为 70~80℃、浓度为 5%~10% 的酸水溶液中，以清除粘油和附着的污垢，再用热水或煤油冲洗，直到过滤层完全清洁为止。然后，晾干再浸入温度为 60℃ 的粘油中，取出放置干燥架上，以备使用。干式过滤器的清洗，用压缩空气吹洗的方法除掉尘埃和杂质。

空气过滤器由压缩机制造广随机配套供应，通常为纸质滤芯。

2. 减荷阀（进气阀）

当压缩机启动时，减荷阀阀门处于关闭位置，以减少压缩机的启动负荷；当压力超过额定排气压力时，减荷阀阀门关闭，使压缩机处于空载状态，直到压力降低到规定值时，阀门打开，压缩机又进入正常运转。停机后系统内部压缩空气部分通过减荷阀排空，保证下次启动时无负荷。

3. 压缩主机

压缩主机内阴阳转子相互啮合，通过改变压缩机腔内的容积来达到提高空气压力的目的。在压缩腔内，空气与喷油一起被压缩。

4. 排气单向阀

排气单向阀位于主机排气端。当油气分离器内压力大于螺杆主机排端的压力时，排气单向阀自动关闭，有效防止油气分离器内的压缩空气回流，防止减荷阀吐油。

5. 油气分离器

油气分离器主要由分离筒体和油精分离器组成。一方面，来自主机排气口的油气混合物进入分离筒体内部，通过改变方向、转折作用和重力作用，大部分油被分离、聚集于筒体的下部；分离筒体的中下部设有加油口和油位指示器，开机后油面必须保持在油位指示器的中间段位置。另一方面，含有少量润滑油的压缩空气经过油精分离器，以便润滑油获得充分的分离和回收；油精分离器收集到的润滑油由插入油精分离器内的管子流入螺杆主机的低压部分；经过油精分离器分离后的压缩空气从最小压力阀排出。

6. 安全阀

在油气分离筒体上部装有安全阀，当筒体内气体压力比额定排气压力高出 1.1 倍时，安全阀即会自动起跳而泄压，使压力降至额定排气压力以下，确保压缩机的正常使用。

7. 最小压力阀

最小压力阀位于油精分离器出口处，开启压力通常设定为 0.40MPa。主要有以下功能：

（1）在启动时，优先建立起润滑油所需的循环压力，确保机器的润滑。

（2）气体压力超过 0.4MPa 之后方可开启，可降低流过油细分离器的空气流速，除确保油气分离效果之外，还可保护油精分离器避免因压力差太大而受损。

（3）在停机后，油气分离器内压力下降时，防止管路压缩空气回流。

8. 后冷却器

空气压缩机的排气温度很高，压缩空气中所含的油和水均为气态，如带至储气罐和管网中，将发生下列不利影响：

（1）油蒸汽聚集在储气罐中，形成易燃物，有时甚至是爆炸混合物。

（2）带走了润滑油。

（3）沉积于管道内而减小了管道截面积，聚集在个别管段内的凝结水在受到气流压力下有引起水击的危险。

（4）在冰冻地区的冬天，凝结水使管道和附件冻结。

（5）含有油和水的压缩空气会降低风动装置性能，并有可能引起设备生锈。

为了防止油和水进入储气罐和管网而带来上述不良影响，往往装设后冷却器，以降低进入储气罐前压缩空气的温度，从而使之析出油和水。

后冷却器采用工业冷却水对压缩空气进行冷却时，其设计应在保证达到预定的冷却效果的前提下，力求结构紧凑，节省材料，制造工艺性能好，气流流动阻力损失小，运行可靠以及安装检修方便。目前，后冷却器采用的结构形式有列管式、散热片式、套管式和蛇管式等。列管式后冷却器的结构如图 7-7 所示。

9. 液气分离器

液气分离器（或称油水分离器）的作用是分离压缩空气中所含的油和水，使压缩空气得到初步净化，以减少污染、腐蚀管道和对用户的使用产生不利影响。

液气分离器的工作原理是通过采用不同的结构形式，使进入液气分离器中的压缩空气气流产生方向和速度的改变，依靠惯性分离出密度较大的油滴和水滴。

液气分离器通常采用以下三种基本结构形式：

（1）气流产生环形回转；

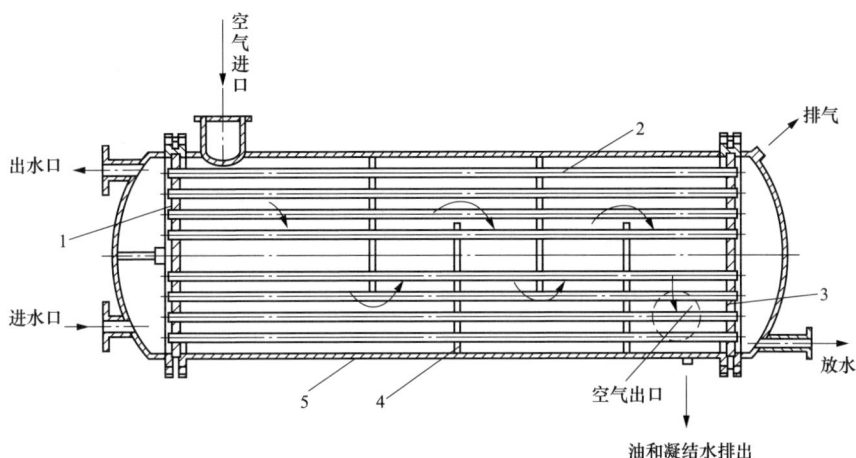

图 7-7　列管式冷却器的结构

1—固定管板；2—冷却水管；3—活动管板；4—隔板；5—外壳

（2）气流产生撞击并折回；

（3）气流产生离心旋转。

在实际应用中，以上结构形式同时采用时，油水的分离效果则更加显著。

（二）润滑油系统

在油气分离器中，绝大部分的油沉积于油气分离器的底部，油气分离器内的压力将润滑油压出；经油冷却器、油过滤器，除去杂质颗粒；然后分成两路，一路从机体下端喷入压缩室，冷却压缩气体，另一路通到主机两端，润滑轴承组；而后各部分的润滑油再聚集于压缩室底部，由机体排气口排出，进入油气分离器，形成油循环。同时，含油雾的空气经过油精分离器，进一步滤下剩余的油，并通过回油管流入螺杆主机的低压部分，参与油循环。

润滑油系统的主要组成部件有油气分离器、回油管、温控阀、油冷却器、油过滤器等。

1. 温控阀

温控阀通过控制进入油冷却器的润滑油量来保证合适的喷油温度，以控制压缩机排出的空气和润滑油的混合物温度始终保持在水露点温度和润滑油失效温度之间。较低的喷油温度会使压缩主机的排气温度偏低，在油气分离罐内析出冷凝水，乳化润滑油，缩短其使用寿命；较高的喷油温度会使压缩主机的排气温度偏高，导致螺杆机油变稠和变质，寿命降低。

2. 油冷却器

压缩机产生的绝大部分热量由润滑油带出。对于风冷机组而言，润滑油的热量在油冷却器中通过强制对流的方式由冷却风带走。对于水冷机组而言，管程走水，壳程走油，润滑油的热量由冷却水带走。

为了确保运行可靠，主机排气温度应控制在 80～98℃，一旦温度接近或超过 98℃应及时清理油冷却器。

3. 油过滤器

油过滤器通常是一种纸质过滤器，其功能是除去油中的杂质，如金属微粒、灰尘、油之劣化物等，保护轴承及转子的正常运行。若油过滤阻塞，则可能导致喷油量不足影响主机轴承使用寿命，排气温度升高甚至停机。

第三节　压缩空气的干燥系统

一、压缩空气的干燥方法

压缩空气经后冷却器冷却后，仍含有一定的水分，其含量取决于空气的温度、压力和相对湿度，常用的干燥方法有冷冻法、吸附法和压力除湿法。冷冻法是利用制冷设备使压缩空气冷却到一定的露点温度，析出过饱和的水分，从而达到所需的干燥度；吸附法是利用具有吸附性能的吸附剂（硅胶、铝胶和分子筛）来吸附空气中的水分，达到干燥的目的；压力除湿法是利用提高压缩空气的压力，缩小其体积，经冷却后析出所含水量，从而达到干燥的目的。

压缩空气的干燥处理一般多采用冷冻法和吸附法。此外，在大流量低压力的压缩空气干燥处理中，采用冷冻法和吸附法相结合的方法，即将压缩空气先经冷冻装置，冷却到 5～10℃，除去其中大量的水分，然后再经过固体吸附剂进一步干燥，以达到所需的干燥度。也有采用压力除湿法和吸附法相结合的方法，即将空气提高压力，缩小体积，析出其水分，然后再用吸附法达到进一步干燥。

在压缩空气干燥装置中究竟应采用哪一种方法，需根据不同情况，经过技术经济比较后再作决定。各种干燥方法的性能列于表 7-3。

表 7-3　　　　　　　　　　压缩空气常用干燥方法的性能

干燥剂或干燥方法	干燥后湿含量（g/m^3）	相应的露点温度（℃）
粒状氯化钙（$CaCl_2$）	1.5	−14
棒状苛性钠（$NaOH$）	0.8	−19
棒状苛性钾（KOH）	0.014	−58
硅胶（$SiO_2 \cdot H_2O$）	0.03	−52
活性氧化铝（铝胶）（$Al_2O_3 \cdot H_2O$）	0.005	−64
分子筛	0.011～0.003	−60～−70
氟利昂冷冻一级制冷干燥法		2～10（压力下）
氨液冷冻两级制冷干燥法	0.067	−45

二、压缩空气的冷冻干燥

(一) 冷冻干燥的基本原理

根据水的饱和蒸汽压力和温度之间的对应关系，利用制冷装置降低气体的温度，使气体中的水蒸气在低温下过饱和而被冷凝下来，气体得到干燥。冷冻干燥法一般可将空气的露点温度降到 2~10℃（压力下）。当露点温度降至 0℃ 以下（压力下），由于空气中析出的水分在冷却器内冻结，工艺流程比较复杂，一般情况下不采用。

冷冻干燥可单独使用，也可和吸附干燥装置联合，作为前级使用，将空气中的大量水分除去，减轻后级吸附干燥器的负荷。作为前级使用时，一般将压缩空气干燥到露点温度 5℃ 左右（压力下）。

冷冻干燥法有以下特点：

(1) 冷冻干燥装置能连续工作，不需要再生（露点温度在 0℃ 以上时）。与吸附干燥法相比，能耗低。

(2) 增强压缩空气的除油效果。在冷却过程中油蒸汽凝聚成油雾、液滴后排至系统外。

(二) 冷冻干燥的工作流程

压缩空气冷冻干燥的工作流程如图 7-8 所示，其工作主要有压缩空气流程和制冷剂流程两个系统流程。

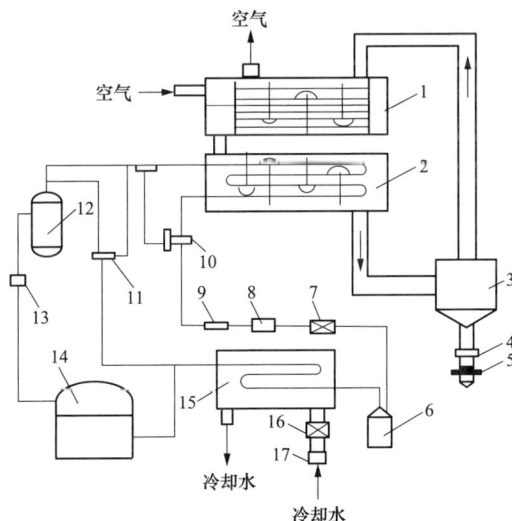

图 7-8 压缩空气冷冻干燥的工作流程

1—预冷器；2—蒸发器；3—气水分离器；4—排水防堵过滤器；5—自动排水阀；6—储液器；7—电磁阀；
8—干燥过滤器；9—视液镜；10—热力膨胀阀；11—热气旁通阀；12—气液分离器；13—气体过滤器；
14—制冷压缩机；15—冷凝器；16—冷凝压力调节阀；17—水过滤器

1. 压缩空气流程

进入冷冻干燥机的被干燥压缩空气，先进入预冷器 1 中，在此与出蒸发器 2 的已干燥低温冷空气进行热交换，其焓、温度及含湿量下降。

出预冷器的被干燥压缩空气的压力露点已经降低，但还未达到干燥的要求，被干燥空气继续进入蒸发器 2。在蒸发器中与制冷剂进行热交换，温度继续降低，在蒸发器出口，其温度达到所要求的压力露点。

出蒸发器的气水混合物进入气液分离器 3，在气液分离器中分离析出水分，干空气进入预冷器 1，并与进入冷冻干燥机的热空气进行热交换，使其温度升高后，排出冷冻干燥机。

若在预冷器与蒸发器之间增加一个气液分离器，使在预冷器中析出的水分得以分离，则效果更好。

2. 制冷剂流程

制冷压缩机 14 排出的高温、高压制冷剂气体，进入水冷冷凝器 15，放出热量，冷凝为液体。出冷凝器的液态制冷剂通过节流机构（毛细管或膨胀阀）降压、降温而成为低温的气液二相状态进入蒸发器 2。在蒸发器中与被干燥空气进行热交换而汽化。过热气体出蒸发器后，进入制冷压缩机进行下一个循环。

冷冻干燥机蒸发器换热表面温度低于 0℃，将会在换热表面上结霜、结冰而影响被干燥气体的流动，进而影响冷冻干燥机整机的工作，因此，需保证蒸发器换热表面温度高于 0℃，这就要控制制冷剂的蒸发温度不能过低。为此，在压缩机的排气管路设置热气旁通阀 11，配合热力膨胀阀 10 的出口旁路，调节蒸发器中的蒸发温度。当蒸发温度降低到一定程度，热气旁通阀导通，以维持蒸发器换热表面的温度高于 0℃。

3. 除水过程在 h-d 图上的表示

除水过程在 h-d 图上的表示如图 7-9 所示。在图中，状态 1 的气体被等湿降温，当其状态达到 2 时，即达到饱和状态。若温度继续下降，使气体中的水分析出，气体的含湿量下降，气体的状态变化过程沿饱和线由 2 向 3 及 4 变化。变化中，气体的含湿量不断下降，焓值不断减少，温度不断降低，直至达到气体的除湿要求。

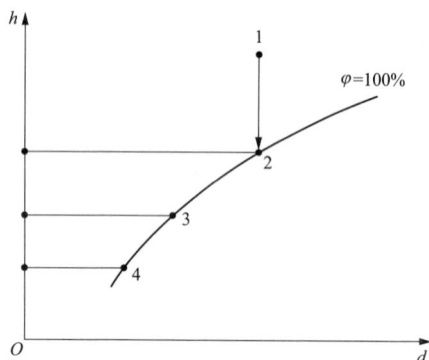

图 7-9　除水过程在 h-d 图上的表示

（三）冷冻式干燥机的组成

冷冻式干燥机简称冷干机，主要组成部件有压缩机、冷凝器、膨胀阀、蒸发器、旁通阀、油分离器和干燥过滤器等。

1. 压缩机

压缩机是将低压气体提升为高压气体的一种从动的流体机械，是制冷系统的心脏。它从吸气管吸入低温低压的制冷剂气体，通过电动机运转带动活塞对其进行压缩后，向排气管排出高温高压的制冷剂气体，为制冷循环提供动力，从而实现制冷循环：压缩→冷凝（放热）→膨胀→蒸发（吸热）。

2. 冷凝器

冷凝器是冷干机的放热部件，其作用是将压缩机排出的高压、过热制冷剂蒸气通过放热来冷却成为液态制冷剂，使制冷过程得以连续不断进行。

在制冷系统中利用制冷剂冷凝高压的变化来控制冷却水量调节阀的开度，从而调节冷却水量的大小。冷凝压力高时，开度变大，冷却水量增加使冷凝高压回落，这样可以保证制冷系统工况稳定。

3. 膨胀阀

热力膨胀阀安装在蒸发器入口，常称为膨胀阀，主要作用有两个：

（1）节流作用。高温高压的液态制冷剂经过膨胀阀的节流孔节流后，成为低温低压的雾状的液压制冷剂，为制冷剂的蒸发创造条件。

（2）控制制冷剂的流量，保证蒸发器的出口完全为气态制冷剂。若流量过大，出口含有液态制冷剂，可能进入压缩机产生液击；若制冷剂流量过小，提前蒸发完毕，造成制冷不足。

4. 蒸发器

蒸发器是冷干机的吸热部件。压缩空气在蒸发器中被强制冷却，其中大部分水蒸气凝结成水排出机外，从而使压缩空气得到干燥。

5. 旁通阀

旁通阀作用是感知蒸发器出口的压力变化，调节高温高压氟利昂的流量。

6. 油分离器

油分离器的作用是将制冷压缩机排出的高压蒸汽中的润滑油进行分离，以保证装置安全高效地运行。油分离器安装在压缩机出口和冷凝器进口之间。

7. 干燥过滤器

干燥过滤器进端为粗金属网，出端为细金属网，可以有效地过滤杂质。内装吸湿特性优良的分子筛作为干燥剂，以吸收制冷剂中的水分，确保制冷剂管路畅通和制冷系统正常工作。

三、压缩空气的吸附干燥

（一）吸附干燥的基本原理和过程

1. 吸附平衡

吸附过程是一个十分复杂的过程。吸附作用一般分为两种：一是吸附质分子和吸附剂之间存在化学作用，由此而产生的吸附称为化学吸附。二是吸附质分子与吸附剂之间不发生化学作用，而是在范德华引力作用下的吸附过程，称为物理吸附。压缩空气的吸附干燥过程一般认为属于物理吸附。当压缩空气与多孔质的固体吸附剂相接触时，碰到固体吸附剂的表面后被吸附。在吸附的同时，被吸附的水分子由于本身的热运动和外界气态分子的碰撞，有一部分离开表面返回气相中。当被吸附的水分子数量等于离开吸附剂表面的水分子数量时，即达到吸附平衡。此时，从宏观看吸附作用似乎已不存在，但从微观看吸附作用仍然存在，也就是说吸附处于动态平衡，在同一时间里吸附和脱附均在进行，且速率相等。表达吸附平衡状态有吸附等温线、吸附等压线和吸附等量线三种方法。

吸附等温线表示温度一定时，吸附量与水分压力之间的关系。吸附等温线是说明吸附过程的重要依据，水蒸气在一些吸附剂上的吸附等温线见图 7-10。

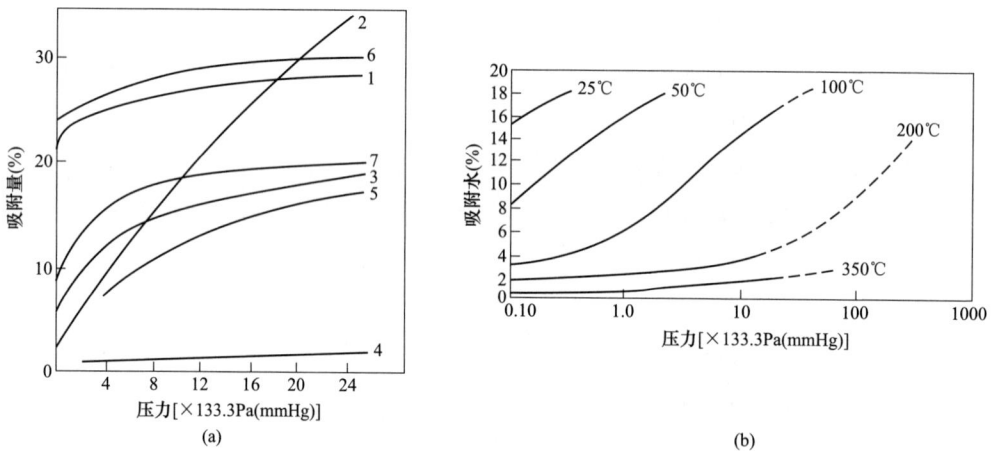

图 7-10　水的吸附等温线

（a）水蒸气的吸附等温线；（b）水在 4A 分子筛上的吸附等温线

1—NaA(25℃)；2—硅胶(25℃)；3—NaA(100℃)；4—硅胶(100℃)；

5—氧化铝(25℃)；6—CaA(25℃)；7—CaA(100℃)

注：1mmHg=133.3Pa。

吸附等压线表示一定压力下吸附的物质的量和吸附温度之间的关系。水在 5A 分子筛上的吸附等压线见图 7-11。

吸附等量线表示吸附容量恒定时，平衡压力和温度之间的关系。水在 4A 分子筛上的吸附等量线见图 7-12。

2. 吸附传质过程

实际的吸附过程是气体中的吸附质扩散到吸附剂上并被吸附的一个传质过程。利用它以除去气体中的某些杂质，获得合格的气体。气体进入吸附塔后，由于气体中的吸附质浓度大于相接触的吸附剂上该吸附质的平衡浓度，这样气体中的吸附质不断被吸附，出塔时气体中的吸附质浓度已降到某个要求的浓度。对空气干燥而言，吸附质就是水蒸气。空气流经吸附塔后，空气中的含水量已降到某个要求的露点。可以推断：在吸附塔中有一个有

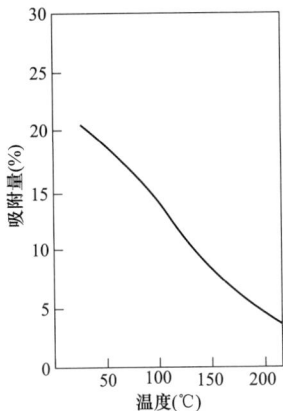

图 7-11　水在 5A 分子筛上的吸附等
压线（压力：1333.22Pa）

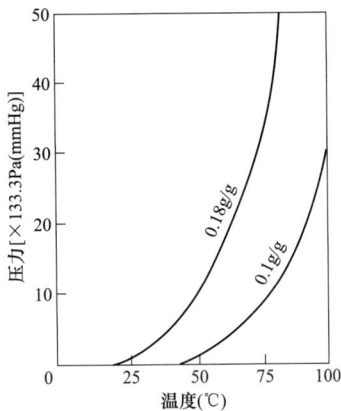

图 7-12　水在 4A 分子筛上的吸附等量线

效的吸附传质区——吸附带存在。这个吸附带随着吸附时间的延续，其前沿不断向吸附塔出口扩展，见图 7-13，直至气体中的吸附质浓度超过允许含量。

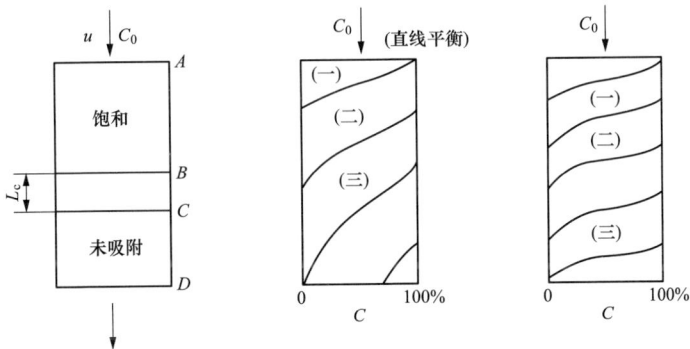

图 7-13　吸附塔的吸附过程

　　任何一种吸附剂吸附某物质时，其吸附量有一个限度，超过这个限度时吸附剂就应再生。因此，吸附干燥的基本过程应是吸附剂的吸附、再生、再吸附过程。吸附时吸附质逐渐在吸附剂上积累；再生时吸附质逐渐从吸附剂上脱除。吸附剂的特点是孔隙率非常高，因此它的比表面积很大。压缩空气干燥时常使用的吸附剂有硅胶、活性氧化铝、分子筛，其动态吸附量取决于吸附剂本身的性质、吸附时的温度、吸附深度、空气的流速以及吸附干燥空气的方式。空气干燥时能达到的吸附深度，就特定的吸附剂而言，主要取决于吸附剂被再生的程度和吸附时的温度。

　　吸附干燥压缩空气时吸附剂的再生方式有加热再生法、无热再生法（又称不加热再生法或变压吸附法）和微热再生法。

　　（二）加热再生空气干燥法

　　吸附剂（硅胶、活性氧化铝、分子筛）对压缩空气中水的吸附容量与吸附时的温度有极大的关系。吸附温度升高时吸附容量降低；反之吸附容量提高。加热再生法利用吸附剂的这一特性进行压缩空气干燥，如图7-14所示。

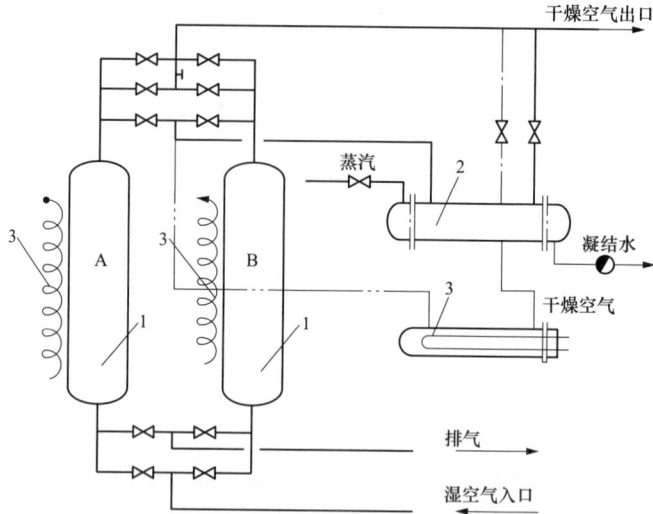

图 7-14　加热再生空气干燥原理图

1—吸附器；2—蒸汽加热器；3—电加热器

　　干燥系统一般采用双塔式。一塔进行吸附，另一塔进行再生。再生时使用的热源有电能、蒸汽及其他热源。工作周期 8h 以上。吸附、再生的切换分手动、自动两种方式。这类干燥装置的吸附容量大、工作周期长，能制取低露点的干燥空气。但是装置的体积较大，而且再生时需消耗较多的电能或蒸汽。加热再生法空气干燥系统工作时压缩空气通过塔中已被再生的吸附剂得到干燥。该塔在吸附一定数量的水分后需进行再生，脱除吸附的水分，再次用于吸附。再生气体采用产品气或低压鼓风气，也可以在真空下再生。再生时吸附剂被加热。再生气的流向一般反向于工作气流方向，即逆流再生。根据吸附剂的种类和其要求的再生条件，能获得露点温度为−40～−80℃的干燥空气。近年来，在节能、提高经济效益的要求下，出现了利用压缩机二级排气的废热作为再生热源的工作系统。

　　加热再生法空气干燥装置的实际工作过程分吸附、再生、吹冷、均压四个阶段。吸附床在常温下吸附水分，在加热条件下脱附吸附的水分，然后吹冷吸附床，使其恢复到吸附状态。在吸附时床层温度略有上升。再生时吸附床层温度随加热了的再生气的送入被逐渐升高，开始的床层温度升高较快，吸附剂吸附的水分同时被加热，但未被大量脱除，当床层温度上升到某一数值时，温度不再上升，并持续一段时间，此时吸附剂上吸附的水分被大量脱除。当水分被基本脱除后，床层温度又急剧上升，此时吸附剂加热再生结束。

　　（1）吸附容量。固定床吸附塔中，气体流经吸附剂床层时，吸附首先在床层的入口端进行，吸附剂逐层被吸附质饱和，吸附传质区逐步向吸附层出口移动。当吸附前沿到达出口端时，流出气体中的吸附质浓度超过规定的限度，随后浓度迅速升高，很快达到入口端吸附质浓度。出口吸附质浓度达到规定值的点称为穿透点。理论上可以计算出相应于穿透点的穿透时间，但计算比较繁杂，而且由于各种因素的影响，精确性差。所以，在实际设计吸附塔时往往是根据吸附床的工作时间、吸附剂的动态吸附容量来计算所需要的吸附剂量，决定吸附塔尺寸。

吸附剂的吸附容量有静态吸附容量和动态吸附容量两种。静态吸附容量可以从吸附剂的等温线上求取，为平衡吸附容量，动态吸附容量是穿透吸附容量——流出吸附剂床层的气流中吸附质达到穿透浓度时每单位吸附剂的吸附量。它与静态吸附容量不同点是有相当于吸附传质区长度的一部分吸附剂不能被吸附质饱和。

（2）吸附热。吸附过程是一个放热过程，伴随着吸附过程的热效应称为吸附热。吸附过程中的吸附热相应于液化热或凝聚热。各种吸附剂对水的吸附热不同，如硅胶为3139kJ/kg（水），活性氧化铝为3558kJ/kg（水），分子筛为5023kJ/kg（水）。吸附过程中不断地放出热量，该热量的一部分加热吸附床层，使之温度升高；另一部分被气流带走。由于吸附床层温度升高引起吸附剂的吸附容量下降，因此，在干燥装置中，特别是用硅胶、活性氧化铝的吸附干燥装置中应设置水冷管排除吸附热。否则将降低吸附容量，恶化出口气体的露点。

（3）再生温度。吸附剂再生时温度越高，吸附剂的再生越完全，残余水量越少，有利于增大吸附容量和制取低露点的干燥空气。但是，实际操作中吸附剂的再生温度是不能任意提高的。由于吸附剂的物化性能限制，再生温度过高将使吸附剂过热或局部过热，导致吸附性能下降，甚至失去吸附作用。实际操作中一般使用的再生温度硅胶为150～200℃，活性氧化铝为250～300℃，分子筛为300～350℃。

加热再生空气干燥设备如图7-15所示。

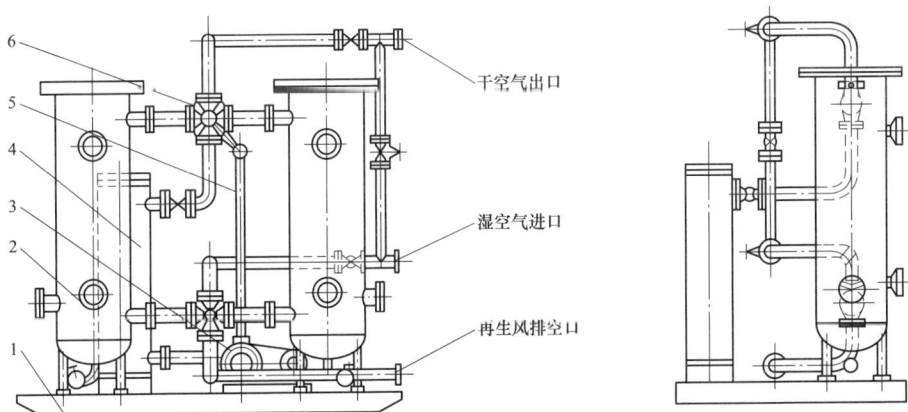

图7-15　加热再生空气干燥设备

1—底座；2—干燥器；3—风机；4—电加热器；5—气动执行机构；6—四通旋塞阀

（三）无热再生空气干燥法

吸附剂（硅胶、活性氧化铝、分子筛）对水的吸附容量与吸附时压缩空气中的水蒸气

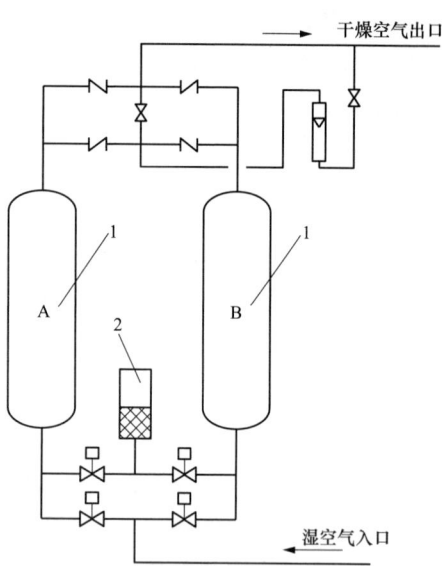

图 7-16　无热再生空气干燥原理图
1—吸附器；2—消声器

分压力有极大的关系。水蒸气分压力低时吸附容量小，反之，水蒸气分压力高时吸附容量大。利用吸附剂的这一特性，改变运行工况，使吸附在压力下进行，再生在常压下或在真空下进行，由此使压缩空气得到干燥。无热再生空气干燥原理见图 7-16。

干燥系统一般采用双塔式，一塔吸附时另一塔再生。工作周期为 2～10min。压缩空气通过吸附塔时被干燥，大部分干燥空气作为产品气送往用户，部分干燥空气返流入另一塔，吹除塔中的吸附剂在前一个周期中吸附的水分。由于工作周期很短，必须进行自动操作。

这类装置体积小、制造简单，操作自动，可制取-70℃的低露点干燥空气。但是对压缩空气中的油分特别敏感，由此要求被干燥的压缩空气应该是"无油"的。宜由无油润滑压缩机供气。

无热再生空气干燥装置的实际工作过程由吸附、再生、均压三个阶段组成。图 7-16 中压缩空气通过 A 塔，空气中的水分被吸附剂吸附，得到干燥。大部分干燥空气送往用户，部分干燥空气降压进入 B 塔再生吸附剂。脱除吸附剂吸附的水分后排放到大气中。均压是使 B 塔中的压力恢复到吸附状态。

无热再生空气干燥装置正常运行的基本要求是吸附、再生两个阶段中，通过塔的各自压力下实际体积流量在理论上应相等，即两个阶段中通过塔的气体体积之比等于压力之比。见式（7-1）

$$\frac{V}{V_1} = \frac{p}{p_1} \tag{7-1}$$

式中　V——吸附塔进气流量，m^3/h；

V_1——吸附塔再生气流量，m^3/h；

p——吸附塔内气体绝对压力，MPa（吸附时）；

p_1——吸附塔内气体绝对压力，MPa（再生时）。

用式（7-1）可计算出最小再生气耗量。再生气的实际体积流量和原料气的实际体积流量比等于 1 时为最小再生气耗比。实际上再生气耗比小于或等于 1 时再生是不完全的，吸附剂中残余的水分逐渐积累，最终使吸附过程无法进行下去。

吸附、再生不是一个可逆过程，吸附过程中放出的热量不可能全部蓄积在吸附剂床层中，也就满足不了再生脱附过程需要的热量。吸附是一个放热过程，再生脱附则是一个吸热过程。必须有效地将吸附热蓄积起来，用于再生脱附。也就是将吸附床层视作一个蓄热器，尽量使吸附热不散失，不被产品气带走。为此，应尽量缩短吸附、再生循环周期。

为了维持吸附过程和再生脱附过程的热平衡，使干燥装置正常稳定运行，需要提高再生气耗比或加热再生气体，因此，无热再生空气干燥装置的循环周期一定要短，一般小于10min，以便使吸附、再生脱附过程在近似于等温条件下进行。

无热再生空气干燥装置运行时必须有一定数量的产品气回流冲洗吸附床，将吸附前沿压回到原料气的进口端。只要再生气耗比满足要求，吸附床层经反复多次循环就可以从开始饱和含水状态逐步减少含水量，形成一个有效的吸附床层——吸附传质区。压缩空气经该吸附床层后被干燥。

设计无热再生空气干燥装置时应考虑下列因素：循环周期短，一般取 4～10min；用部分产品气减压逆流冲洗，低压再生气一般排至大气中，吸附压力和再生压力之比应大于1，通常取大于 4。空塔线速度一般取 10～50cm/s。

（1）吸附剂与气体干燥度。在操作条件相同时，选用不同的吸附剂，气体的干燥度也不同。一般情况下分子筛优于活性氧化铝和硅胶。

（2）原料气含湿量。在吸附剂、床层温度及其他操作条件相同时，降低原料气含湿量能降低干燥气体露点。

（3）接触时间。气体与吸附剂的接触时间取决于吸附剂床层高度及气体线速度。接触时间长，气体干燥度高，露点低。由于吸附剂性能不同，分子筛吸附水分时的传质系数大于活性氧化铝、硅胶，所以，分子筛对水的吸附速度及吸附深度高于活性氧化铝和硅胶。在设备设计时气体通过吸附塔的"停留"时间一般取值为：分子筛 3～5s，活性氧化铝 5～8s。

（4）空塔线速度。提高气体通过吸附塔的线速度，一般情况下将增大活性氧化铝、硅胶吸附水分时的传质系数，提高吸附速率。分子筛基本上不受线速度的影响。这是因为前者吸附气体中的水分时受内、外扩散控制，而分子筛则仅受内扩散控制。流速的选取范围为 10～50cm/s。在决定气体通过吸附塔的流速时还应考虑到阻力、径高比等其他因素。

（5）再生气量。再生气量大小是无热再生空气干燥装置的一项主要经济、技术指标。再生气耗比大于1，干燥装置才能正常工作。实践证明，加大再生气量能提高气体干燥度。但是再生气耗比的提高并不和干燥度的提高成正比，也不能无限地提高气体的干燥度。另外，由于加大再生气量必然减少产品气量，这是不经济的。因此，应在制取一定干燥度的气体时尽可能减小再生气耗比，减小再生气量。主要方法有：

1）减小气体空塔线速度。线速度小，吸附传质区缩短，吸附、再生时阻力下降，减小了再生气量。

2）在真空下进行再生。采用真空泵、抽气泵、喷射泵使吸附塔在真空压力 13.6～68kPa 下再生。由于理论上吸附和再生时不同压力下的气体体积相等，所以，理论再生气量仍可用式（7-1）计算，只是式中应改为再生真空压力。当真空压力为 13.6kPa 时，再生气量为原料气量的 6% 左右，比理论计算值稍大。

无热再生空气干燥设备如图 7-17 所示。

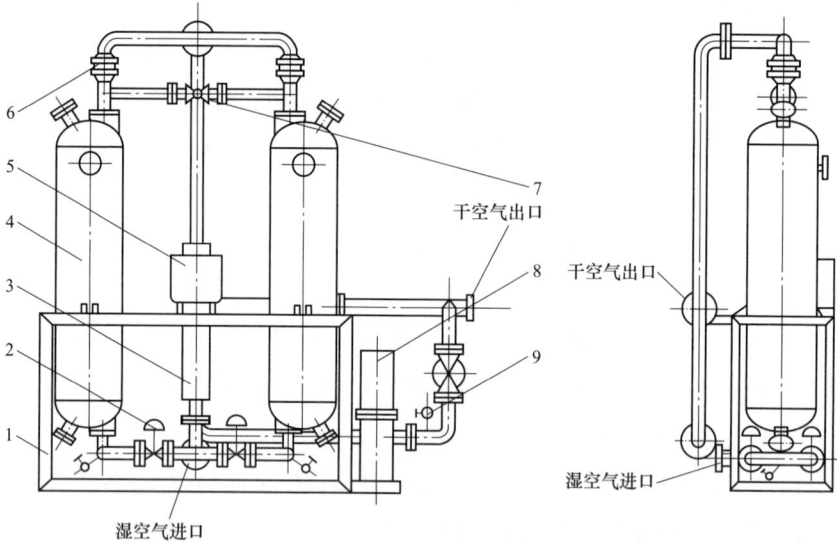

图 7-17   无热再生空气干燥设备

1—支架；2—气动薄膜切断阀；3—消声器；4—干燥器；5—程序控制器；

6—止回阀；7—旋塞阀；8—过滤器；9—取样球阀

（四）微热再生空气干燥法

所谓微热再生就是在无热再生的基础上，对再生气进行适当加热，提高再生气温度（40～50℃），以减少再生气耗量。微热再生空气干燥装置原理图见图 7-18，该装置再

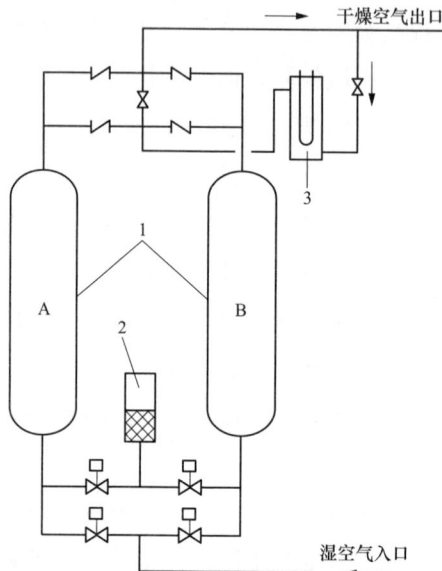

图 7-18   微热再生空气干燥装置原理图

1—吸附器；2—消声器；3—加热器

生气量小，经济性好，微热再生空气干燥装置的工作周期为 30～60min，有利于稳定工作。如果利用冷干机的废热加热再生气，可进一步提高装置的经济性。

加热再生法、无热再生法和微热再生法空气干燥装置的比较见表7-4。

表 7-4　　　　　　　　　　　　　三种再生方法的比较

技术指标	加热再生法	无热再生法	微热再生法
吸附塔体积	1.0	1/2～3/4	1/3
吸附剂	硅胶、活性氧化铝、分子筛	硅胶、活性氧化铝、分子筛	硅胶、活性氧化铝、分子筛
处理气量（m³/h）	100～5000	1～3000	1～5000
工作压力（MPa）	0～3	0.5～1.5	0.3～2
含水量（℃）	20～40（饱和）	20～30（饱和）	20～40（饱和）
工作周期（min）	360～480	5～10	30～60
出口露点（℃）	−20～−70	−40 以下	−40 以下
再生温度（℃）	150～200	20～30	40～50
再生气耗比（%）	0～8	15～20（0.7MPa）	4～8（0.7MPa）
加热器能耗	大	无	小

四、复合式压缩空气干燥器

冷冻式压缩空气干燥器在获取压力露点在 2℃ 以上的压缩空气时，具有节能和工作稳定的优点。吸附式干燥器可获得低露点的深度干燥压缩空气。复合式压缩空气干燥器是将两者的优势结合起来，用冷冻式干燥机对湿压缩空气进行先期处理，除去压缩空气中的大部分水分，再用吸附式干燥器对其进行深度干燥，以获得低露点的压缩空气。

冷冻式压缩空气干燥机与无热再生吸附式干燥器联合构成的复合式干燥器工作原理图见图 7-19。

待处理的湿压缩空气先进入预冷器1，与干燥后温度较低的成品气进行热交换，降低温度，析出部分水分后进入蒸发器2被继续降温、干燥；然后经阀 V3、V12，自下而上进入吸附塔 5A 被深度干燥，并经阀 V6、V1 进入预冷器1，与湿空气进行热交换后至用户。

再生气体由成品气管引出，经阀 V5 节流降压后经阀 V9 自上而下流经吸附塔 5B，进行吸附剂的再生，并经阀 V11 通过消声器6排出。对复合式干燥器的测试表明：在达到压力露点−40℃时，无热再生的再生耗气量仅3%。

图 7-20 为利用冷冻干燥机制冷系统的冷凝热加热再生气体的复合式干燥器工作原理图。它与图 7-19 的复合式干燥器的不同点是：再生气体经阀 V14 后，经过冷冻干燥机制冷系统的冷凝器4，通过吸收制冷剂的冷凝热而被加热；再经节流阀 V9 节流降压后，用于吸附剂的再生。该流程既可降低制冷系统冷凝器的热负荷，又可加热再生气体。吸附式干燥器的再生方式由无热再生变为微热再生，进一步降低了再生气耗量。采用图 7-20 的工作方式，在达到压力露点−73℃时，再生气耗量仅为 3%～4%，在压力露点为−40℃

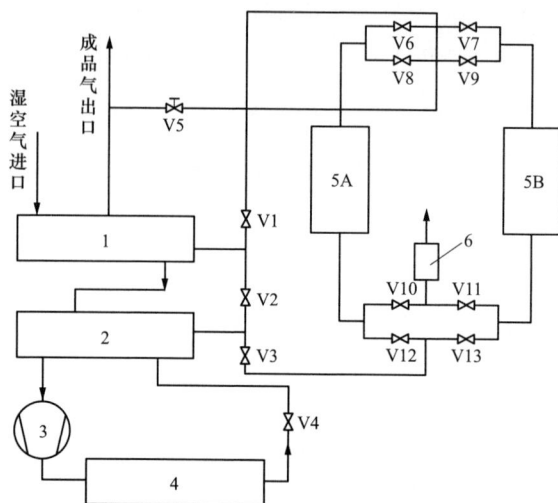

图 7-19　复合式干燥器（冷冻＋无热再生吸附）工作原理图

1—预冷器；2—蒸发器；3—压缩机；4—冷凝器；5A、5B—吸附塔；6—消声器

时，再生气耗量可降到 2％～3％。

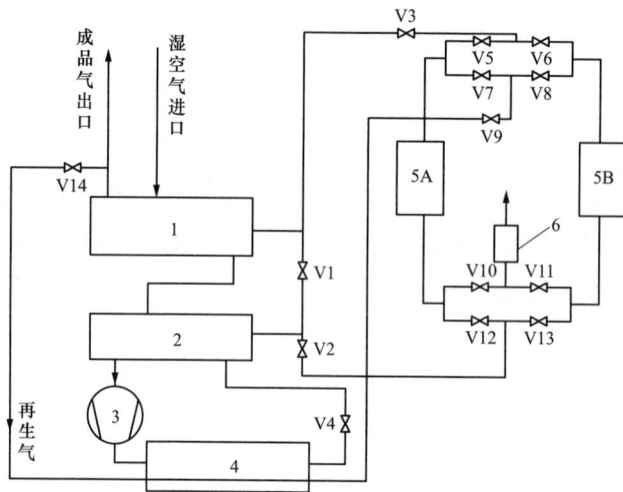

图 7-20　复合式干燥器（冷冻＋冷凝热加热再生吸附）工作原理图

1—预冷器；2—蒸发器；3—压缩机；4—冷凝器；5A、5B—吸附塔；6—消声器

第四节　压缩空气的净化系统

压缩空气中除水蒸气外，还存在着游离状态的灰尘、微粒及气溶胶状态的烟、雾。烟是一种固态凝聚性微粒；雾是一种液态分散性微粒及液态凝聚性微粒。不同杂质有不同的清除方法，本节主要介绍压缩空气中液滴及固态微粒杂质的清除。

一、压缩空气中杂质的清除方法

1. 离心分离法

将压缩空气以较高的速度沿筒体的切线方向进入，作强烈的旋转运动，在离心力的作用下，杂质迅速向筒体壁集结，沉积下来，定期手动或自动排出。离心分离法能将较大的油、水及固态微粒分离出来。通常情况下大于 $20\mu m$ 的颗粒可以被去除。

2. 编织丝网

当压缩空气以一定的速度穿过丝网时，由于惯性力的作用，气体中的液滴和丝网撞击，附着于丝网上的液滴沿着细丝向下流至二根丝接触处，由于接触处缝隙的毛细作用和液滴表面的张力作用，使液滴不断聚集变大，当液滴重量超过气体上升的速度力和液体表面张力的合力时，液滴脱离丝网被分离。丝网除沫器由编织丝网做成，自由空间很大，因此，气体通过的阻力很小。一般认为分离 $10\mu m$ 以上的液滴，效率可到 99.5%；分离 $5\mu m$ 以上的液滴，效率可到 99%。

3. 过滤法

离心分离、编织丝网仅初步清除压缩空气中的杂质，对许多用户这是不够的。需进一步清除空气中的杂质时，通常采用过滤的方法。

过滤元件一般分为两类：一类是多孔陶瓷元件、烧结金属、泡沫塑料及塑料纤维的编织物或以其他方式成型的过滤元件。另一类是孔径在制造时已规定了的、均一的聚四氟乙烯和醋酸纤维素等聚合物制成的膜。前一类材料可制成一般的预过滤器或过滤器，过滤精度为 $20\sim0.1\mu m$；后一类材料用以制造膜滤器，过滤精度可达到 $0.01\mu m$。

二、压缩空气的净化工艺

压缩空气含有多种杂质，据统计，其中 80% 为小于 $2\mu m$ 的尘粒随压缩机吸气气流进入供气系统。通常，未净化压缩空气所含的主要杂质是固体尘粒及油雾化，呈气溶胶状态。

压缩空气净化目的就是根据用户要求将空气中悬浮的杂质微粒去除掉。压缩空气供气系统中杂质的含量和形式随选用的压缩机润滑方式及干燥工艺的不同而不尽相同。

对过滤精度要求高的净化系统，应根据具体要求设置多级过滤器，过滤精度逐级提高，以求在满足用户所需要的过滤效率和精度的同时，保持并延长精过滤器的使用周期和寿命。

为避免过滤元件本身产生的尘埃、内外渗漏而引起系统的二次污染，应选择合适的材质、结构的过滤器，并按供气系统及用户的要求合理选用参数，如过滤精度、阻损、工作压力、工作温度、透气率及容尘量等。不恰当地选用过滤精度过高的过滤器，则增加一次费用，运行时增加系统的气流阻力，并影响过滤器运行周期和使用寿命。

三、储气罐

储气罐主要为减弱压缩机排气的周期性脉动，同时稳定压缩空气管道中的压力。此外，也可进一步分离空气中的油水。

储气罐一般采取焊接结构。储气罐的形式有立式和卧式两种，一般采用立式储气罐较多。立式储气罐的高度 H 为其直径 D 的 2～3 倍。同时，应使其进气管在下、出气管在上，并尽可能加大两管的间距，以利进一步分离空气中的油水。每个储气罐上应装设以下附件：

(1) 安全阀，调整其极限压力比正常工作压力高 10％。

(2) 清理、检查用的人孔或手孔。

(3) 指示储气罐内空气压力的压力表。

(4) 储气罐的底部应有排放油水的接管。

四、废油收集器

废油收集器（或称排污箱）是用来收集空气压缩机的各级油水分离器、冷却器和储气罐等设备中所排出的油分和水分。废油收集器一方面可防止油水污染站内外环境，另外可利用油和水比重的不同，使油水分层澄清。废油集中收集后可再生使用，废水处理达标后可排放。

从各设备中排放的油水，在空气压力作用下，经管道流入废油收集器内。因此，废油收集器的结构应具备放空管、放水管和放油管。废油收集器一般用钢板焊接而成，内外表面涂以油漆。

第五节　压缩空气系统运行

一、压缩空气系统组成

瑞金电厂二期压缩空气系统如图 7-21 所示。

压缩空气系统设置 8 台 $60m^3/min$ 喷油螺杆式空气压缩机，其中 3 台空气压缩机供仪用气，5 台空气压缩机供除灰及检修用气。仪用空气压缩机出口母管和除灰用空气压缩机出口母管设置联络门。

仪用空气压缩机排气经 3 台 $65m^3/min$ 组合式干燥机处理后进入 3 个 $60m^3$ 仪用储气罐。除灰空气压缩机排气经 1 个 $60m^3$ 缓冲罐进入 4 台 $65m^3/min$ 冷冻式干燥机处理后进入 2 个 $60m^3$ 除灰用储气罐，1 个 $60m^3$ 检修储气罐气源取自缓冲罐。

空气压缩机、组合式干燥机、冷冻式干燥机集中布置于烟囱底部，采用闭式水冷却。

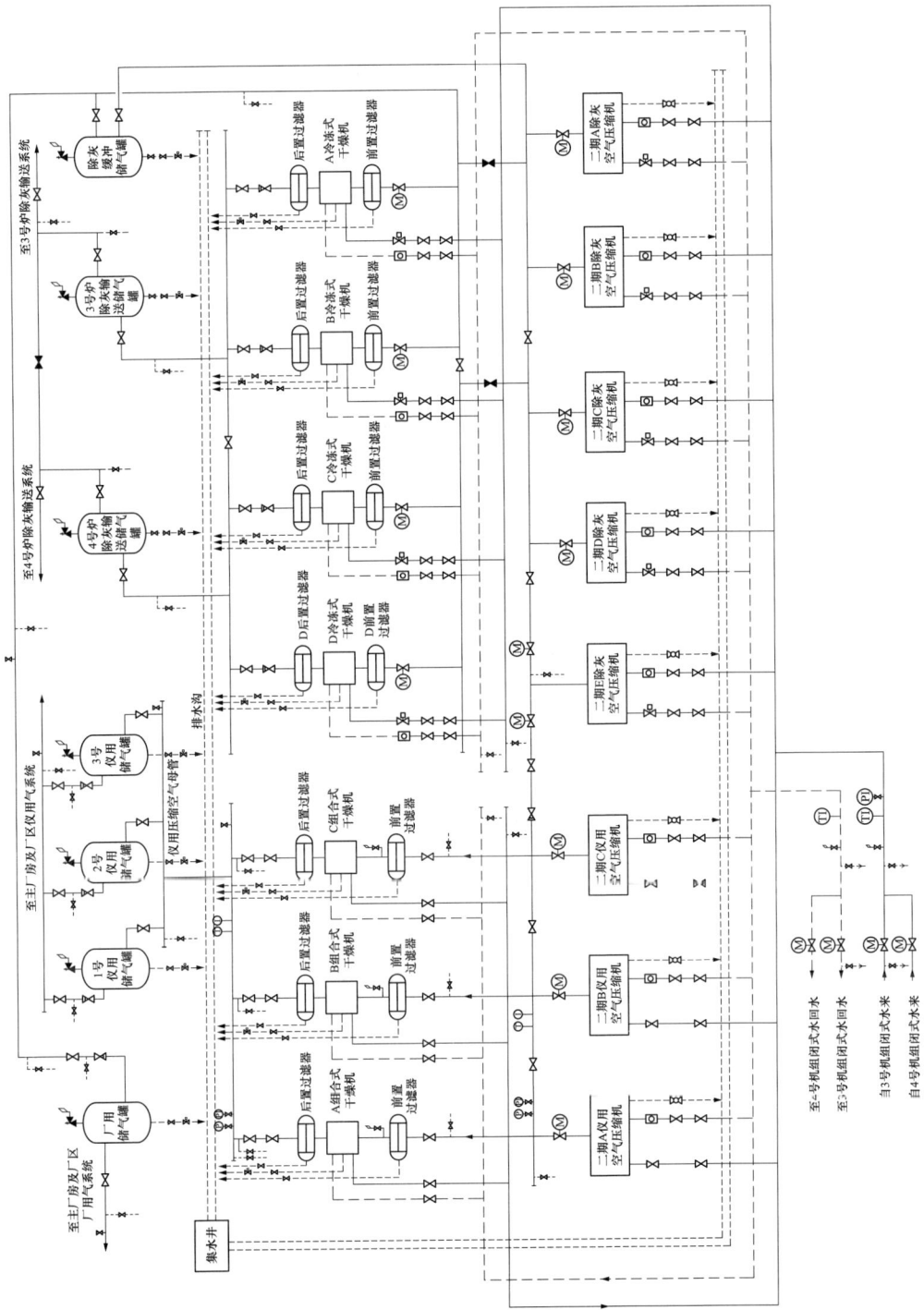

图 7-21 压缩空气系统

二、空气压缩机技术参数与设备规范

空气压缩机技术参数与设备规范见表 7-5。

表 7-5　　　　　　　　空气压缩机系统技术参数与设备规范

参数名称	规范	单位	参数名称	规范	单位
空气压缩机					
型式	喷油螺杆式空气压缩机		数量	8	台
型号	SC315-2S		排气压力	0.75	MPa
容积流量	60	m³/min	排气温度	<80	℃
冷却方式	闭式循环水冷却		排气含油量	1	mg/kg
润滑油回油温度	<65	℃	电动机功率	315	kW
电动机电压	690	V	电动机额定电流	319	A
冷却水压力	0.2～1	MPa	冷却水温度	5～30	℃
启风扇温度	85	℃	停风扇温度	75	℃
冷冻式干燥机					
型号	GMRWN375		数量	4	台
出力	65	m³/min	制冷剂	R22	
工作压力		MPa	冷却方式	闭式循环水冷却	
冷却水流量	>0.2	t/h	冷却水压力	0.2～0.4	MPa
冷媒高压	1.4～1.6	MPa	冷媒低压	0.35～0.45	MPa
组合式干燥机					
型号	GMCWNW375		数量	3	台
出力	65	m³/min	制冷剂	R22	
冷却方式	闭式循环水冷却		工作压力	0.75～0.8	MPa
冷却水压力	0.2～0.4	MPa	吸附/再生周期	70	min
冷媒高压	1.4～1.6	MPa	冷媒低压	0.35～0.45	MPa
电动机	380V/50Hz		过滤器压降	0.5	bar

三、压缩空气系统运行程序

（一）启动

1. 空气压缩机启动

（1）按辅机检查通则确认空气压缩机具备启动条件。

（2）检查油气分离器油位在 1/2～2/3 处。

（3）打开油气分离器底部的排污阀，放尽冷凝水后关闭排污阀。

（4）开启冷却水进、出水门，检查空气压缩机冷却水进水压力为 0.2～1MPa，冷却水温度不大于 30℃。

（5）就地启动：

1）单击空气压缩机控制面板"复位键"，将控制方式切至就地。

2）单击"启动"，检查空气压缩机启动正常，出口门联开，入口连接软管无扁瘪。

3）检查空气压缩机自动加载正常，电流正常，排气温度小于50℃。

4）检查空气压缩机控制面板运行灯亮，无故障报警。

5）将控制面板上的控制方式切至"远程"按键，将空气压缩机控制方式切至远方。

（6）远程启动：

1）检查"远控/就地"按钮在"远控"位置。

2）启动空气压缩机。

3）检查空气压缩机出口电动门联开。

4）检查电流正常，自动加载，出口压力正常，排气温度小于50℃。

5）检查空气压缩机无异常报警。

2. 组合式干燥机启动

（1）按辅机检查通则确认组合式干燥机具备启动条件。

（2）检查空气管路正常，进口压力小于1.0MPa，进气温度正常。

（3）检查进、出口手动门开启，开启冷却水进、出水门。

（4）组合式干燥机的手动启动：

1）将转换开关设在手动挡，按下启动按钮，干燥机自动启动，运转指示灯（绿灯）亮，表明干燥机已经开始运转，若设备停机再开机，间隔时间不得小于3min。

2）当吸干机升压至工作压力0.75～0.8MPa时，检查过滤减压阀，蝶阀装备的调节压力至0.4MPa，角座阀、活塞阀装备的调节压力至0.6MPa并锁定。

3）观察5～10min后，经干燥机处理后的空气可达到使用要求。冷媒低压表指示0.35～0.45MPa，冷媒高压表指示1.4～1.6MPa范围。

4）打开自动排水器球阀，让空气中的冷凝水流入排水器排出机外。

（5）组合式干燥机的远方启动：

1）检查"远控/手动"按钮在"远控"位置；

2）检查干燥机具备启动条件；

3）启动干燥机，检查干燥机运行正常；

4）开启干燥机入口电动门；

5）就地检查干燥机无异常。

3. 冷冻式干燥机启动

（1）按辅机检查通则确认冷冻式干燥机具备启动条件。

（2）检查空气管路正常，进口压力小于1.0MPa，进气温度正常。

（3）检查进口门电动门关闭，系统各手动门开启，滤网排污手动门关闭。

（4）将转换开关设在手动挡，按下启动按钮，干燥机自动启动，运转指示灯（绿灯）亮，表明干燥机已经开始运转若设备停机再开机，间隔时间不得小于 3min。

（5）观察 5～10min 后，经干燥机处理后的空气可达到使用要求。此时冷媒低压表指示 0.35～0.45MPa 范围，冷媒高压表指示 1.4～1.6MPa 范围。

（6）打开自动排水器上球阀，让空气中的冷凝水流入排水器排出机外。

4. 干燥机的远控启动模式

（1）联锁启停模式：将转换开关设在联锁挡，当干燥机受空气压缩机启动、停止信号控制，干燥机能自动投入运行。当干燥机需要手动停机时，可将转换开关设在手动挡，停止干燥机运转。

（2）远程控制模式：将转换开关设在远控挡，干燥机受远程启动、停止信号控制，当干燥机需要手动停机时，将转换开关设在手动挡，停止干燥机运转。

（二）停止

1. 空气压缩机远程停止

（1）核对待停止的空气压缩机名称正确，检查压缩空气系统允许停运空气压缩机。

（2）按下"停机"按钮，检查空气压缩机将进入卸载状态。

（3）延时 15～30s 后，检查空气压缩机停机。

（4）检查空气压缩机出口电动门联锁关闭。

2. 空气压缩机就地停止

（1）核对待停止的空气压缩机名称正确，检查压缩空气系统允许停运空气压缩机。

（2）按下控制面板停机键或使用红色紧急停机键停运空气压缩机。

（3）检查空气压缩机自动卸载，停运后出口门联关，控制面板停机灯亮。

（4）单击控制面板复位键复位报警，根据需要将控制方式切至远方。

3. 干燥机的停止

（1）关闭压缩空气进口手动门。

（2）将转换开关置于"手动"位。

（3）检查干燥机停运正常。

（4）打开手动排污阀放尽干燥机残余冷凝水。

（5）关闭压缩空气出口手动门。

（三）运行维护及注意事项

（1）检查空气压缩机油气分离器油位在正常范围之内，发现油位低时，联系检修加油。

（2）检查冷却水压力正常且畅通，无泄漏。

（3）检查空气压缩机控制面板无警告信号，排气温度小于 80℃。

（4）定期检查系统自动疏水良好，否则联系检修手动疏水。

（5）定期对储气罐进行放水。

（6）检查空气压缩机有无异常声响，本体内各部软管正常，无破损或泄漏。

（7）检查压缩空气系统压力正常，若仪用气母管压力低于 550kPa 时，查找原因及时处理。

（8）检查冷却风扇及其电机工作正常。

（9）检查组合式干燥机运行正常，各部分无异常，吸附塔内压力不超 0.8MPa，加热器工作正常，电磁阀动作正常，排水器工作正常。

（10）组合式干燥机的吸附塔压力小于 0.02MPa。

（11）严禁频繁启停干燥机，最少保持 3min 间隔。

（12）冷干机避免长时间空载运行，过滤器滤芯定期更换。

（13）干燥机未运行时禁止开启出入口门，干燥剂失效时及时联系检修更换。

（14）空气压缩机操作状态：

1）加载状态：空气压缩机输出最大压缩空气量。

2）空转状态：空气压缩机在运转中，不输出压缩空气量，能耗是加载状态的 75%，出力不足时立刻可以转换到出力状态。此模式减少开关机次数，减少机器磨损。

3）待机状态：压缩空气停机，处于准备状态，需要时自动启动。

（15）操作模式：

1）间歇操作：空气压缩机处于加载状态，当压力达到 p_{max}，压缩机切换到待机状态；当压力达到 p_{min}，空气压缩机切换到加载状态。

2）连续操作：空气压缩机处于加载状态，当压力达到 p_{max}，压缩机切换到空转状态；当压力达到 p_{min}，空气压缩机切换到加载状态。

（四）联锁保护

（1）空气压缩机排气温度大于 105℃，空气压缩机跳闸。

（2）空气压缩机出口压力高于 0.8MPa，空气压缩机自动卸载。

（3）空气压缩机出口压力低于 0.65MPa，空气压缩机自动加载。

（4）排气温度大于 65℃启动风机运行。

（5）排气温度小于 55℃停止风机运行。

（五）事故处理

1. 组合式干燥机跳闸

（1）现象。

1）组合式干燥机跳闸信号发出，电流到零；

2）压缩空气母管压力下降，组合式干燥机联启。

（2）原因。

1）电气保护动作；

2）人员误操作。

（3）处理。

1）检查组合式干燥机跳闸后，电流到零，关闭进出口手动门；

2）检查备用组合式干燥机联启，仪用压缩空气母管压力正常，否则手动启动；

3）联系检修查明跳闸原因，处理正常后投入备用。

2. 空气压缩机跳闸

（1）现象。

1）空气压缩机跳闸信号发出，出口电动门联关，电流到零；

2）仪用压缩空气母管压力下降，备用组合式空气压缩机联启。

（2）原因。

1）重故障（排气温度高、油气分离器压力低等）；

2）轻故障；

3）电气保护动作；

4）人员误操作。

（3）处理。

1）检查空气压缩机跳闸后，电流到零，出口门联关正常；

2）检查备用空气压缩机联启，压缩空气母管压力正常，否则手动启动；

3）联系检修查明跳闸原因，处理正常后投入备用；

4）压缩空气失去处理见主机规程。

参 考 文 献

[1] 齐力强 . 燃煤电厂输灰系统及控制技术 . 北京：冶金工业出版社，2014.

[2] 原永涛 . 火力发电厂气力除灰技术及其应用 . 北京：中国电力出版社，2002.

[3] 吴晓 . 柱塞式气力输灰技术 . 北京：中国电力出版社，2006.

[4] 黎在时 . 静电除尘器 . 北京：冶金工业出版社，1993.

[5] 张殿印 . 除尘设备与运行管理 . 北京：冶金工业出版社，2010.

[6] 黄虎 . 压缩空气干燥与净化设备 . 北京：机械工业出版社，2005.

[7] 邢子文 . 螺杆压缩机——理论、设计及应用 . 北京：机械工业出版社，2000.

[8] 徐明 . 压缩空气站设计手册 . 北京：机械工业出版社，1993.

[9] 西安电力高等专科学校 . 辅助系统分册（600MW 火电机组培训教材）. 北京：中国电力出版社，2006.

[10] 托克托发电公司 . 环保分册（大型火电厂新员工培训教材）. 北京：中国电力出版社，2020.

[11] 高文兰 . MAC 干式除灰渣技术 . 中国电力，1995，7：55-57.

[12] 许华，等 . 火电厂压缩空气后处理系统设计优化探讨 . 电力勘测设计，2019，12：17-22.